U0321884

▲彩图1　猎户座大星云

（图片来源：http://zh.wikipedia.org/wiki/File:The_hidden_fires_of_the_Flame_Nebula.jpg）

▼彩图2　荷叶及其微观结构

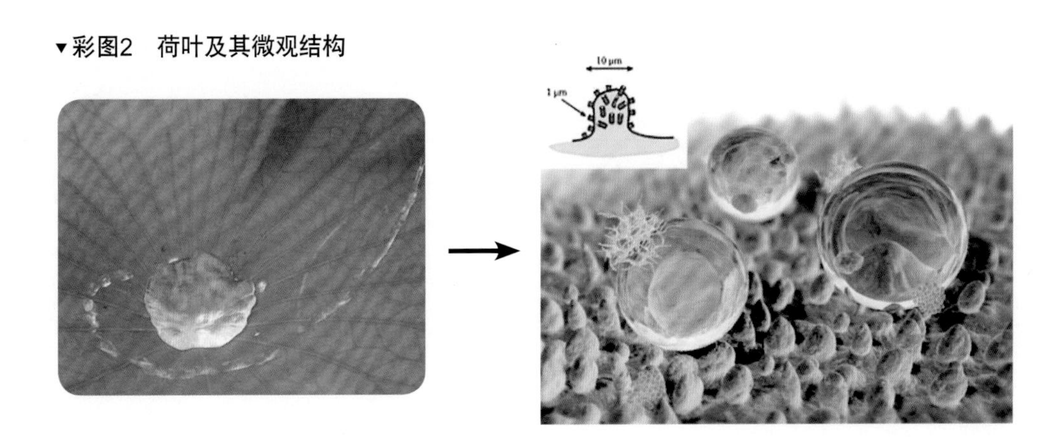

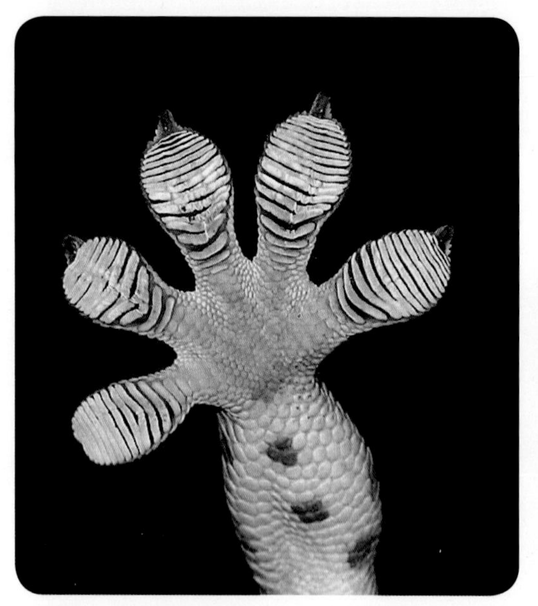

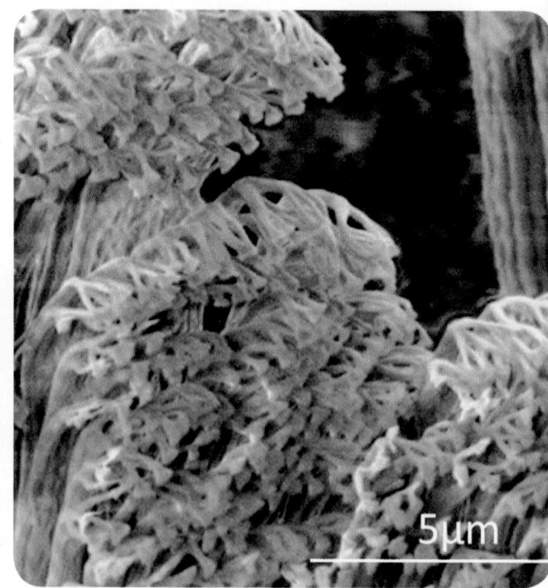

▲彩图3 壁虎的脚及其独特的绒毛结构

▼彩图4 2000－2015年各国纳米技术投资及预测
（图片来源：中国科学院科学传播研究中心）

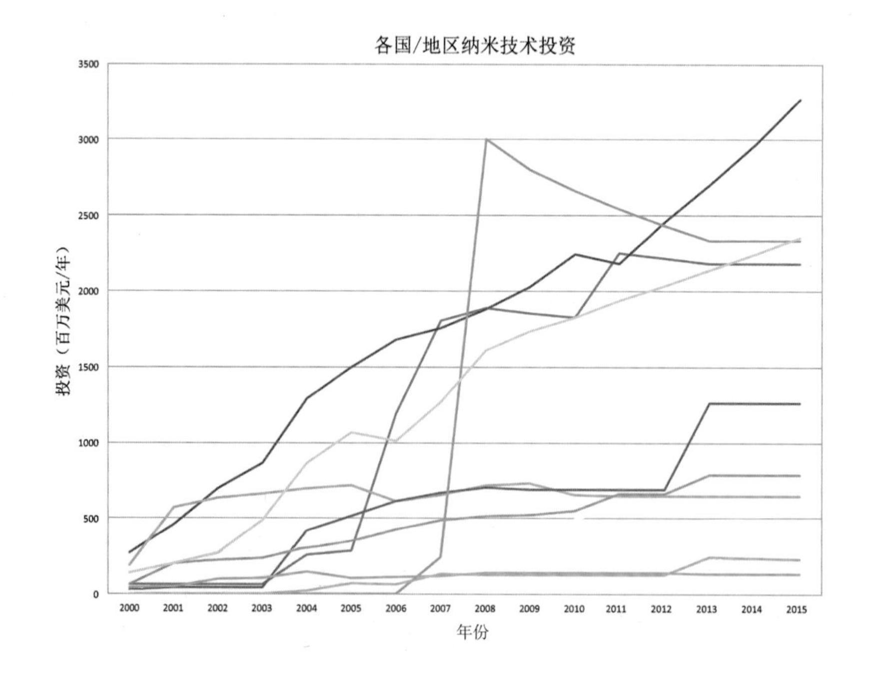

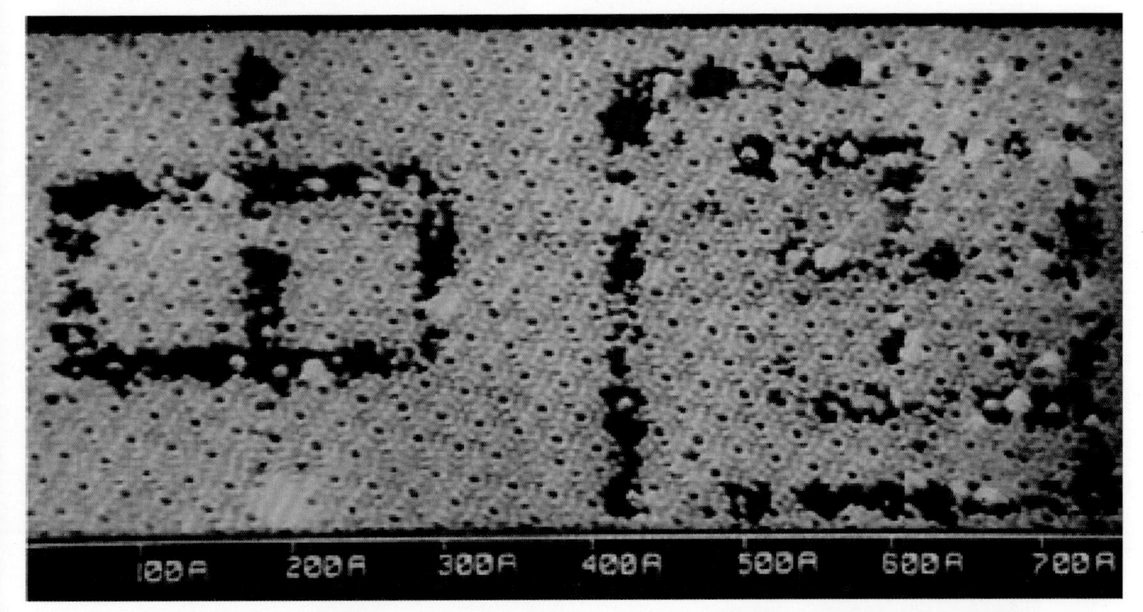

▲彩图5　科学家操纵原子写成“中国”

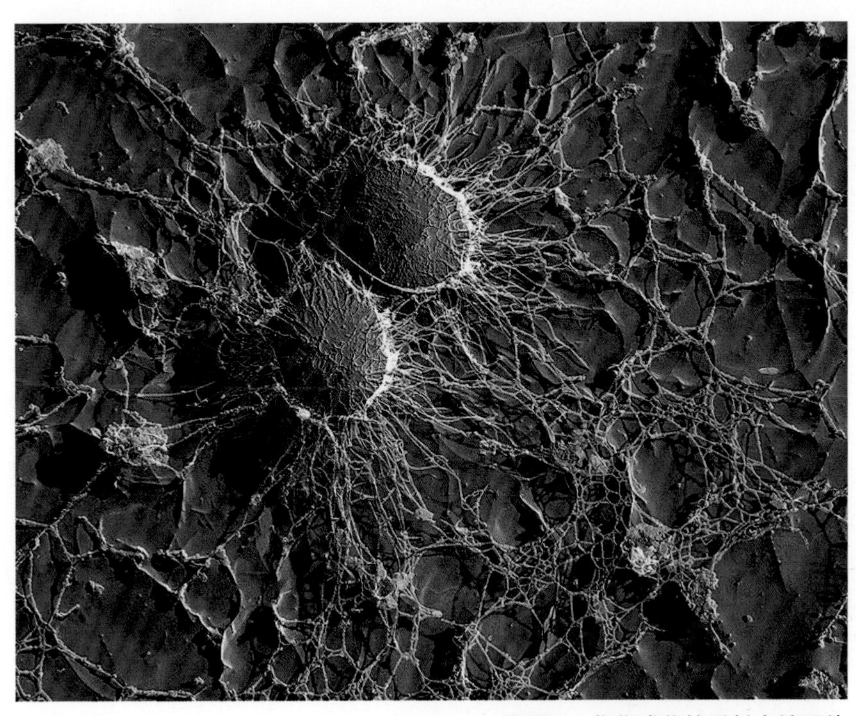

▲彩图6　葡萄球菌的透射电镜照片

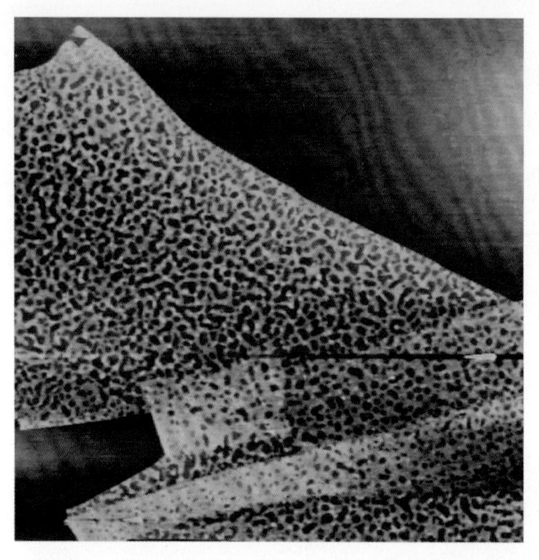

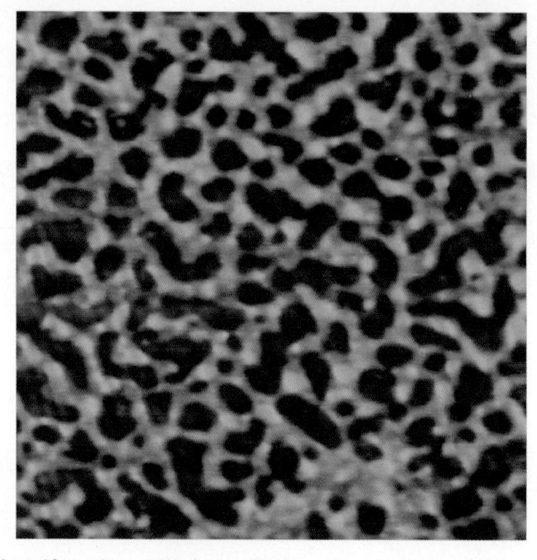

▲彩图7　胶带残留物在石墨烯上的原子力显微镜照片（左：8微米×8微米，右：2微米×2微米）

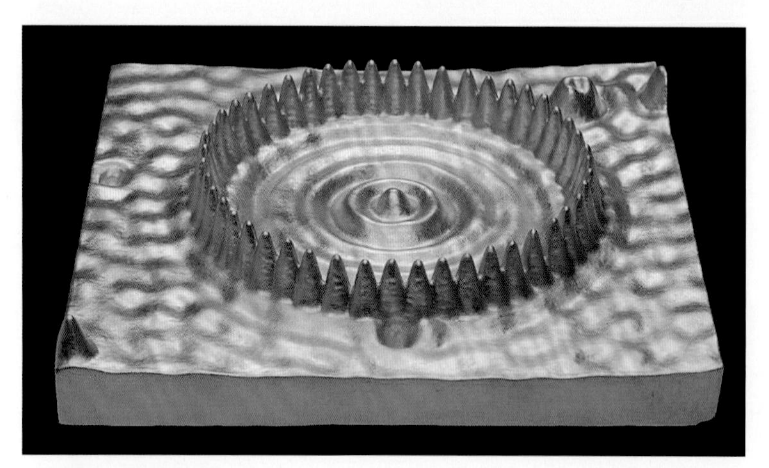

▲彩图8　量子围栏

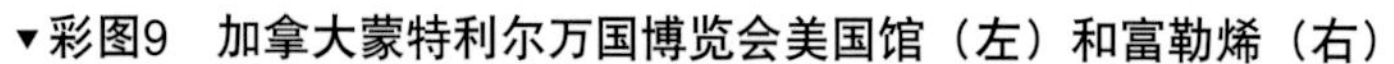

▼彩图9　加拿大蒙特利尔万国博览会美国馆（左）和富勒烯（右）

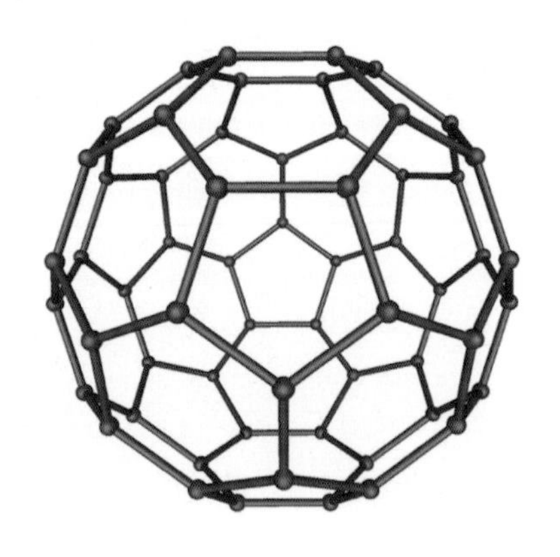

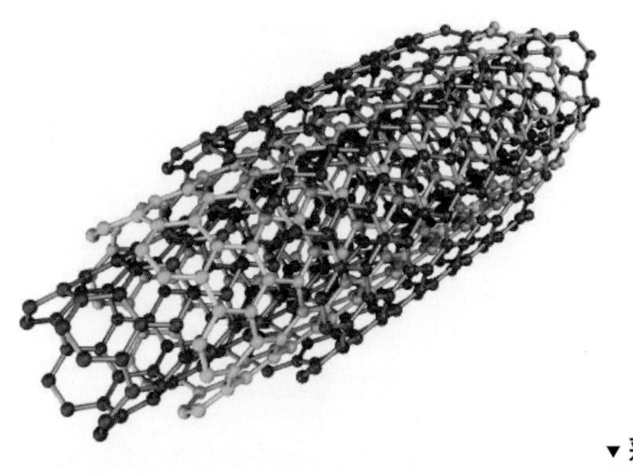

◂彩图10　多壁碳纳米管的结构图

▾彩图11　1946年第一台占地约139平方米，重30吨的计算机

▲彩图12　从右至左体积越变越小性能越来越好的真空电子管

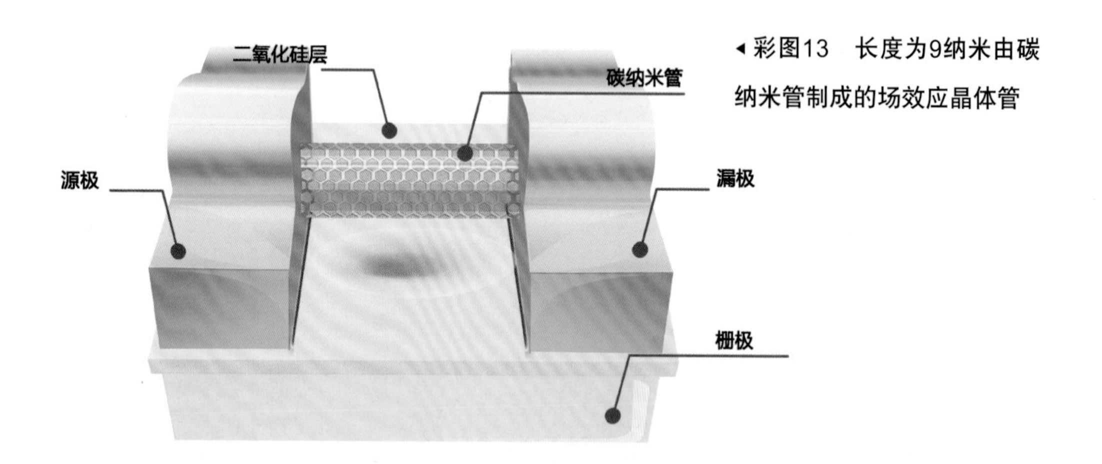

◀彩图13　长度为9纳米由碳纳米管制成的场效应晶体管

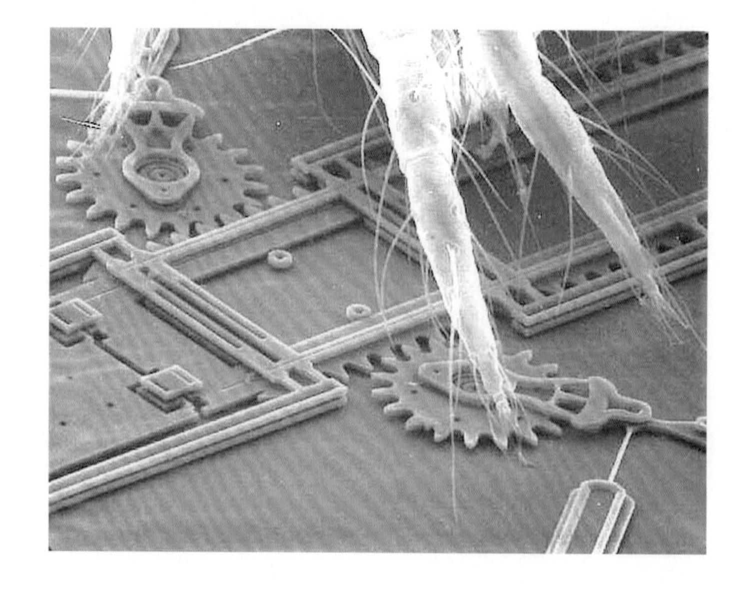

▶彩图14　微齿轮与蜘蛛脚的对比

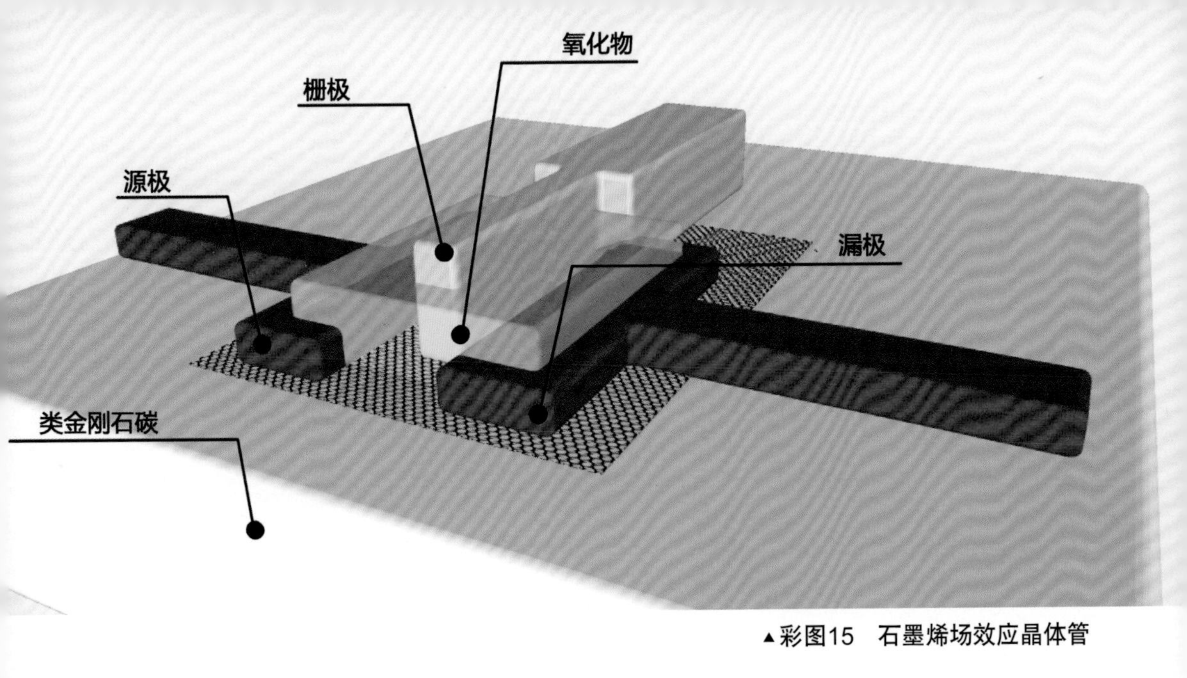

▲彩图15　石墨烯场效应晶体管

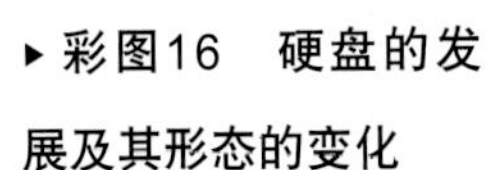
▸彩图16　硬盘的发展及其形态的变化

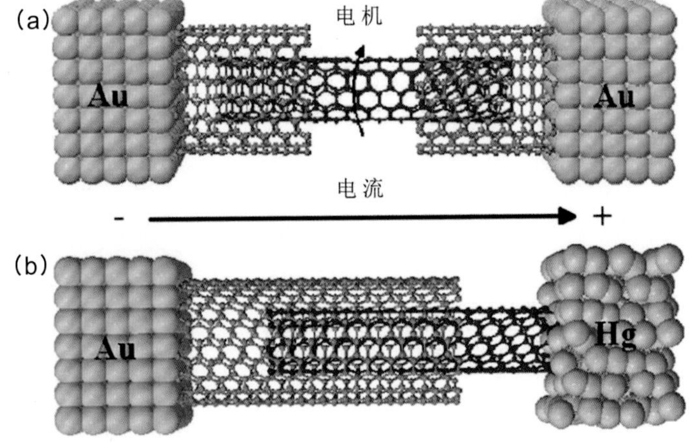

◂彩图17　纳米电机

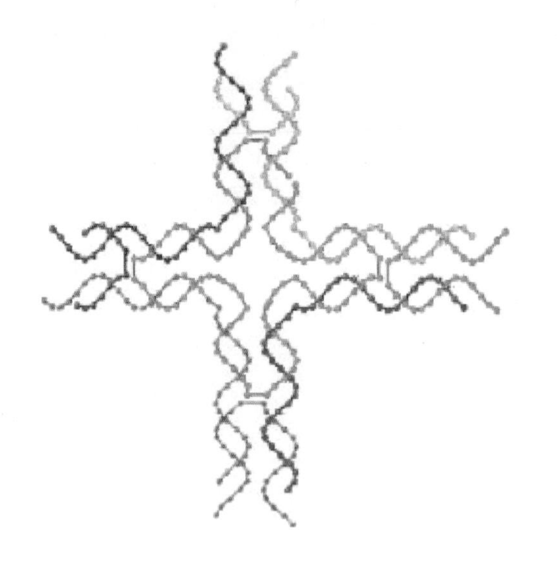

◀彩图18　可自组装成为二维纳米网格的4×4DNA线

▼彩图19　DNA的双螺旋结构及氢键形成示意图

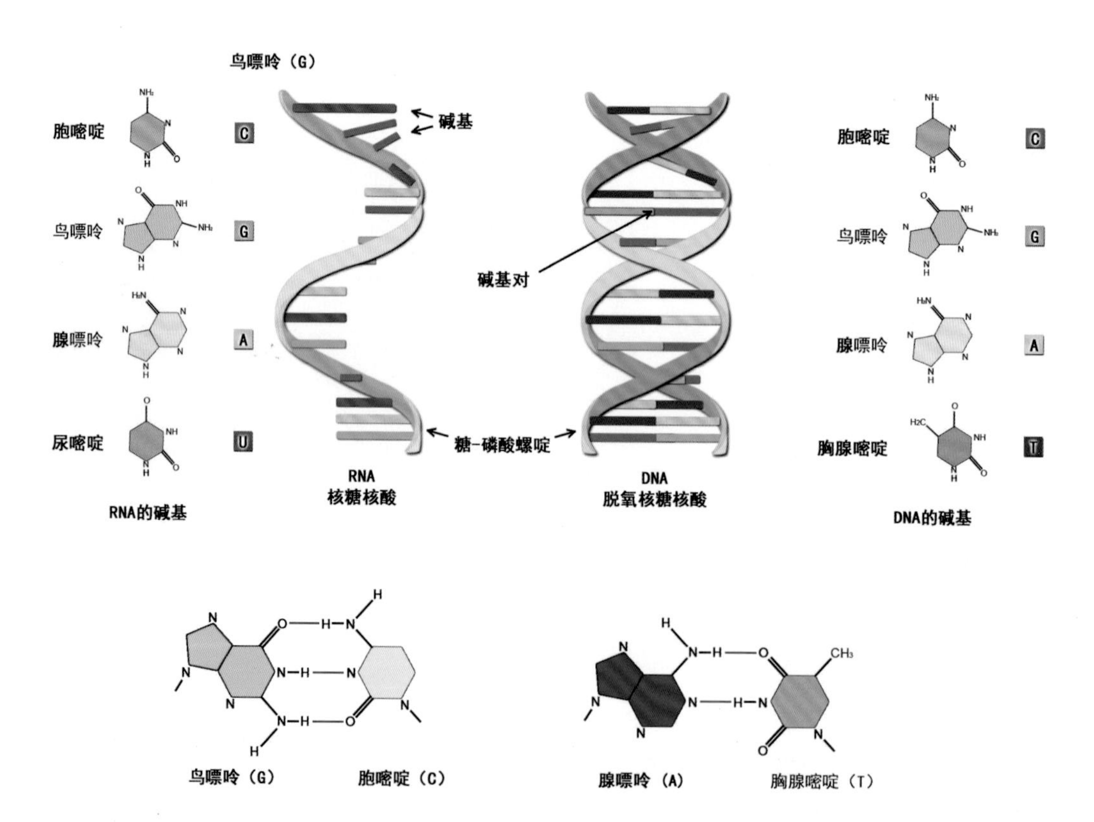

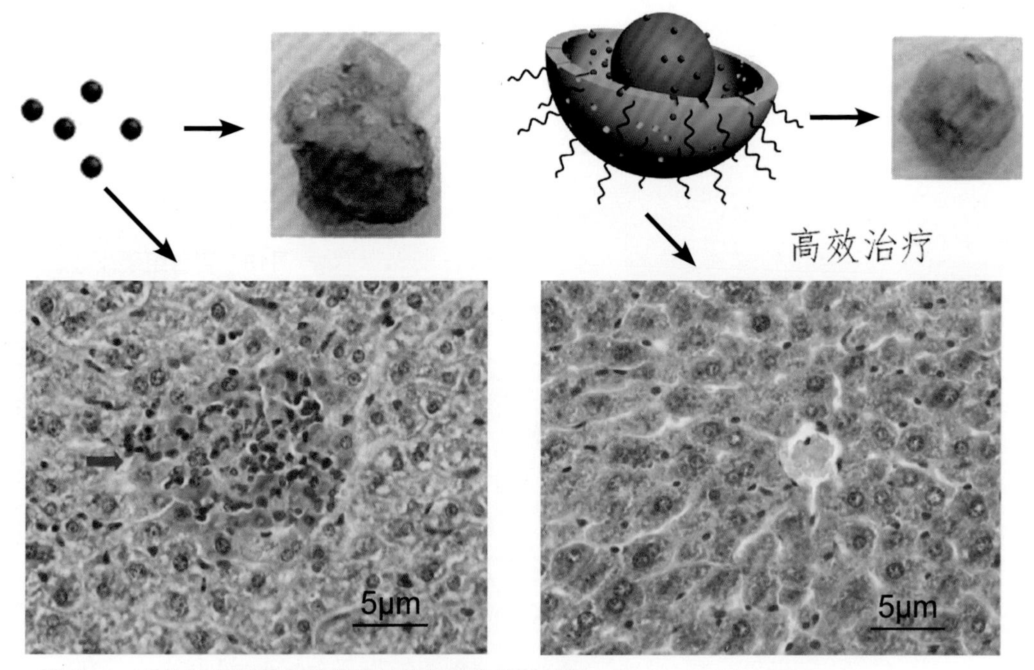

▲彩图20　磁性纳米颗粒药物构造的结构图和疗效对比

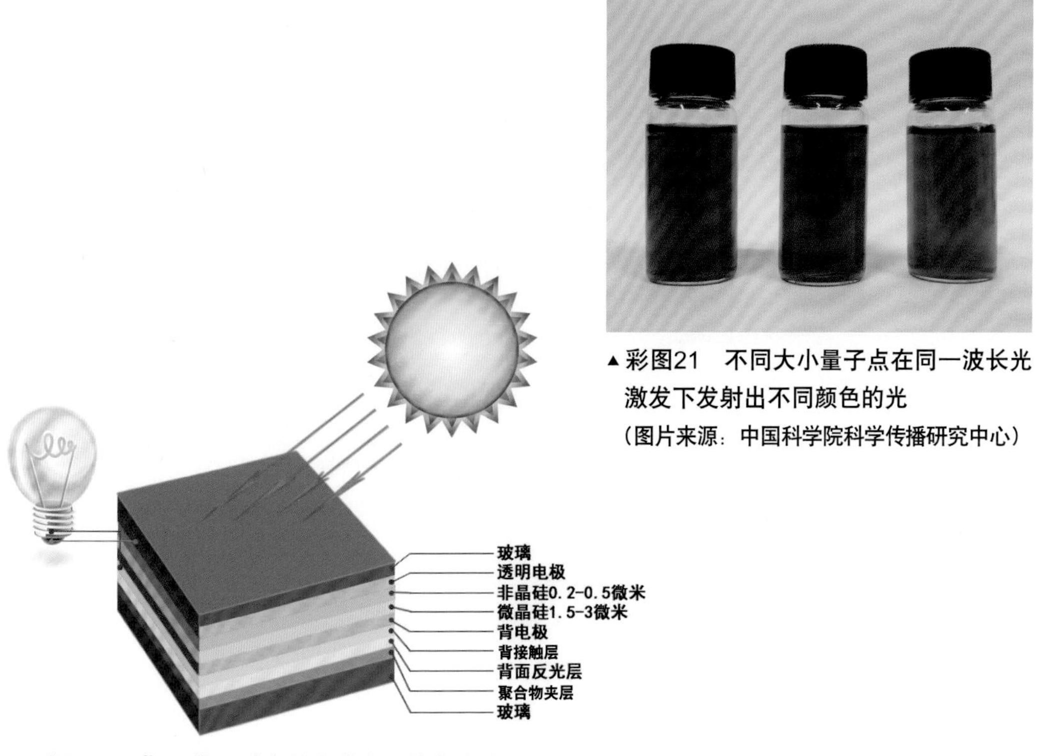

▲彩图21　不同大小量子点在同一波长光激发下发射出不同颜色的光

（图片来源：中国科学院科学传播研究中心）

▲彩图22　非晶/微晶硅高效薄膜太阳能电池分层图

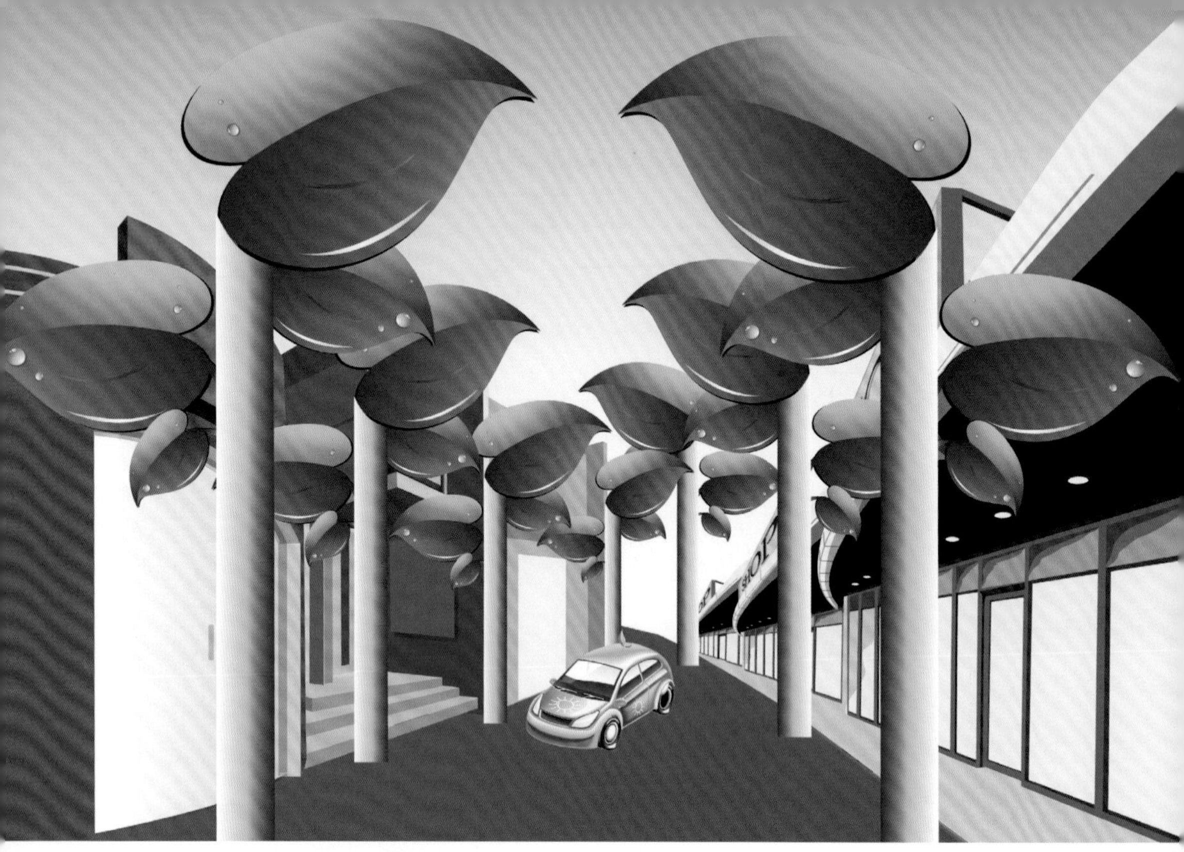

▲彩图23　人工树叶效果图

▼彩图24　碳管级联太阳能电池模块示意图

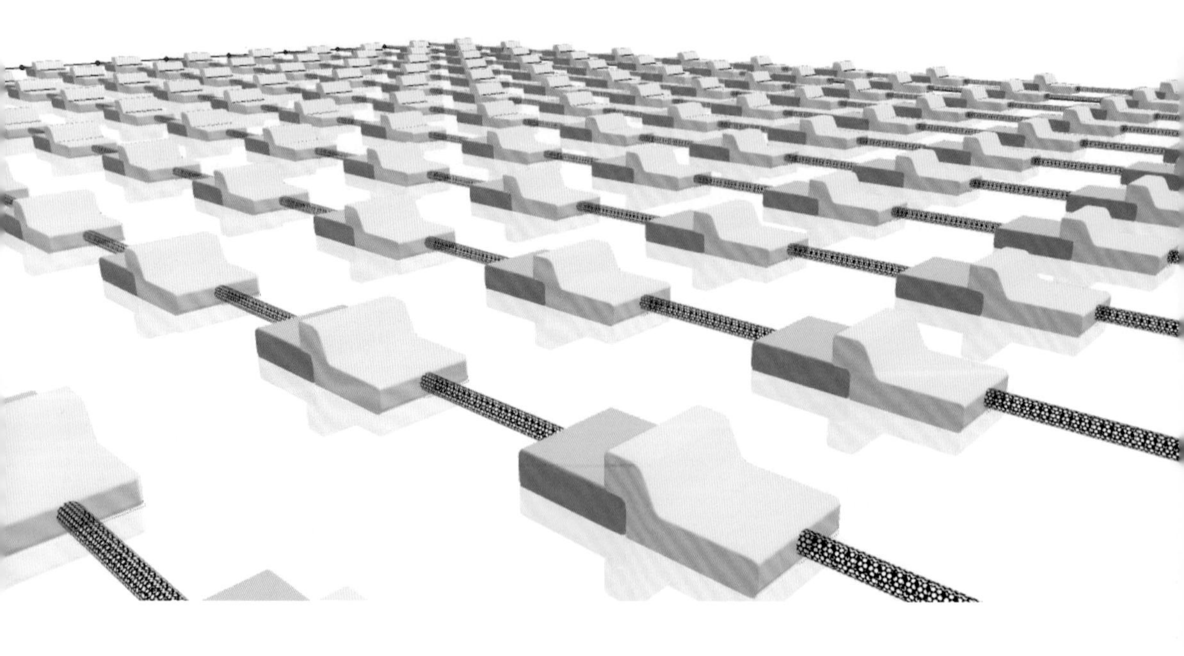

▸彩图25　铂钌合金催化剂

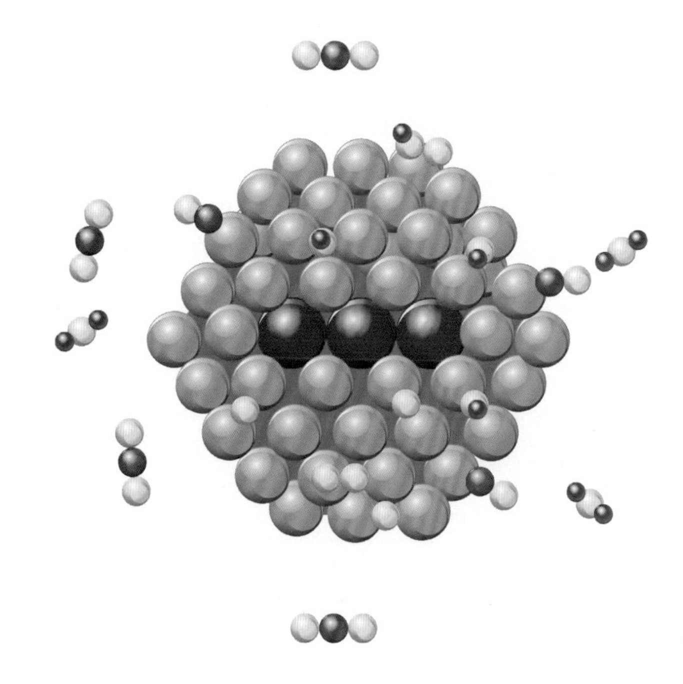

▾彩图26　硅纳米管模型（左）和储氢能力的模拟研究图（右）

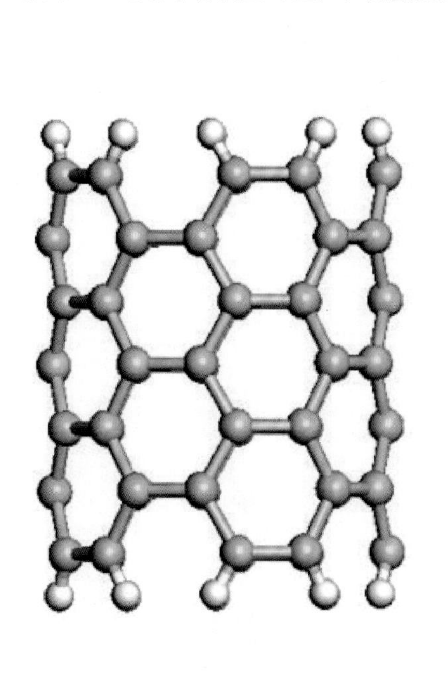

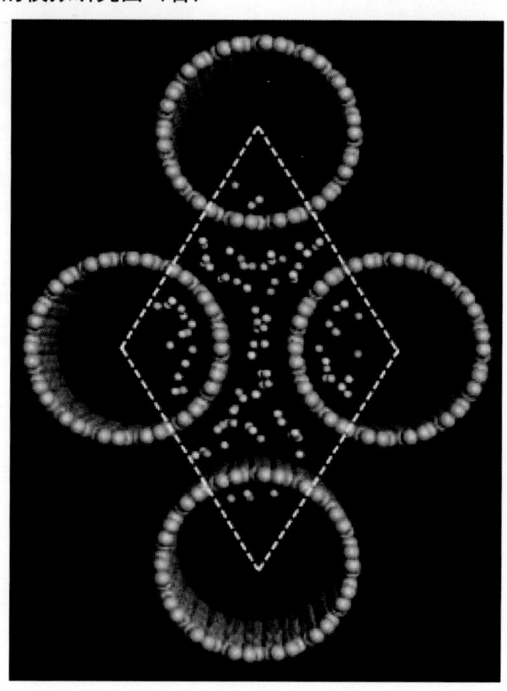

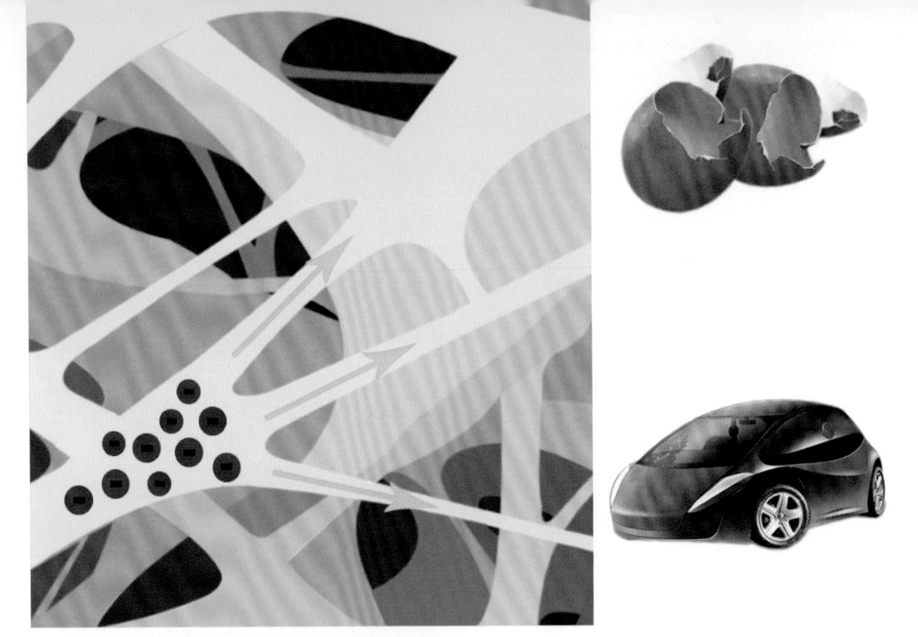

▲彩图27　碳化鸡蛋壳膜的综合框架结构

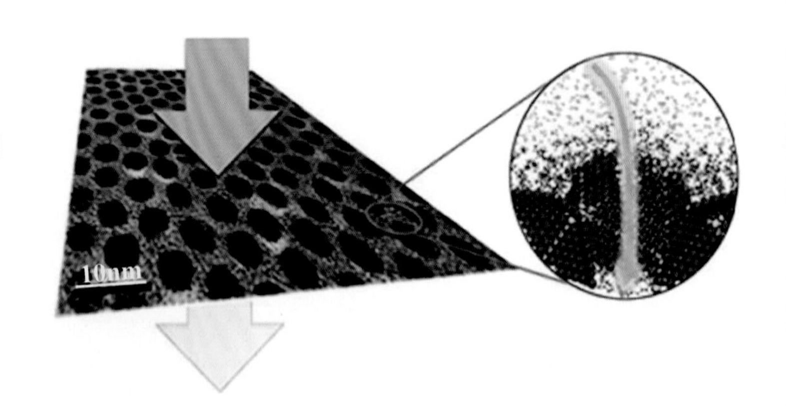

▶彩图28　世界上最薄的纳米过滤薄膜

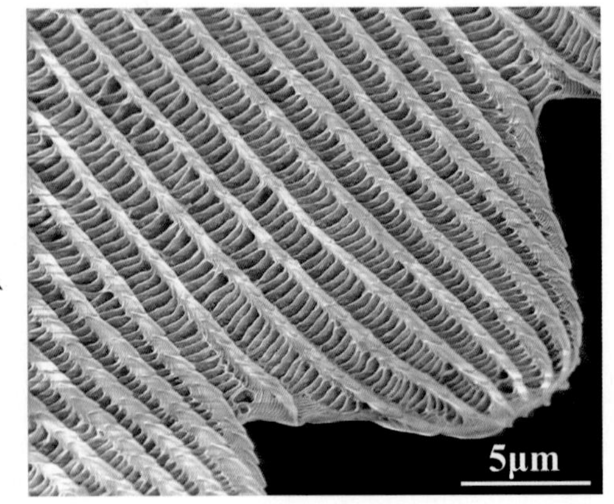

▲彩图29　蝴蝶（左）与蝴蝶翅膀的微观结构（右）

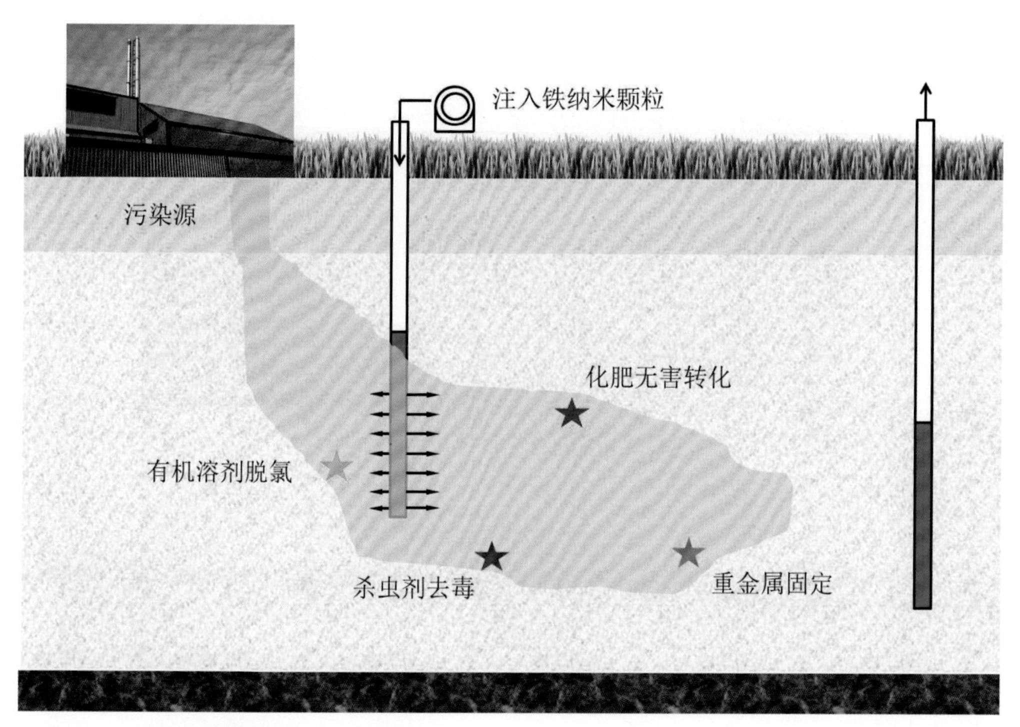

▲彩图30　纳米材料修复地下水示意图

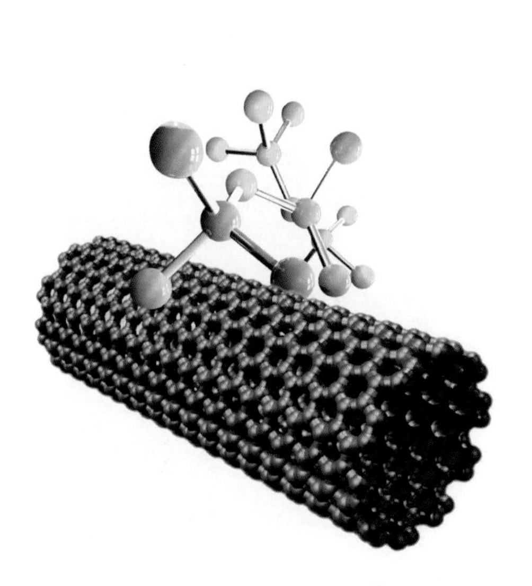

▲彩图31　蛋白质片段涂在碳纳米管上

▲彩图32　模特们在展示神奇的预防感冒的外套

▲彩图33　防反射膜涂抹前后对照（左图为未涂覆，右图为已涂覆）

▲彩图34　纳米材料绿色印刷制版技术
（图片来源：中国科学院科学传播研究中心）

◂彩图35　采用了纳米银技术的抗菌冰箱概念图

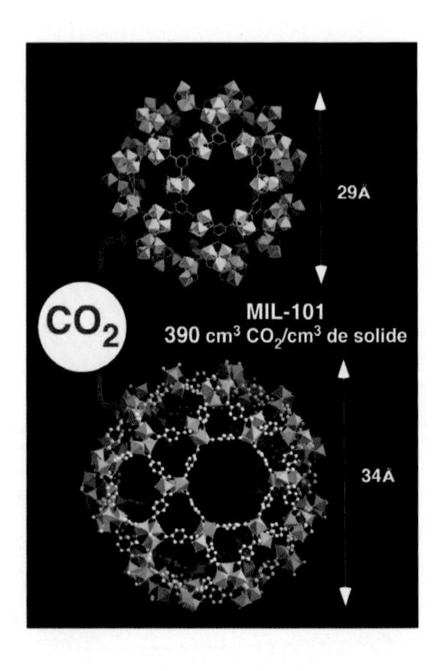

▴彩图36　MIL-101两种笼形结构是优良的二氧化碳捕获体

▲彩图37 “麻雀虽小，五脏俱全”的纳米卫星

▲彩图38　“普罗巴”1号

◂彩图39　美国航空航天局最新纳米卫星系统（纤卫星）

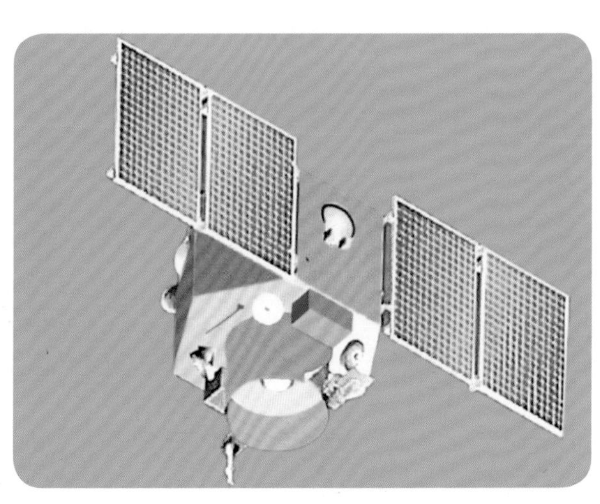

▸彩图40　Cartosat-2B卫星模拟图

▲彩图41　纳米蜂鸟侦察机

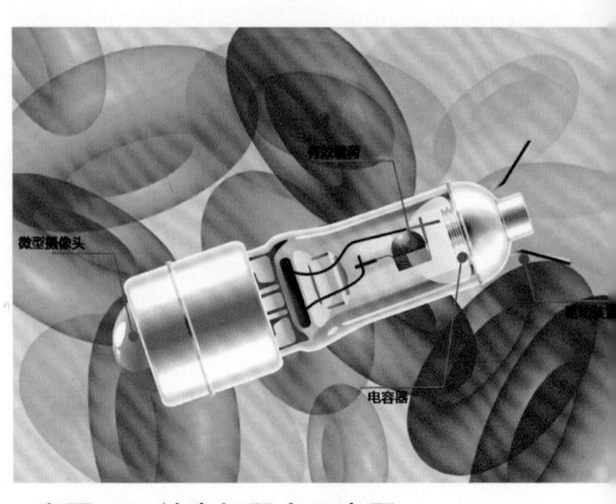

▲彩图42　纳米机器人示意图

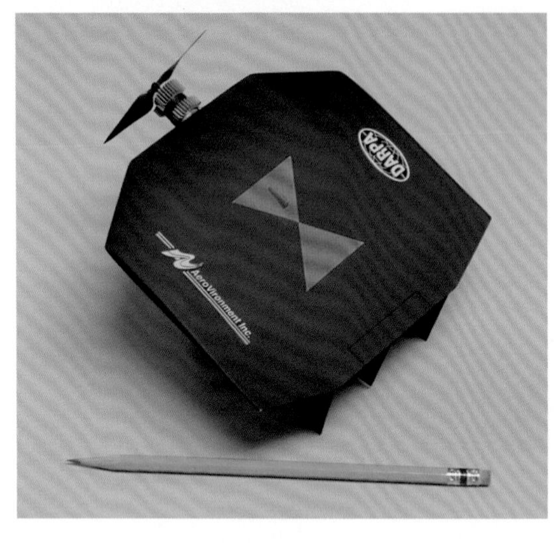

◂彩图43　黑寡妇微型飞机

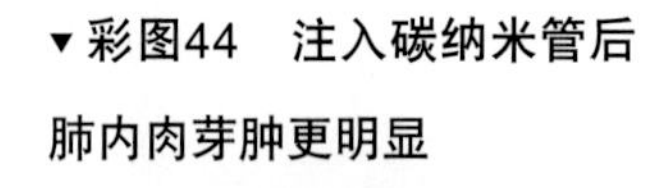

▾彩图44　注入碳纳米管后肺内肉芽肿更明显

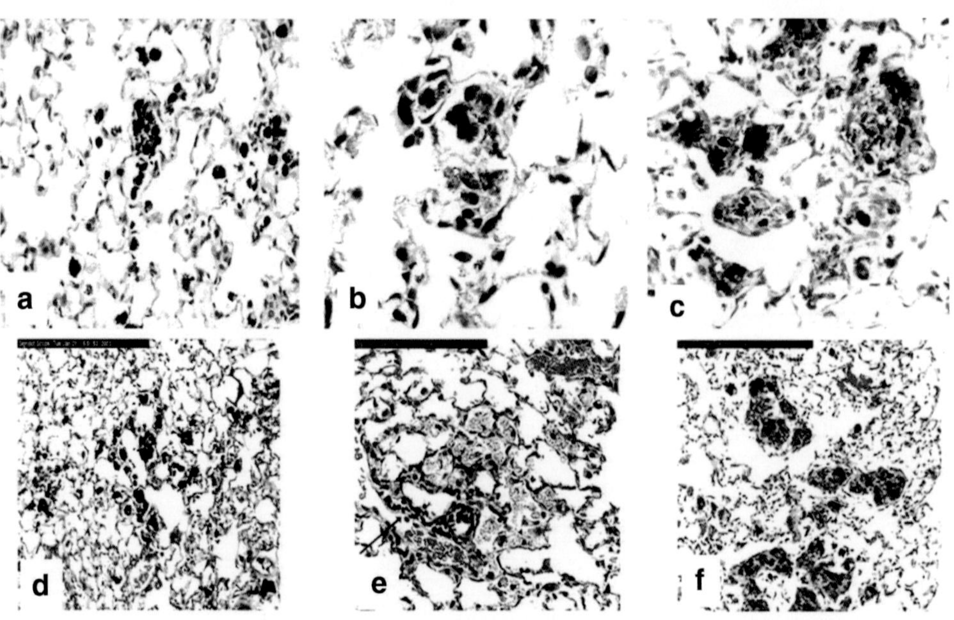

中国科学院科学传播系列丛书

纳 米

Nanoscience and Technology

姜山　鞠思婷　等著

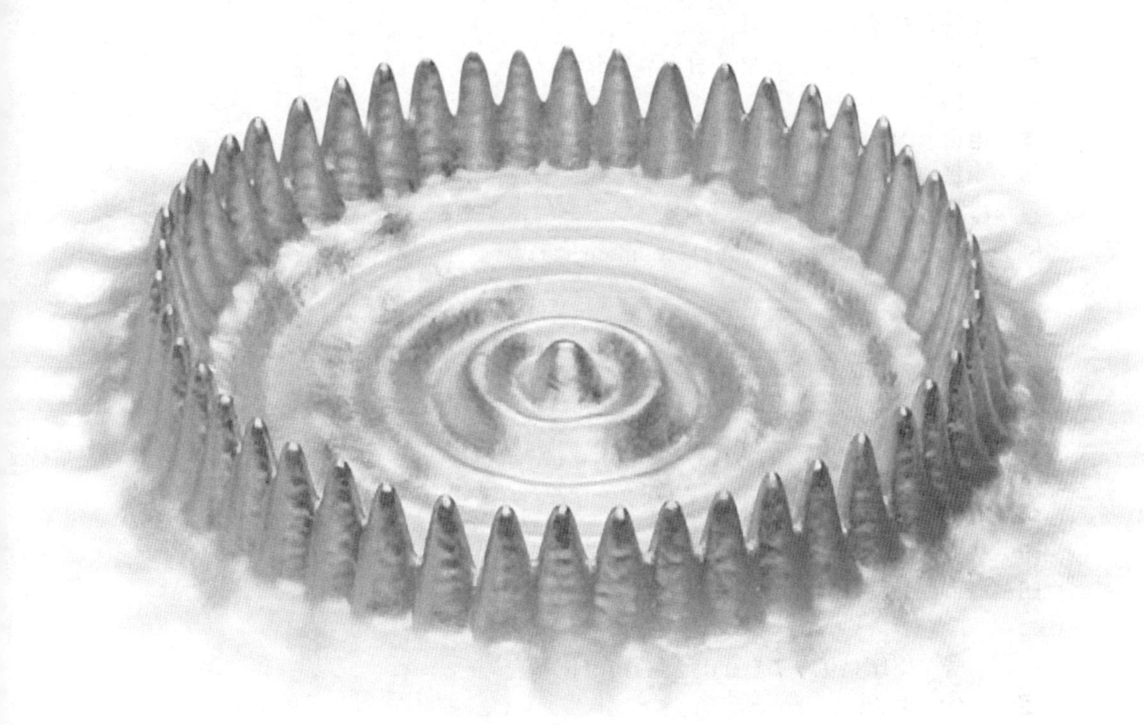

科学普及出版社
·北　京·

图书在版编目（CIP）数据

纳米 / 姜山等著. —北京：科学普及出版社，2013.8（2014.2重印）
（中国科学院科学传播系列丛书）
ISBN 978-7-110-08283-6

Ⅰ. ①纳… Ⅱ. ①姜… Ⅲ. ①纳米材料—研究
Ⅳ. ①TB383

中国版本图书馆CIP数据核字（2013）第173071号

出 版 人 苏 青
责任编辑 郑洪炜 张敬一
责任校对 凌红霞
责任印制 王 沛
策划协调 张 军 吴 瑾

出版发行 科学普及出版社
地 址 北京市海淀区中关村南大街16号
邮 编 100081
发行电话 010-62173865
传 真 010-62179148
投稿电话 010-62103165
网 址 http://www.cspbooks.com.cn

开 本 787mm×1092mm 1/16
字 数 350千字
印 张 20
插 页 8
印 数 2001－3000册
版 次 2013年9月第1版
印 次 2014年2月第2次印刷
印 刷 北京华联印刷有限公司

书 号 ISBN 978-7-110-08283-6 / TB · 22
定 价 46.00元

序 言

preface

在20世纪尽管发生过两次惨绝人寰的世界大战，出现过纳粹等反人类的极权统治，但是我们也应该看到，借助科学和技术的力量，人类社会可供养的人口更多了，人们的平均寿命更长了，人们的生活水准大幅提高，整个世界都随之“变得更小”，不同国家和地区的人们之间的交往更加便捷。这一切都离不开科学技术突飞猛进的发展，以及科学技术逐渐成为人类发展舞台上的主角，推动科学技术发展成为备受关注、被高度重视的国家行为，而不再是一些人的业余爱好或者依靠某些天才的灵光显现。在21世纪过去的十几年，科学技术更是呈现出前所未有的生命力，人类的智力创造正在成为社会进步的不竭源泉，资源开发、环境保护、人口控制、健康保障、经济增长、社会发展甚至文化繁荣，都已经离不开科学技术的强有力支撑。对于一个国家和地区，科学技术成为综合竞争力的核心，对于一个个体，具备一定的科学技术是其适应社会的基本学识和能力。

无论你是一名工人，还是一名企业家；无论你在政府工作，还是在跨国企业上班；无论你生活在农村，还是生活在城市，对于我们的生产和生活来说，科学技术已经成为适应当今社会发展必备的知识。具备科学技术不仅有助于一个人掌握现代社会的生存技能，而且有助于其了解世界变化的趋势。让广大公众掌握科学技术，是科学传播的主业。而面对不同的人群，其对于科学技术复杂性的要求又不一样。即便仅仅是为了更好地从事能够养家糊口的工作，保障自己在面对自然灾害、重大疾病疫情、突发公共安全事件或购置新型居家设备等时的权益，掌握基本的科学技术也能应对。但是为了自己更加深刻地了解自然、了解我们生活的世界，丰富自己的知识，更好应对世界和未来的挑战，就必须不断了解科学技术的最新进展，大致知道科学技术的进步可能对世界和自己生活的社会带来的影响。

中国科学院是我国在科学技术研究方面的最高学术机构和全国自然科学与高新技术的综合研究与发展中心。中国科学院始终以国家富强、人民幸福为己任，这种责任意识不仅体现在中国科学院的广大科技人员努力赶超世界最先进的科学技术，体现在坚持以科技创新服务国家的经济建设、社会发展和国家安全，而且体现在将最新的科技进展以通俗易懂的方式传播给广大公众。正是基于这样的认识，我们中国科学院科学传播研究中心的工作人员，与我院以及院外科技人员等密切合作，准备将当今世界科技界最为关注的一些领域的进展，编写成《中国科学院科学传播系列丛书》，以通俗化的形式介绍给读者。

作为中国科学院科学传播系列丛书的首发分册，我们选择了“纳米”这一主题。“纳米”原本只是一个微小的用于衡量原子和分子大小的长度计量单位，随着科学家们的努力探索以及各种观测、表征、操纵技术的进步，这个位于原子、分子级别的底部空间逐渐被打开。经过20余年的迅猛发展，“纳米”一词已从开始的“大肆炒作概念”逐渐成为一个跨越物理、化学、材料、生物、电子、信息乃至人文和社会等众多学科的“真正的实质性科学与工程成就”，人们将其称为“纳米科技”。目前，纳米科技已经成为全球范围内最大和最具竞争力的研究领域之一，以纳米技术为基础的产品市场规模价值已超过2500亿美元，世界各国政府每年投资于纳米技术研发的资金超过了100亿美元，所有发达国家的政府和企业都在积极制定相关政策计划并加大资金投入，试图抢占这一21世纪的科技战略制高点。

纳米科技是在介观尺度下对约1～100纳米大小的物质进行探索和控制的技术。在这一尺度下，物质会呈现出迥异于宏观物体和微观粒子的奇异特性。介观尺度下存在着大量未知现象、规律和问题有待人们去发现和解决，驱使着科学家不断探索这一领域，由此产生的新理论、新概念、新方法，不仅将帮助人们完善甚至可能颠覆长久以来人类建立在宏观世界基础上的对物理学、化学、材料学、信息学以及生命科学等传统科学的认知。

纳米科技带来的不仅是一场认知革命，它终将成为新技术的发展源泉和基础，衍生出大量的科技产品，为现代工业带来巨大变革。超高速运行的处理器和超大容量的存储器是纳米技术在电子信息产业中应用的结果；基因疗法和分子级纳米药物载体等纳米技术为生物医药产业开拓了广阔前景；纳米材料太阳能电池大幅提高了可再生能源的采收效率；纳米滤膜、纳米杀菌粒子、纳米自清洁材料等已经在环保和日用品行业得到应用。基于纳米科技衍生出的新产品和新方法一方面形成了巨大的新兴产业市场，另一方面也在逐渐融入传统产业，改进产品质量，增加产品功能，提高生产效率，为传统产业带来了新的发展机遇。基于纳米科技而产生的新技术、新产品在进一步推动人类物质文明发展的同时，由于纳米技术的微型化、高效化等特点，还将大大减少能源的消耗，降低环境污染，为解决人类目前面临的日益严峻的环境、人口、健康等问题带来新希望。

科学技术向来是把“双刃剑”，纳米科技在发挥其积极作用的同时也会给人们带来社会和伦理问题。纳米科技改变了人们对食品、医疗、教育、娱乐等产品和服务的需求，将可能引起产业结构以及科研和教育基础设施的变化，甚至可能改变人类社会结构和文化，产生诸如新的教育与就业方式、新的家庭生活方式和社会组织形式等，这就可能产生新的社会和伦理问题。此外，纳米技术可能会对人类健康和环境产生毒性，带来风险，因而如何安全地研究、生产和使用纳米技术，就需要管理者、研究者和企业等各方共同制定严格的监管制度，健全监管体系。

革命性的技术往往容易使人们在振奋之余产生恐惧，从而阻碍技术的发展。通过科学传播，可以促使人们更加充分地了解纳米技术，正确看待和使用纳米技术，克服恐惧，加深社会对新兴技术的接纳程度，扩大经济和社会效益。这也是我们编写本书的初衷之一，期待读者可以从本书中感受到科学的魅力与阅读的乐趣。

中国科学院科学传播研究中心

2012年12月

目 录 CONTENTS

第一章

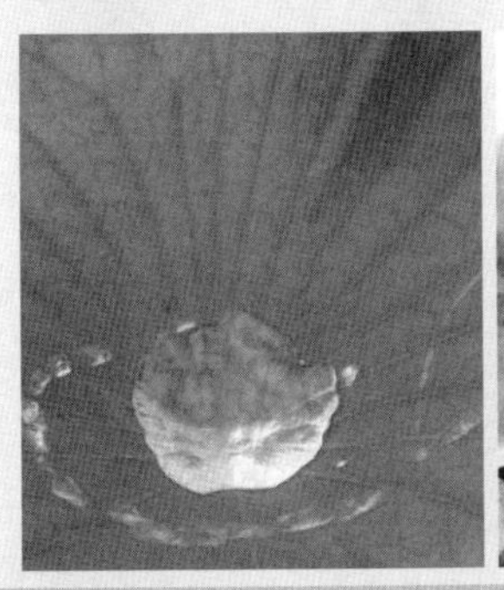

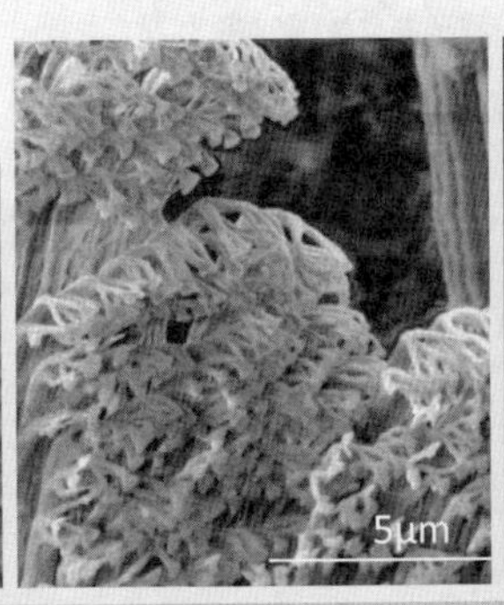

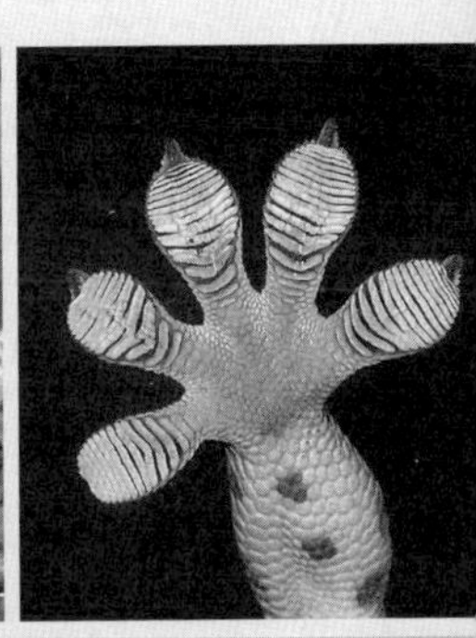

底部的空间：什么是纳米

PART 1

第一节 纳米科技的诞生

一、物体的度量

世间万物都有其大小和尺寸，人类对世界物体的认知总是从直接的感官开始，也总是要首先认识物体的大小。从科学技术的起源可以看出，尽管严谨的度量科学产生得很晚，但度量科学的思想起源很早。例如，我国西汉时期的《大戴礼记·主言》中记载："布指知寸，布手知尺，舒肘知寻。"表明我国古代长度单位"寸"、"尺"、"寻"是依据人的指、手和肘确定的。然而，古人的度量具有很强的经验性，而且即使是同一个名称的东西，各地使用的标准也不一样，比如杆秤，你的秤称重的东西是一斤，用我的秤来称也许就是八两。"石"、"斗"等度量工具的随意性则更大了。至于世界各地的度量标准和方法，其差异就可想而知了。长期以来，人们简直就是生活在不同的度量世界里。

随着人们生产生活对精确度量的需求增加，以及相关的物理学和地理学的发展，为方便人们对尺度的度量和表述更加合理、标准和统一，17世纪的法国人将自地球北极通过巴黎到赤道的距离的千万分之一定义为"米"（用"m"表示），从而诞生了第一个国际通用的单位制"米"。基于这个基础，很快就又有了千米的标准。随着天文学的进步和人类观测范围的不断延伸，以"米"、"千米"等为计量单位已不再适用于对宇宙天体之间距离的描述。1838年，德国天文学家弗里德里希·威廉·贝塞尔（Friedrich Wilheim Bessel）首次提出用"光年"来测量宇宙中各种恒星、星系等天体的大小与距离。光年就是光在真空中一年所走过的距离，约为十万亿千米，如猎户座大星云的直径约有16光年（见彩图1）。时至今日，借助探测卫星、空间望远镜以及光谱学研究，人类能够观测到的最远星体距离地球约131.4亿光年。

在人类对宏观世界不断探索的同时，借助科学仪器，突破肉眼视觉的限制，深入物质内部，对原子和分子尺度以下微观世界的探索也在进行着。19世纪初，X射线晶体学的诞生使人们可以测量原子分子的尺寸。19世纪60年代，斯莱特（J.C.Slater）和恩里科·克莱门蒂（Enrico Clementi）分别从实验和理论角度测出了各种元素原子的半径，其中最小的氢原子的半径约在50皮米（10^{-12}米，相当于万亿分之一米）左右。2010年，科学家们的最新测量结果显示质子的半径为0.84184飞米（10^{-15}米，相当于千万亿分之一米），是原子半径的几万甚至几百万分之一，如果把原子的大小比作足球场，那么质子就只是足球场上的一个足球那般大小。然而，这还不是组成物质结构的最基本粒子，现代物理学指出，中子、质子、介子、超子等是由更基本的夸克、轻子、规范玻色子、胶子和希格斯粒子所组成的，根据科学家们的测算，基本粒子中夸克的电荷半径极限为8.5×10^{-19}米。目前来说，人类尚未发现这些基本粒子内部还有可再分结构，因此这一量级也是目前人类在物质结构探知上的最小量级，见图1－1。

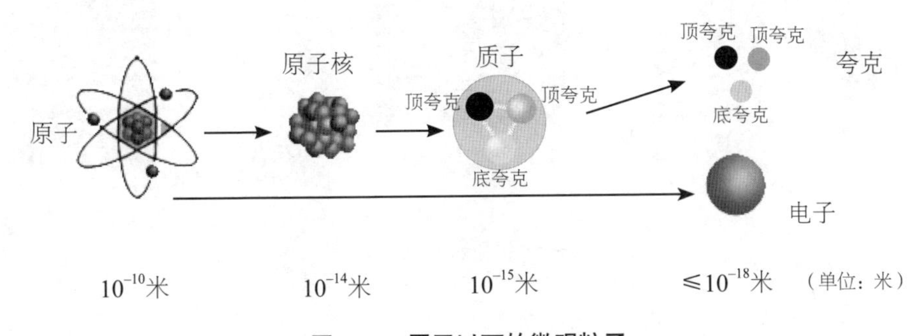

图1－1▶原子以下的微观粒子
（图片来源：中国科学院科学传播研究中心）

二、介观物理学

对宏观和微观领域的探索为人类研究物质的本质提供了必要的理论、方法和技术手段。20世纪80年代以来，介于宏观领域和微观领域之间的物质体系引起了人们的广泛关注和极大兴趣，即所谓“介观”领域，称为“介观物理学”。如图1－2所示，宏观和介观尺度下不同物体具有不同量级的特征尺度。

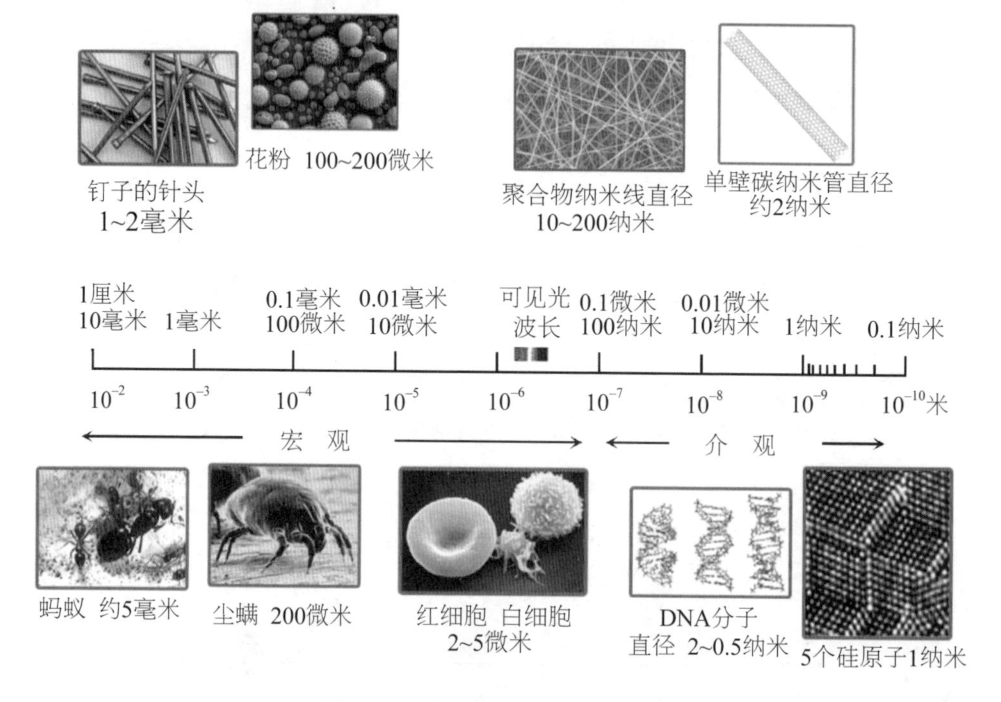

图1－2 ▸ 介观与宏观尺寸示意图

（图片来源：中国科学院科学传播研究中心）

介观物理学的研究对象可以看成是尺度缩小的宏观物体。它的特征尺度范围一般在0.1纳米（10^{-10}米）至100纳米（10^{-7}米）之间。经过几十年的研究，介观物理学已经取得了长足进展，搞清楚在这尺度范围内物质的一些基本特性，包括不同物质的一些共性，以及一些物质独有的个性，特别是在这一范围内，一门新兴的科学——纳米科学——诞生了。

“纳米”是个音译词，英文是nanometer。“纳米”中的“纳”（nano）来源于希腊文 νανος，本意为矮子。“纳米”和国际单位制中的“米”以及上文提到的“光年”、“皮米”、“飞米”一样，都是长度单位，用nm表示，$1nm=10^{-9}m$，即1纳米等于十亿分之一米。1个直径约4纳米的纳米颗粒相对于足球的比例，就像足球相对于地球一样，如图1－3所示。

图1－3 ▸ 纳米颗粒、足球和地球的尺寸对比
（图片来源：中国科学院科学传播研究中心）

提起细小的东西，人们往往会首先想到头发丝，如果用纳米来丈量一根头发丝的直径，这个数值大概是6万至10万纳米。如果一个汉字的写入尺寸为10nm，那么在一根头发丝的直径上就可写入8000字，相当于一篇较长的科技论文容量。可见，纳米的世界还有很多的空间等待着我们去开发。表1－1为一些细小物体尺寸的对比。

表1－1 ▸ 部分细小物体的尺寸

物体	直径	物体	直径
氢原子	0.1纳米	核糖体	25纳米
足球烯（C_{60}）	0.7纳米	蛋白质	5～50纳米
单壁碳纳米管	0.4～1.8纳米	病毒	75～100纳米
6个碳原子排列成直线	1纳米	线粒体	500～1000纳米
CdSe量子点	2～10纳米	细菌	1000～10000纳米
半导体集成电路特征尺寸	45纳米以下	毛细血管	8000纳米
DNA[①]（脱氧核糖核酸）	2纳米	白细胞	10000纳米

①DNA是deoxyribonucleic acid的缩写，中文译为脱氧核糖核酸，是一类带有遗传信息的生物大分子，由4种主要的脱氧核苷酸（dAMP、dGMP、dCMT和dTMP）通过3′，5′-磷酸二酯键连接而成，它们的组成和排列不同，显示不同的生物功能，如编码功能、复制和转录的调控功能等，它们是生物遗传信息的载体，其排列的变异可能产生一系列疾病。

随着人们对介观层面物质和现象探索的不断深入，这一尺度下物质所展现出来的众多新颖特性不断被发现，越来越多的新技术被开发。“纳米”一词所代表的意义也早已不再局限于长度单位，它更代表着一种具有划时代意义的科学技术——“纳米技术”（Nanotechnology）。

三、自然界中的纳米现象

在地球漫长的演化过程中，纳米材料和它的形成过程早已存在于自然界的生物中，只是之前人们不认识而已。在现代科学技术发展起来之后，人们才对自然界中的纳米技术和纳米材料有了更多认识。

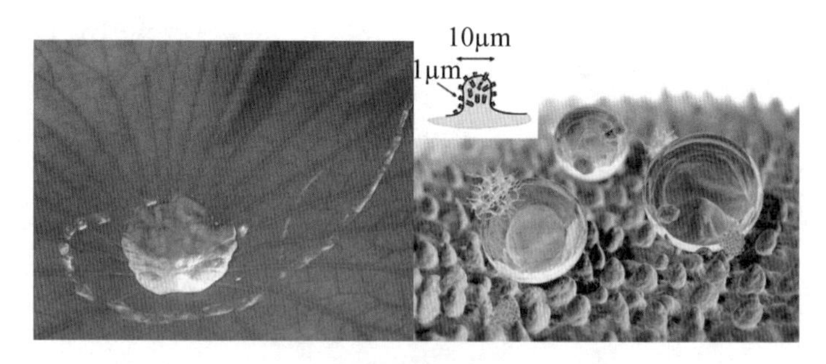

图1－4 ▸ 荷叶及其微观结构（另见彩图2）
（图片来源：左图：Saperaud http://zh.wikipedia.org/wiki/File:LotusEffekt1.jpg；右图：William Thielicke http://zh.wikipedia.org/wiki/File:Lotus3.jpg）

荷叶不沾水，因为荷叶上有纳米尺度的绒毛。通过电子显微镜，人们观察到荷叶表面覆盖着无数尺寸约10微米的突包，而每个突包的表面又布满了直径约为几百纳米的更细的绒毛。这种特殊的纳米结构，使得荷叶表面不沾水滴。当荷叶上有水珠时，风吹动水珠在叶面上滚动，水珠可以粘起叶面上的灰尘，并从上面高速滑落，从而使得荷叶能够更好地进行光合作用（图1－4）。

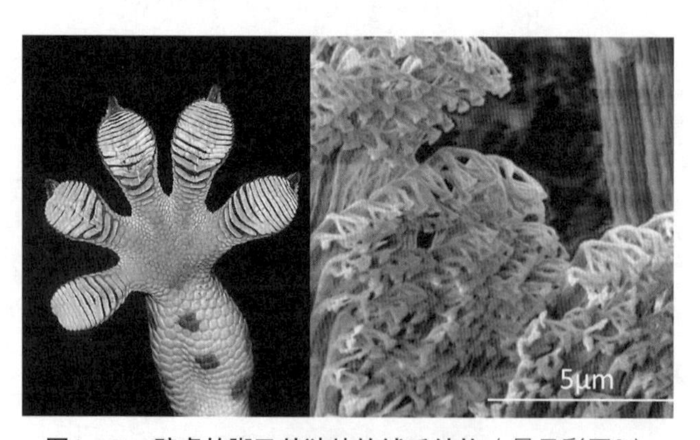

图1－5 ▸ 壁虎的脚及其独特的绒毛结构（另见彩图3）
（图片来源：左图：David Clements http://en.wikipedia.org/wiki/File:Tokay_foot.jpg；右图：Kellar Autumn http://kellarautumn.com/wp-content/uploads/2012/06/Gecko_0104-401x370.jpeg）

壁虎神奇的爬墙功自古以来就吸引了人们的注意，与蟑螂、蚂蚁等昆虫不同，后者的爬行机制是用脚毛卡进有微小凹凸不平的表面，如同细针卡进小缝一般，从而支撑身体的重量，但一旦遇到光滑无缝的表面，这种方法就无能为力了。壁虎却可以在光滑的垂直表面，甚至是水中或真空中等任何特殊表面爬行，这是因为它的脚底存在一种特殊的纳米结构，使它轻而易举地做到“飞檐走壁”（图1－5）。

壁虎的脚趾头表面是由细小的刚毛构成薄片状的结构，每一支刚毛约130微米长，直径为20～200微米，每平方毫米约有5000支刚毛。而每支刚毛的末端都会分叉出约1000支纳米等级甚至更细小的细柄，直径在200～500纳米之间，而每一个细柄的末端都有一个圆盘一样的结构。因为这些细柄和圆盘是如此之小，因此可以非常近地贴近物体的表面，贴近到两者的分子之间可以产生弱相互作用的地步，这种弱相互作用被称为“范德华力”。尽管每个壁虎脚上刚毛分子和墙面物质分子之间的范德华力十分微弱，但数以千万计的分子之间将产生足够大的吸引力来支撑壁虎的重量，实际上这个数值远远不止于此。科学家的研究显示，一只150克重的大壁虎（英文俗称Tokay Gecko）所能产生的黏着力高达40千克，是其体重的200多倍。这也说明了壁虎为何能轻松地将脚掌触碰墙面就能提供快速敏捷运动所需的支撑力，因为壁虎只需要有1%的细柄触碰墙面即足以支撑本体产生适当的运动。至于超强的黏着力为什么没有将壁虎“粘住”，是因为这种黏着力是具有“指向性”的，就好比一段粘在墙上的胶带，如果直接将胶带以平行于墙面的力量拉动将会非常不容易，但是如果拉起一端，沿着分离面撕下胶带就会非常轻松。壁虎的刚毛也具有这种非对称的指向性黏着，使它能够在墙面上自如地行动。

除此之外，与荷叶类似，一些有翅昆虫（如蜻蜓、蜜蜂、蛾、蝴蝶、蝉、甲虫、蚊、蝇等）的翅膀表面也具有自清洁性，在它们的翅膀上分布有形状不同的微观结构，如蝉翼上均匀分布着纳米柱状结构，使其具有超疏水性，而达到自清洁目的，避免了空气中的水和灰尘等污染物的附着而影响飞行。

四、纳米技术的出现

“纳米技术”一词最早是由日本东京理科大学的谷口纪男教授在1974年的一次国际会议上提出的，他将纳米技术定义为“在原子和分子层面对材料进行处理、分离、强化和变形”的技术。美国国家纳米技术计划（National Nanotechnology Initiative，NNI）将纳米技术定义为“对纳米尺度，1～100纳米大小的物质的理解和控制的技术，在该尺度下，物质的独特性能使新奇的应用成为可能”。中国科学院院士白春礼认为，纳米科技是“在纳米尺度（1～100纳米之间）上研究物质（包括原子、分子的操纵）的特性和相互作用，以及利用这些特性的多学科交叉的科学和技术”。

纳米技术的研究对象涉及众多领域。根据纳米技术与传统学科的结合，可以将其细分为纳米物理学、纳米化学、纳米材料学、纳米测量学、纳米加工学、纳米电子学、纳米机械学、纳米生物学等。在这些学科领域中，纳米物理学和纳米化学研究纳米尺度物质的基本物理与化学性质，是各种纳米技术的知识基础；纳米材料是纳米技术的核心，纳米技术很大程度上是围绕着纳米材料科学展开的；纳米测量学和纳米加工学是纳米技术的支柱，是人们研究纳米科学，实现纳米产品的手段；纳米电子学、纳米机械学和纳米生物学等，则是纳米技术的具体应用科学。这些学科之间相互交叉、渗透，形成了一张纳米技术的复杂学科网络。

纳米技术的最终目的是从原子、分子出发，使用纳米材料或采用纳米加工技术，生产出具有特殊功能的产品，包括形态各异的纳米电子器件、纳米储能结构、纳米传感器、纳米机械、纳米药物、纳米涂料等。例如利用特殊结构的纳米材料可以生产出防油污领带、防水运动裤等。在电子产业，以Intel、IBM为首的微电子巨头正将微电子制作技术推向22纳米甚至更小尺寸。

微电子技术融合了机械工程技术，也在逐渐向纳米电子技术转移，形成了纳米机电系统（Nano－Electro－Mechanical System，NEMS），它包含了各种纳米传感器、探测器、致动装置（如电机、开关、齿轮、轴承）等，成为纳米科技领域一个重要的方向和组成部分。美国华盛顿大学制成纳米金属齿轮，两个齿轮咬合在一起还不足一根头发的宽度。它可以用于微型机械、微型机器人、微型汽车及微型飞机的制造。用微型部件组装的汽车可以只有一粒米大小；用微型部件组装的飞机可以只有一粒花生米大小。

人类能够在纳米尺度上进行组装、加工，构造超自然的材料和器件。这种技术也可以用于生物体和人类肌体，进行病毒控制、疾病治疗、器官再造、基因改造等。美国科学家近日成功研制出一种由DNA分子构成的“纳米蜘蛛”微型机器人，它们能够跟随DNA的运行轨迹自由地行走、移动、转向以及停止，并且它们能够自由地在二维物体的表面行走。“纳米机器人”可以用于医疗事业，以帮助人类识别并杀死癌细胞以达到治疗癌症的目的。“纳米机器人”还可以帮助医生完成外科手术，清理动脉血管垃圾等。

第二节 纳米科技的发展史

1959年12月29日，物理学家理查德·费曼（Richard Feynman）在加州理工学院出席美国物理学会年会时，作了著名演讲“底部还有很大空间”*There's Plenty of Room at the Bottom*，其中说道：“我们为什么不把整个24卷《大英百科全书》都抄写到一个针尖上面去呢？”经过很简单的计算，可以知道如果把整个24卷《大英百科全书》的全部页面都印刷到针尖上，那么书里面最小的一个句点，也可以分到1000个原子的面积来表示，这已经是够宽敞的了。如果把全世界所有的书籍里面的信息都通过编码转化为以字节为单位的形式，又需要多少个原子来记录所有这些信息呢？答案是一颗127微米大小的灰尘！要知道这么大的灰尘我们用肉眼只能勉强看见。他的这篇演讲描述了在小尺度下操运和控制单个原子与分子的可能，并提出了实现这一可能所需要的工具和方法。费曼的演讲是近代科技历史上科学家首次预言纳米科技的兴起。

1981年，德国物理学家格尔德·宾宁（Gerd Binnig）和瑞士物理学家海因里希·罗雷尔（Heinrich Rohrer）在IBM公司位于瑞士苏黎世的实验室共同发明了能直接观察纳米尺寸物质的扫描隧道显微镜（Scanning Tunneling Microscope），这标志着纳米技术研究的兴起。格尔德和海因里希二人也因此被授予1986年的诺贝尔物理学奖。1989年，IBM公司阿尔马登研究中心的唐·艾格勒（Don Eigler）博士和他的研究伙伴埃哈德·施魏策尔（Erhard Schweizer）利用扫描隧道显微镜把35个氙原子（xenon，化学符号Xe）排成了“IBM”三个字母。这是人类历史上首次操纵原子。从此，使用原子或分子制造材料与器件，不再是费曼笔下的梦想。

1990年7月，第一届国际纳米科学技术会议在美国巴尔的摩举办。此次会议正式提出了纳米材料学、纳米生物学、纳米电子学等概念，引起了全球物理界和材料界高度兴趣和广泛重视，进而掀起纳米科技的研究热潮，标志着纳米科技的正式诞生。1993年，我国科学家操纵原子写出“中国”两字，见图1－6，并通过排列原子绘出中国轮廓图。

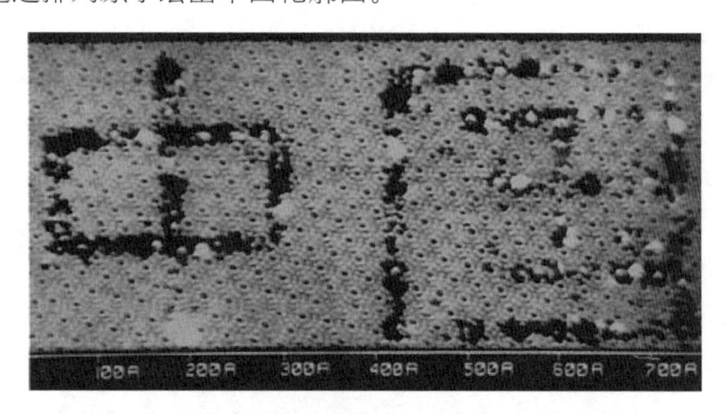

图1－6 ▸ 科学家操纵原子写成“中国”（另见彩图5）
（图片来源：中国科学院北京真空物理实验室 http://www.pep.com.cn/czhx/jshzhx/tbxzy/jnshc/dedy_1/xytpian/201008/t20100824_711440.html）

1991年，日本NEC公司的饭岛澄男在进行石墨电极直流放电并观察其产物时，发现了富勒烯家族的另一个重要成员：碳纳米管（Carbon Nanotube，CNT）。1997年，美国主要生产高性能材料的Zyvex公司成立，这是国际上第一家从事分子纳米技术和纳米材料研究与开发的公司。1998年，美国白宫的国家科学技术理事会（National Science and Technology Council）成立了纳米科学、工程与技术机构间工作组（Interagency Working Group on Nano Science，Engineering and Technology）。它的任务是赞助研讨会和研究，以界定纳米科学技术和预测其发展前景。20世纪90年代末，纳米技术逐步走向市场，其中包括纳米化妆品、纳米运动器材、纳米汽车蜡、纳米银涂料、纳米衣服等。

随后，纳米技术在生物、医药、电子、机械等各个领域得到长足发展，并取得了众多突破。与此同时，纳米材料对健康、环境和安全造成的影响也开始逐渐引起人们的注意。2004年，美国斯坦福大学的研究者公开了一项关于纳米技术的安全与风险管理报告，列举了纳米材料的十大毒性警告。同年，英国政府委托英国皇家学会和英国皇家工程学院组成的调查小组发布报告声明，政府应当对纳米技术产品进行安全检验和规范。2010年1月8日，英国上议院科学和技术委员会就纳米技术问题发表了有关纳米技术和食品问题的长篇报告，警告本国的食品工业不要隐瞒纳米技术的使用情况。2010年3月，美国参议院环境和公共工程委员会继续为修订有30年历史的有毒物质控制法搜集证据，美国环保局称，这将有助于规范纳米材料的商业应用。目前我国也加大了对纳米毒理学的研究投入。

知识加油站

关于纳米科技起源的重大事件

- 1959年12月29日，物理学家理查德·费曼在加州理工学院出席美国物理学会年会，作了著名演讲“底部还有很大空间”，首次预言了纳米科技的兴起。
- 1962年，日本东京大学的久保亮五教授提出了“久保理论”，即量子限域理论，使得人们对纳米颗粒的电子结构、形态和性质有了进一步的了解。
- 1974年，东京理科大学的谷口纪男教授在一篇题为“论纳米技术的基本概念”的科技论文中首次使用“纳米技术”一词来描述精密机械加工。
- 1981年，德国物理学家格尔德·宾宁和瑞士物理学家海因里希·罗雷尔在IBM公司位于瑞士苏黎世的实验室共同发明了扫描隧道显微镜，标志着纳米技术研究的兴起。
- 1984年，德国物理学家赫伯特·格莱特利用惰性气体蒸发凝结法，制备了纳米微晶块体，由此开辟了纳米材料领域的研究。
- 1985年，英国苏塞克斯大学的哈罗德·克罗托教授和美国莱斯大学的罗伯特·柯尔和理查德·埃利特·斯莫利教授共同发现C_{60}，即巴基球。
- 1985年，斯坦福大学的卡尔文·奎特教授、IBM公司苏黎世研究中心的格尔德·宾宁以及亨利希·罗勒共同发明了原子力显微镜。
- 20世纪80年代，纳米技术的基本概念被美国工程师埃里克·德雷克斯勒博士进行了更为深入的探讨，并于1986年出版《创造的发动机：即将到来的纳米技术时代》。
- 1986年，德雷克斯勒在美国加州创立了世界第一个关注纳米技术的组织“前瞻协会”。该机构于1989年在斯坦福大学举办了第一届纳米技术会议，由德雷克斯勒担任主席。
- 1988年，德国物理学家彼得·格林贝格与法国物理学家艾尔伯·费尔几乎同时发现了在由铁、铬材料构成的纳米薄膜中存在“巨磁阻效应”。

· 1989年，IBM公司阿尔马登研究中心的唐·艾格勒博士发现，扫描隧道显微镜不仅可以用来观测原子的行为，还可以利用它推动单个原子。利用扫描隧道显微镜，他和他的研究伙伴埃哈德·施魏策尔把35个氙原子排成了“IBM”三个字母。

· 1990年7月，第一届国际纳米科学技术会议在美国巴尔的摩举办。此次会议标志着纳米科技正式诞生。

第三节 纳米科技的研究进展

纳米技术的兴起源于20世纪80年代末和90年代初，经过20多年的迅猛发展，纳米技术已经发展为包含纳米材料、纳米加工技术、纳米材料学、纳米生物学、纳米化学、纳米机械学、纳米加工学等多个发展方向的新兴交叉科技领域，人们在这些领域内取得了重要研究成果。根据世界技术评估中心在2010年美国弗吉尼亚州的国家科学基金会（National Science Foundation，NSF）会议上发布的一份题为《2020纳米研究方向》的报告，在过去10年里，“纳米”已从“大肆炒作概念”转为“真正的实质性科学与工程成就”。目前，纳米技术已经成为了全球范围内研究规模最大和最有竞争力的研究领域之一，以纳米技术为基础的产品市场将超过2500亿美元，到2015年预期将达2万亿至3万亿美元。在2000－2010年间，纳米技术取得了以下进展：

整体上来说，纳米科学、工程和技术应用的可行性和社会重要性已得到确认，而对于这种新兴技术正反两方面极端的预测已经消退。纳米技术已被公认为是科学和技术领域的革命，堪比现代生物和电子信息的革命。在2001－2008年间，有关纳米技术的发现、发明、研发计划与市场等，都在以每年25%的速度增长。2009年，纳米产品市场已经达到了2540亿美元。

在方法和工具上，新的仪器设备使得在相关工程领域可进行原子精度的飞秒测量，单声子光谱和分子电子密度的亚纳米级测量已经完成，单原子以及单分子表征方法已经出现，研究人员已经能以前所未有的方法探测纳米结构的复杂动态特性；人们可以进行基本原理模拟的原子数量已经是2000年的100倍，已经可以对少部分聚合物和其他纳米结构进行“材料设计”；人们对纳米材料基本结构与功能的研究引发了许多重要新现象的发现和发展，许多其他纳米尺度的现象也得到了更好的理解和量化，这些现象都已经成为新的科学和工程领域的基础；自旋电子学对存储器、逻辑电路、传感器和纳米振荡器的研究产生了重大影响，基于自旋电子学的随机存取存储器将在未来十年内商业化，将单个分子或纳米结构在材料表面以小于50纳米的分辨率进行大面积印刷的扫描探针工具已被发明应用。

在纳米安全和可持续发展上，人们已经深刻认识到第一代纳米技术产品在环境、健康与安全方面存在的重要问题，并且对相关的伦理、法律以及社会影响等问题有所认识，人们已经十分重视对纳米材料的理解，强化监管，建立风险评估框架，以及进行生命周期分析等工作，公众对纳米技术相关的决策过程以及其他管理工作中的参与度也越来越高；在过去10年中，纳米技术为将近一半的能源转换、能源存储以及碳封存项目提供了解决方案；人们已经发现了可用于氢存储和二氧化碳分离的纳米结构多孔材料大家族；一系列聚合物与无机纳米纤维及其复合材料被合成，用于水和气体过滤分离以及催化处理，纳米复合膜材料、纳米吸收剂等已经被开发出来用于水净化、漏油处理以及环境修复等问题。

在纳米技术的应用上，纳米产品实现了从简单地“被动”利用纳米结构作为某种成分，向“主动”展现纳米功能的结构与器件演化；人们发现了许多全新的材料种类，包括各种成分的一维纳米线和量子点，多价贵金属纳米结构、石墨烯、纳米线超晶格以及其他各种粒子成分等，一张纳米结构的“周期表”正在形成，其中包含了各种纳米结构的信息；一些全新的科技概念被证实，如首个量子器件被发明，首个合成基因的人工细胞出现等，一系列的纳米结构和纳米表面处理方法被发明，尽管如此，站在表征、合成与制造方法以及复杂纳米系统的发展角度而言，纳米技术仍然处于初级阶段，需要进行更为基础的研究和开发；从量子技术与表面科学，到分子的“自下而上”（bottom－up）组装，人们利用这些原理制造出了各种新工艺和新纳米结构，并将它们与半经验化的“自上而下”（top－down）的微型集成化方法相结合，形成了众多产品，纳米技术促成或推动了诸如量子计算、纳米医学、能源转换和存储、水净化、农业和食品系统、合成生物、航空航天、地球工程、神经形态工程领域的新研究；纳米医药已经取得了重要突破，并在临床实验中发展迅速，一些先进的诊断和治疗方法已经商业化，并在对抗癌症的过程中发挥重要作用；纳米技术已经深入渗透至若干重要产业领域，如纳米结构催化剂对美国30%～40%的石油与化工企业产生了影响，100纳米以下半导体占全球市场的30%、美国市场的60%，分子药物市场不断壮大，纳米电子也已取得快速发展。纳米技术不仅催生了许多新兴产业，并且与众多传统产业相融合，创造出了新的机遇和发展空间。

第四节　纳米科技的科研投入

现在纳米技术的水平就像计算机技术20世纪50年代的水平。因此，谁占领了技术上的制高点，谁就在未来世界发展中起到举足轻重的作用，纳米技术已经成为世界上发达国家竞相开发的项目。世界各国都在这一研究上投入了大量的资金，制定了长远的研究规划。近十年来，各国大型企业集团和国家政府纷纷投入巨资开发纳米技术。目前，60多个国家实施了纳米技术研究计划，还有一些国家虽没有专项的纳米技术计划，但在其他计划中也包含了纳米技术相关的研发。

在研发投入上，根据世界前沿纳米技术研究和技术信息供应商Cientifica在2011年发布的一份报告，世界各国政府对纳米技术的研发投资每年约为100亿美元，并且未来三年年均增长将达到20%以上，预计到2014年将上升到1000亿美元。

2011年，美国用于纳米技术的投资达到21.8亿美元，中国为13亿美元（根据Cientifica的估计，如果按购买力评价计算，中国在纳米技术研究的投资总额将达到22.5亿美元，超出美国的21.8亿美元）。此外，日本和俄罗斯等国的经费支出也有较大幅度增加。不过在绝对数量上，美国对纳米技术的投资金额仍然全面超过其他国家。2000－2015年各国纳米技术投资及预测见图1－7及彩图4。

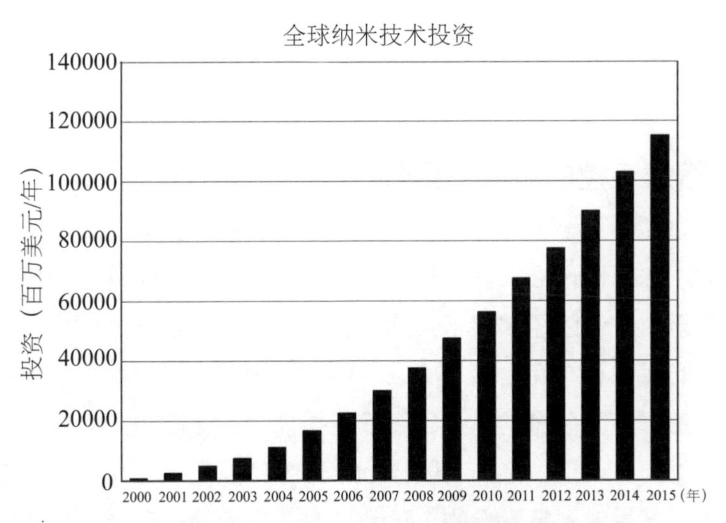

图1－7 ▸ 2000－2015年纳米技术投资及预测

（图片来源：中国科学院科学传播研究中心）

中国科学院和国内不少大学都成立了专门的研究所（室），国家自然科学基金委员会每年都在资助着大量纳米技术的研究项目。目前在这一领域我国科学家和其他国家科学家从同一起跑线上出发，并在许多方面的研究达到国际领先水平。

第五节 纳米科技的巨大前景

纳米科技的发展，是新科技革命的重要组成部分。纳米科技方法和纳米科技产品，将逐渐渗透到人类生产生活的各个角落，极大地改变人类的经济、社会、文化形态。纳米科技衍生出的各种颠覆传统的新型产品将进一步推动人类的物质文明，同时还将为解决人类面临的环境、人口、健康等问题，建立可持续发展的文明做出重要贡献；纳米科技所处的介观世界，存在大量的新现象和新规律，对纳米科技的研究，将帮助人类完善对物理学、化学、材料学、信息学以及生命科学等传统科学的认知；纳米科技催生的新兴产业以及它所改变的传统产业将在未来经济中发挥越来越重要的作用，对国家和社会产生重大影响。

一、更精细可控的材料与器件

纳米科技的发展赋予了人们从原子、分子层面观察、测量甚至操控材料基本结构的能力。如果说过去人们对材料的研究具有一定的随机性，那么随着纳米科技发展，至今人们已经掌握了大量的物理、化学、生物方法和理论知识，能够在超精细的时间和空间尺度上测量、控制和预测材料结构与行为。最典型的例证莫过于IBM公司在20世纪80年代采用扫描隧道显微镜操纵氙原子排列为字母的创举。更进一步地，人们可以控制纳米颗粒的尺寸、形状、表面和微型结构，来改变纳米材料本身具有的小尺寸效应、表面效应和量子效应等，借助这些效应获得所需要的物理化学特性。人们还能够通过设计和制造纳米组装体系，创造出全新的材料，例如设计出不同的纳米颗粒、纳米管、纳米线的阵列排布，或者将一种纳米体系与另一种纳米体系相结合，都可能实现前所未见的光、电、机械等特性。

二、更微型快速的电子产品

目前，工业级半导体芯片的加工尺寸已经达到32纳米量级，由于纳米尺度下量子效应起到越来越重要的作用，当前芯片已接近设计极限。更小尺寸芯片很难保持原有性能，需要按照新的设计原理设计新的纳米器件。这就需要研究纳米尺度中的物理问题和技术问题。纳米电子学立足于最新的物理理论和最先进的工艺手段，按照全新的理念来构造电子系统，并开发物质潜在的储存和处理信息的能力，实现信息采集和处理能力的革命性突破。纳米电子学将成为21世纪信息时代的核心。

另外，通过纳米科技可以使计算机有效地加密数据，并提供全天候的安全保障。纳米层级的量子密码技术将提供不可破解的安全性，在商业、政府及金融等领域将得到广泛应用。同样的量子机制能够用于构筑量子计算机，从而打破现有的计算机加密方式。此外，量子计算机能够在预测自然灾害和生物模式识别等方面提供更真实的模拟和仿真。

纳米技术将对未来电子技术领域产生重大影响，未来出现的微型晶体管和存储器芯片，将使计算机的速度和效率提高数百万倍，使存储器的存储容量达到数万亿字节，并且使能耗降低到现在的几十万分之一。通信带宽可能会增大好几百倍，可折叠的显示器将比目前的显示器明亮10倍。把纳米技术用于存储器，可使整个美国国会图书馆的所有信息放入一个只有糖块大小的装置中。

目前，人们利用纳米电子学已经研制成功各种纳米器件，包括石墨烯、碳纳米管、单电子晶体管、红绿蓝三基色可调谐的纳米发光二极管，以及利用纳米线、巨磁阻效应制成的超微磁场探测器等。尤其以石墨烯和碳纳米管最为突出。

三、更精确的医疗技术

纳米技术的优势在生物技术领域也能大显身手，科学家甚至预测未来利用纳米技术可以修补基因。纳米生物技术的研究不仅有可能促进生物探测方法的改进，也将对生物学的其他方面产生影响，包括外科手术方法、生物兼容性、诊断、移植甚至修复等。利用纳米技术，人们可以进行基因诊断，以及早发现癌细胞，并主动搜索和攻击癌细胞或修补损伤组织；为药物在体内输运提供新的方式和路线；预防移植后的排斥反应。科学家已经研制出的“纳米生物导弹”，能将抗肿瘤药物连接在磁性超微粒子上，定向“射”向癌细胞，并把它们“全歼”。治疗心血管疾病的“纳米机器人”，能进入人的血管和心脏中，完成医生不能完成的血管修补等“细活”。运用纳米技术，还能对传统的名贵中草药进行超细开发，同样服用一帖药，经过纳米技术处理的中药，可让患者更大地吸收药物中的有效成分。纳米生物医学未来发展趋势主要有以下方向：① 改善成像效果。经改进的或新型的成像介质能够帮助发现处于较早阶段、仅仅只有几个细胞大小的癌症病灶。② 提高药物靶向性。纳米颗粒能将药物输送至专门选定的部位，包括标准药物不容易到达的部位，例如，专门针对癌症的纳米金或许在被近红外光照射时能够加热到足够程度而摧毁癌细胞。③ 提高生物相容性。对植入物表面所作的纳米级改进，将改善植入物的耐用性和生物相容性，例如，采用纳米颗粒薄膜的人造关节与周围骨组织的结合或许能比通常更紧密，从而避免松膜。

四、更清洁高效的能源

未来纳米技术将在解决能源问题方面扮演重要的角色。尤其是纳米技术与太阳能产业结合制造纳米结构的太阳能电池，可以显著降低太阳能发电成本。采用纳米技术可推动光伏产业的进展，与其相关的技术制造的各类太阳能电池已出现在市场上，柔性薄膜电池也已开始在市场上销售。

例如，借助纳米技术，科学家将碳纳米管与病毒相结合，可以把太阳能电池的光电效率提高近三成。又比如，科学家将砷化镓纳米线放在硅基片上，可以在非常小的区域内聚集相当于普通太阳光强度15倍的太阳射线并予以吸收，大大提高了太阳能的转化效率，甚至可能突破目前的太阳能转换效率的极限。借助纳米技术，科学家制造出了纸一样柔软的太阳能电池，传统的硅太阳电池总是像玻璃一样坚硬，科学家将纳米技术和纤维技术结合，可以制造出如纸张一样能够任意弯曲的甚至各种形状的太阳能电池。

除太阳能外，纳米技术对整条能源产业链的各个部分都有举足轻重的影响。例如在储能领域，传统锂镍具有高电容量的特点，但其安全性较差，目前无法使用。但利用纳米金属氧化物镀层表面处理后的锂镍钴正极材料，不但可获得高电容量，而且可大幅提高材料的安全性。

五、更便捷环保的生活

前文提到的某些植物叶子的表面存在的纳米膜能使水形成水珠的现象，是因为纳米膜之间的缝隙比水分子尺度小的缘故。根据这一原理，若把某些材料加工成纳米微粒继而在另外的材料上形成纳米膜时就能表现出一些特殊的性质，从而形成新的产品。在化纤布料或其他织物中加入少量的金属纳米微粒就可以摆脱因摩擦而引起的静电现象，并且灰尘不易着落在衣物上，形成免洗（自清洁）服装。在冰箱、洗衣机、餐具内壁涂上纳米膜，既可以抗菌，也易于清洗。在玻璃、瓷砖表面涂上纳米薄层，可以制成自清洁玻璃和自清洁瓷砖。利用某些纳米微粒能反射对人体有害的紫外线的特征和性能，可以制成防晒油。利用某些具有营养性的物质的纳米粉可制成化妆品，既能被容易地吸收又可以营养皮肤。可见，纳米技术已悄悄走入了我们的日常生活。

六、更强大的国防

纳米技术的优势使其在军事上备受关注。相同体积的相关纳米材料比钢筋结实10倍而重量却只有钢筋的十分之一，纳米技术将使科学家和工程师设计制造出轻质、高强度、热稳定的材料用于飞机、火箭、空间站等的制造，使武器装备的研制和生产成本降低，生产周期缩短，安全性提高。使用纳米技术，可以制造出替代纤维的防弹衣，不仅能提供保护，还能为士兵提供健康监测。利用纳米微粒材料的尺寸远小于红外和雷达波波长及磁损耗的特点，有望制成电磁吸收率极高的隐身材料，并用于舰船、潜艇和战斗机。通过先进的纳米电子器件在信息控制方面的应用，将使军队在预警导弹拦截等领域快速反应；通过纳米机械学、微小机器人的应用，将提高部队作战的灵活性，增强战斗力。用纳米和微米机械设备控制，国家核防卫系统的性能将大幅度提高，如在一个基片上置放100万个纳米微型机器，每台机器都有电子控制功能，可以构成极小的传感、侦察、导航系统。将这种装置镶在头盔、服装或武器里，不仅可以监测和传输一个士兵的标记和位置，而且还能监测和传输附近敌人的任何活动。

纳米技术的到来将彻底改变未来军事和战争形态。进入纳米时代后，传统的作战模式将会发生根本的变革，未来战场极可能将由数不清的各种纳米微型兵器担当主角。从太空到空中、地面，面对层层严密高效的纳米级侦察监视网，使人难以察觉，防不胜防。这使得技术相对落后国家的军队将有密难保，战场对强敌将彻底透明。

有人曾把纳米技术、信息技术、生物技术看作21世纪的三大关键技术，甚至有人说21世纪就是纳米的世纪。可以说，纳米技术正以空前的影响力和渗透力改变着人类的生产和生活方式，改变着科学方法和技术发展的轨迹，它势必引起21世纪诸多科学领域的革命。

（执笔人：姜山　潘懿　鞠思婷）

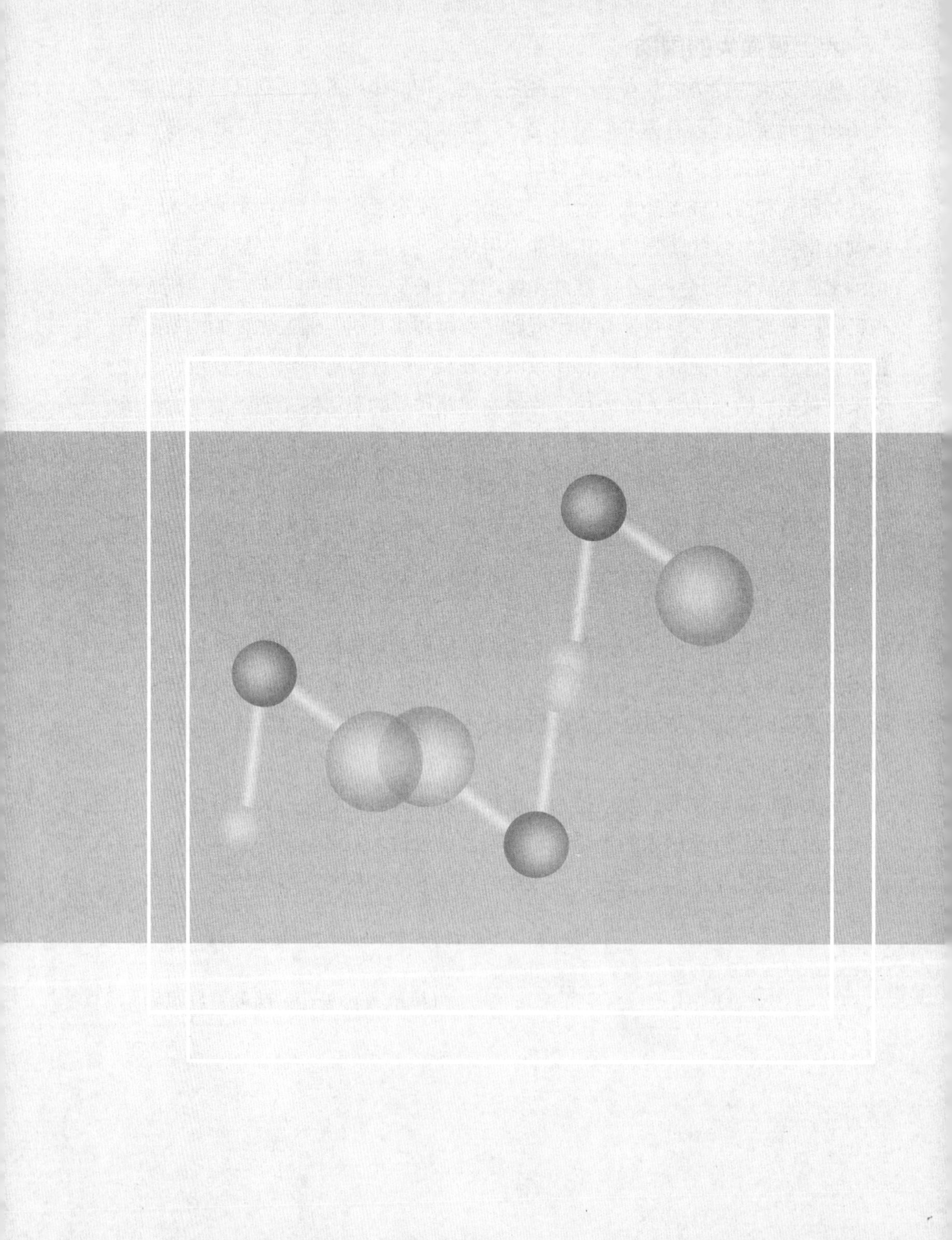

第二章

放大，再放大些：观测纳米世界的工具

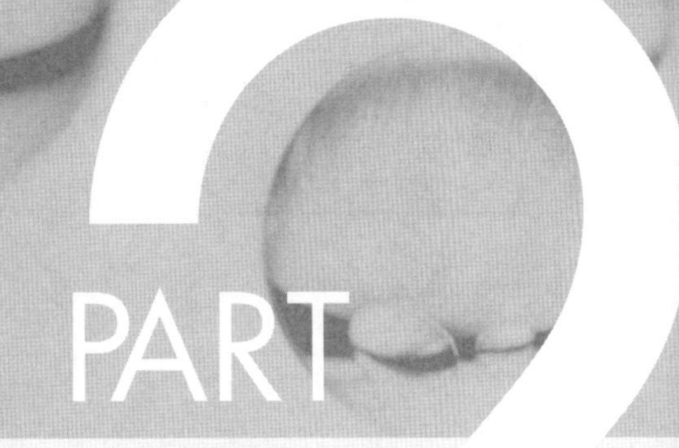

观察和探索纳米尺度的介观世界，总结纳米尺度下的基本物质原理，必须对其结构和性能进行表征和测试。纳米表征是关于纳米材料及颗粒成分、物相结构、性能、微观形貌和晶体缺陷等的现代分析、检测技术及其相关理论知识的科学。基于电磁辐射及运动粒子束与物质相互作用的各种物理效应所建立的各种分析方法已成为纳米分析检测的重要组成部分，大体可分为光谱分析、电子能谱分析、衍射分析和电子显微分析等四大类分析方法。此外，基于其他物理特性或电化学性质与材料的特征关系建立的色谱分析、质谱分析、电化学分析以及热分析等也是材料现代分析检测的重要方法。图2－1展示了纳米材料及颗粒常用的测试方法与表征仪器。

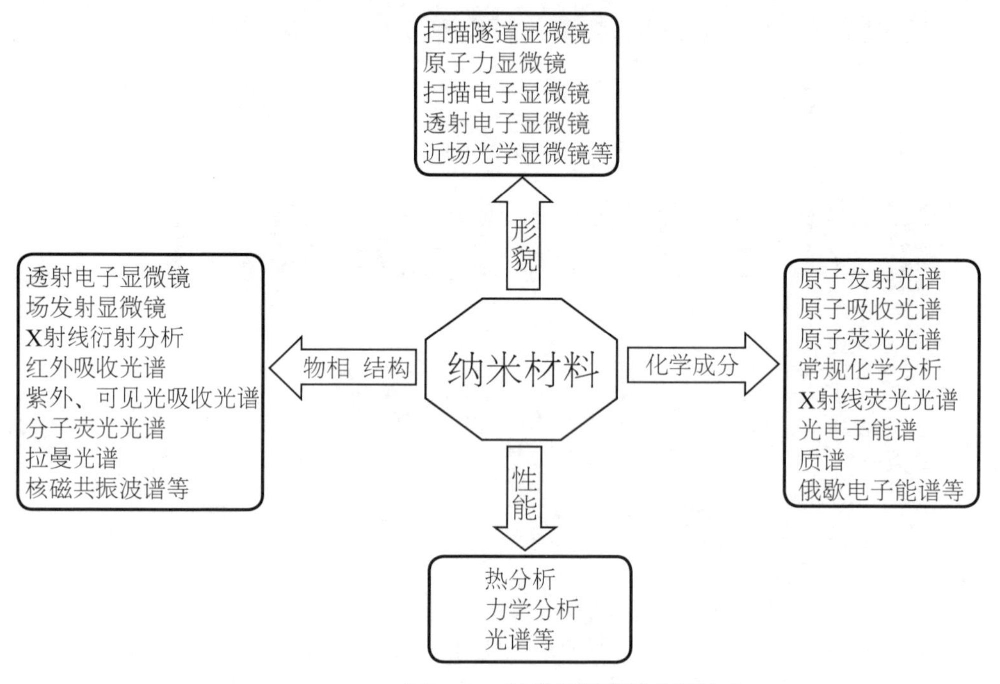

图2－1 ▸ 纳米材料表征分析技术

（图片来源：中国科学院科学传播研究中心）

1. 电子显微分析

电子散射是电子显微镜成像的基础，电子具有波动性，其波长远远小于可见光的波长。以电子束照明的电子显微镜的分辨率比光学显微镜提高近两千倍。广义而言，电子显微分析是基于电子束与材料的相互作用而建立的各种材料现代分析方法。电子显微分析方法以材料微观形貌、结构与成分分析为基本目的。从技术基础来看，各种电子显微分析方法中的一些方法也可归于光谱分析（如电子探针）、能谱分析（如电子激发俄歇能谱）、衍射分析（如电子衍射）等方法范畴。透射电子显微分析与扫描电子显微分析及电子探针分析是基本的、广泛应用的电子显微分析方法。

2. 光谱分析

光谱分析方法是基于电磁辐射与材料相互作用产生的特征波长与强度进行材料分析的方法，包括各种吸收光谱分析和发射光谱分析以及散射光谱分析等。表2－1列举了部分光谱分析方法的应用情况。

表2－1 ▸ 部分光谱分析方法的应用

分析方法	样品	基本分析项目与应用	应用特点
原子发射光谱分析（AES）	固体与液体样品，分析时蒸发、解离为气态原子	元素定性分析、半定量分析与定量分析	灵敏度高，准确度较高；样品用量少；可对样品作全元素分析，分析速度快
原子吸收光谱分析（AAS）	液体（固体样品配制溶液），分析时为原子蒸气	元素定量分析	灵敏度很高，准确度较高；不能作定性分析，不便作单元素测定；仪器设备简单，操作方便，分析速度快
原子荧光光谱分析（AFS）	样品分析时为原子蒸气	元素定量分析	灵敏度高；可采用非色散简单仪器；能同时进行多元素测定；痕量分析
X射线荧光光谱分析	固体	元素定性分析、半定量分析与定量分析	无损检测，过程自动化与分析程序化；灵敏度不够高
紫外、可见吸收光谱分析（UV、VIS）	一般用液体	结构定性分析；有机物构型和构象测定；组分定量分析；化学和物理数据测定	主要用于有机化合物微量和常量组分定量分析，在有机化合物定性鉴定和结构分析时有一定局限性，常用于研究不饱和有机化合物，特别是具有共轭体系的有机化合物
红外吸收光谱分析（IR）	气、液、固体样品	未知物定性分析；未知物结构分析；定量分析；反应机理研究	适用于分子振动中伴有偶极矩变化的有机化合物分析，不适于微量组分定量分析

续表

分析方法	样品	基本分析项目与应用	应用特点
分子荧光光谱分析（FS）	样品配制溶液	荧光物质定量分析；芳香族有机化合物分子结构分析	灵敏度高，取样量少；直接法只适于具有荧光性质的物质分析
核磁共振波谱分析（NMR）	液体（固体样品配制溶液）	定性分析；定量分析；相对分子质量测定；化学键性质研究	结构分析的重要手段，可用于研究反应过程与机理，样品用量少，不破坏样品，仪器价格高，相对灵敏度较差
激光拉曼光谱分析	气、液、固体样品	定性分析；分子结构分析；高聚物研究	适用于没有偶极矩变化的有机化合物分析，因而与IR配合成为判断有机化合物的重要手段；除用于有机化合物外，还用于无机化合物分析、液晶物相变化分析等

3. 电子能谱分析

电子能谱分析方法是基于光子或运动实物粒子照射或者轰击材料产生的电子能谱进行材料分析的方法，多用来分析样品表面的物质组成、结构和原子价态，可使用固体样品、气体样品和液体样品，液体样品应蒸发为气体，或沸腾，或做成载体上的液体膜等。其主要类型参见表2－2，其中光电子能谱分析和俄歇电子能谱分析是得到广泛应用的重要电子能谱分析方法。

表2－2 ▸ 电子能谱分析方法

方法名称		缩写	源信号	技术基础	检测信号	备注
光电子能谱	X射线光电子能谱	XPS或ESCA	X光子	样品光电离	光电子	样品芯能级光电子谱
	紫外光电子能谱	UPS或PES	紫外光子	样品光电离	光电子	样品价层能级光电子谱
俄歇电子能谱	X射线引发俄歇能谱	XAES	X光子	X光子引发样品俄歇效应	俄歇电子	俄歇电子动能只与样品元素组成有关，不随入射光子的能量而改变，故入射束不需要单色
	电子引发俄歇能谱	EAES或AES	电子束	电子束引发样品俄歇效应	俄歇电子	

续表

方法名称	缩写	源信号	技术基础	检测信号	备注
离子中和谱	INS	离子束	离子束轰击样品，产生俄歇电子	俄歇电子	INS给出固体价态密度信息，用于固体表面分析，灵敏度高于UPS
电子能量损失谱	ELS或EELS	电子束	样品对电子的非弹性散射	非弹性散射电子	给出固体费米能级以上空带密度的信息

4. 衍射分析

衍射分析方法是以材料结构分析为基本目的的现代分析方法，包括X射线衍射分析、电子衍射分析、中子衍射分析等。

1895年，德国物理学家伦琴在研究阴极管放电现象时发现了X射线，由于当时对它的本质还不了解，故称之为X射线，也称为伦琴射线。这是一种波长为0.01～10纳米的电磁波，穿透力很强，晶体内的原子按周期性的规则排列，排列的空间周期与X射线波长同数量级，因而晶体对X射线来说相当于三维光栅，能产生明显的衍射效应，根据这些衍射信息能够得到晶体的内部结构。

1924年，法国物理学家德布罗意提出“实物粒子具有波动性”。当一束高能电子束照射到试样上，运动的电子受固体中原子核及其周围电子形成的电场的作用而改变运动方向，形成电子散射。其中被各原子弹性散射的电子相互干涉，在某些方向上一致加强，就形成了样品的电子衍射波。根据入射电子的能量大小，电子衍射可分为高能电子衍射和低能电子衍射。根据电子束是否穿透样品，可分为透射式电子衍射和反射式电子衍射。

第一节 电子显微镜技术

人的肉眼不能直接观察到比0.1毫米更小的物体，但借助光学显微镜可以看到诸如细菌、细胞那么小的物体。然而，由于光波的衍射效应，光学显微镜的分辨本领大约是0.2微米。为了看到更微小的物体，就要用到更为复杂、高级的电子显微镜了。

电子显微镜是自然科学领域观察微观世界的“科学之眼”，已经成为一种不可或缺的仪器。现代电子显微镜的分辨本领已经达到原子大小的水平，人们实现了直接看到原子世界的梦想。电子显微镜主要包括透射电子显微镜和扫描电子显微镜。

透射电子显微镜（Transmission Electron Microscope，TEM，简称为透射电镜）是最早发展起来的一种电子显微镜。它的分辨本领很高，可以进行电子衍射测定样品的晶型，迄今仍然是应用最为广泛的电镜之一。图2－2即为一台透射电镜的外形图。

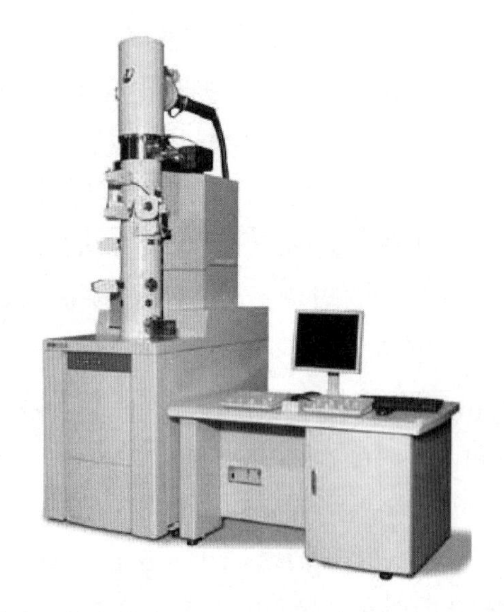

图2－2▶日本电子株式会社（JEOL）生产的JEM－2200FS型透射电镜
（图片来源：http://www.jeol.com/products/electronoptics/transmissionelectronmicroscopestem/200kv/jem2200fs/tabid/125/default.aspx）

透射电镜的工作原理与光学显微镜原理基本一样，只是它用电子束代替了可见光。世界上第一台透射电镜是德国人阿尔伯特·诺尔（Albert Knoll）和恩斯特·鲁斯卡（Ernst Ruska）在1932年研制出来的。尽管放大倍数仅有12倍，但这表明电子波可用于显微镜，为显微镜的发展开辟了一个新的方向。透射电子显微镜的电子束，在常用的50～100千伏的加速电压下，波长为0.00613～0.00387纳米，仅为可见光的十几万分之一，小于固体原子间的距离0.2～0.4纳米和原子尺寸0.1～0.3纳米。理论上，当透射电镜的加速电压达到200千伏时，分辨率能够达到0.00125纳米。

透射电镜研究的样品尺寸很小，为了让电子束能够穿过，样品需要很薄，如金属样品只能为100～200纳米，所以样品制备方法就起着非常关键的作用。起初，人们只能用电镜观察粉末样品和昆虫翅膀之类的东西，超薄切片技术的发展使得电镜在生物医学领域大显身手，表面复型方法让样品的范围延伸到大块金属及其他材料。20世纪60年代出现的金属薄膜样品制备技术，不仅发挥了电镜高分辨率的特长，还显示出材料晶体学方面的结构信息，并可配合能谱开展微区成分分析以及直接对材料进行动态研究。图2－3是葡萄球菌细胞在透射电镜下的照片。

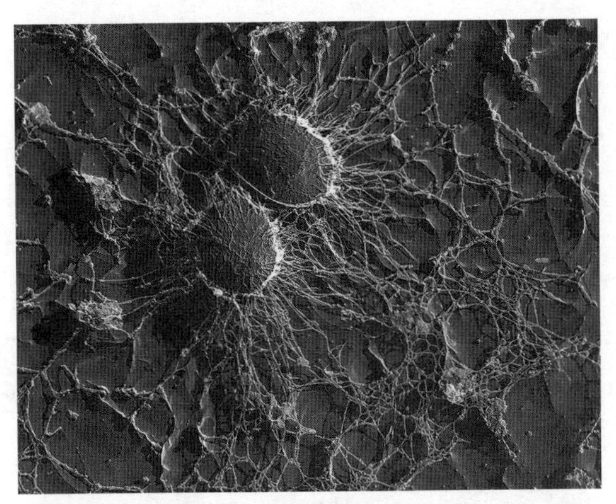

图2－3 ▸ 葡萄球菌的透射电镜照片（另见彩图6）

（图片来源：Eric Erbe, Christopher Pooley http://zh.wikipedia.org/wiki/File:Staphylococcus_aureus,_50,000x,_USDA,_ARS,_EMU.jpg）

1965年，第一台商用扫描电子显微镜（Scanning Electron Microscope，SEM，简称扫描电镜）在英国剑桥科学仪器公司面世。之后便在材料、地质、生物、医学、物理、化学等学科领域获得了越来越广泛的应用。经过40多年的不断改进，扫描电镜的种类不断增加、性能也日益提升。图2－4为一台扫描电镜的外形图。

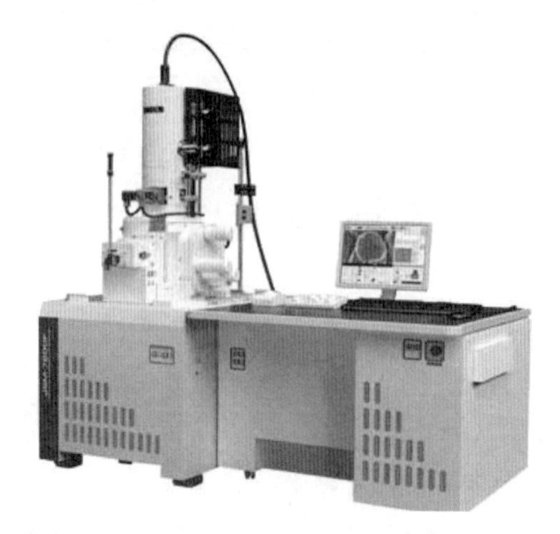

图2－4▶日本电子株式会社（JEOL）生产的JSM－7800F型扫描电镜
（图片来源：http://www.jeol.com/PRODUCTS/ElectronOptics/ScanningElectronMicroscopesSEM/ConventionalFE/JSM7800F/tabid/825/Default.aspx）

扫描电镜的基本原理可以简单归纳为“光栅扫描，逐点成像”，是利用高能量、细聚焦的电子束在样品表面扫描，激发二次电子，并利用二次电子对样品表面的组织或形貌进行检测、分析和成像。扫描电镜检测最后的成像信息，是来自样品表层5～10纳米的深度范围，是用于检测样品表面微观形貌和表层组织极好的检测方法。但这种方法一度受最大放大倍数的限制。日立最新发布的SU9000场发射（FE）扫描电镜，在30千伏加速电压下分辨率高达0.4纳米，可放大300万倍数，被认为是目前分辨率最高的市售扫描电子显微镜。

扫描电镜有一个很大的优势，即检测时有很大的景深。因此，即使样品表面很粗糙，高低起伏很大，也能得到很清晰的表面轮廓图。图2－5是氢氧化镁纳米颗粒的扫描电镜照片。

图2－5▶氢氧化镁纳米颗粒的扫描电镜照片
（图片来源：中国科学院科学传播研究中心）

扫描电镜的样品大致可以分为两类：导电性能良好的和不导电的。导电好的样品一般可以保持原始形状或稍加清洗就可观察；对于不导电的样品，或失水、放气、收缩变形的样品，则需适当处理（如真空镀膜）后方可观察。

随着低真空扫描电镜（即环境扫描电镜）的诞生，弥补了普通扫描电镜的样品室和镜筒内均为高真空（约为10^{-6}个大气压）、只能检验导电导热或经导电处理的干燥固体样品的缺憾。低真空扫描电镜可直接检验非导电导热样品，无须预处理，但是低真空状态下只能获得背散射电子像。利用它可以观察样品的溶解、凝固、结晶等相变动态过程（在－20摄氏度～+20摄氏度范围），对生物样品、含水样品、含油样品，既不需要脱水，也不必进行导电处理，可在自然的状态下直接观察二次电子图像并分析元素成分，极大地拓宽了扫描电子显微镜的应用范围。

知识加油站

景深的概念

所谓景深，就是当焦距对准某一点时，其前后都仍可清晰的范围。它能决定是把背景模糊化来突出拍摄对象，还是拍出清晰的背景。我们经常能够看到拍摄花、昆虫等的照片中，将背景拍得很模糊（称之为小景深）。但是在拍摄纪念照或集体照、风景等的照片时一般会把背景拍摄得和拍摄对象一样清晰（称之为大景深）。

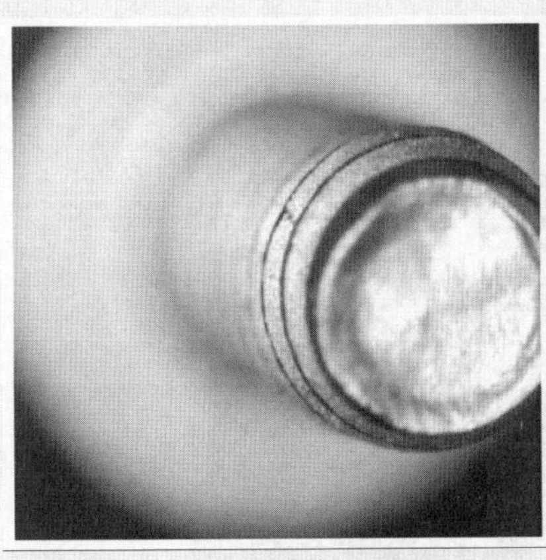
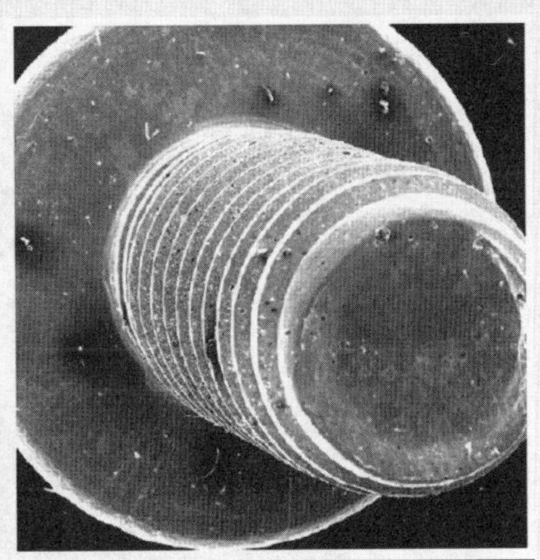

一枚1/4英寸的螺丝钉不同景深的照片（左图为光学显微镜拍摄的照片，景深较浅。右图为扫描电镜拍摄的照片，景深较深）
（图片来源：ASPEX, an FEI Company）

第二节 扫描隧道显微镜技术

纳米技术的发展与扫描隧道显微镜的发明和应用密切相关。正是扫描隧道显微镜的出现，催生出扫描隧道显微技术，并展示出诱人的功能和潜力，尤其是利用隧道扫描技术可以直接控制纳米级物质的摆放，从而给纳米技术注入了不可估量的活力。在扫描隧道显微镜的辅佐下，纳米技术得到了迅猛发展；同时，纳米技术和纳米材料的进步，反过来也促使扫描隧道显微技术不断改进和扩充已有功能。可以说，扫描隧道显微镜的发明将现代科学技术的触角延伸到了一个全新的“介观世界”。

扫描隧道显微镜（图2－6）于1981年由格尔德·宾宁（Gerd Binnig）和海因里希·罗雷尔（Heinrich Rohrer）在IBM苏黎世实验室发明，两位发明者因此与透射电子显微镜的发明者鲁斯卡一起获得了1986年的诺贝尔物理学奖。扫描隧道显微镜具有很高的分辨率，可以观察、测量物体表面单个原子和分子的排列状态以及电子在表面的行为，为表面物理、化学、生命科学和新材料研究，提供了一种全新的研究方法。此外，利用扫描隧道显微镜可以在低温下（4开尔文，约零下269摄氏度）利用探针尖端精确操纵原子，进行单个原子和分子的搬迁、去除、添加和重组，构造出新结构的物质，是纳米科技领域重要的测量和加工工具。

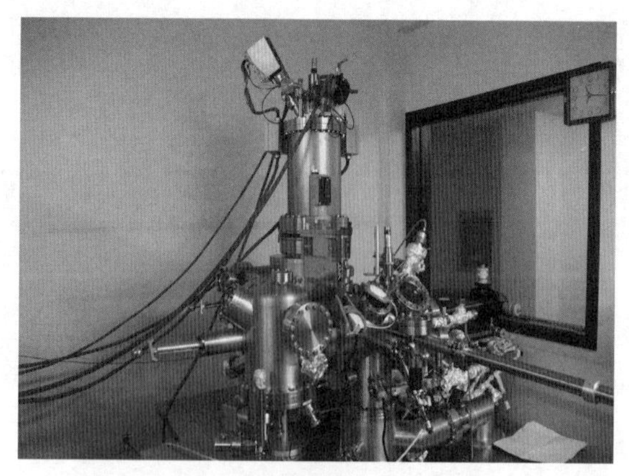

图2－6 ▸ 扫描隧道显微镜样机
（图片来源：中国科学院科学传播研究中心）

扫描隧道显微镜主要由四部分组成（图2－7）：扫描隧道显微镜主体、电子反馈系统、计算机控制系统和显示终端。其主体的主要部分是极细的探针针尖；电子反馈系统主要用来产生隧道电流，控制隧道电流和控制针尖在样品表面的扫描；计算机控制系统用来控制全部系统的运转和收集、存储得到的显微图像资料，并对原始图像进行处理；显示终端为计算机屏幕或记录纸，用来显示处理后的数据资料。

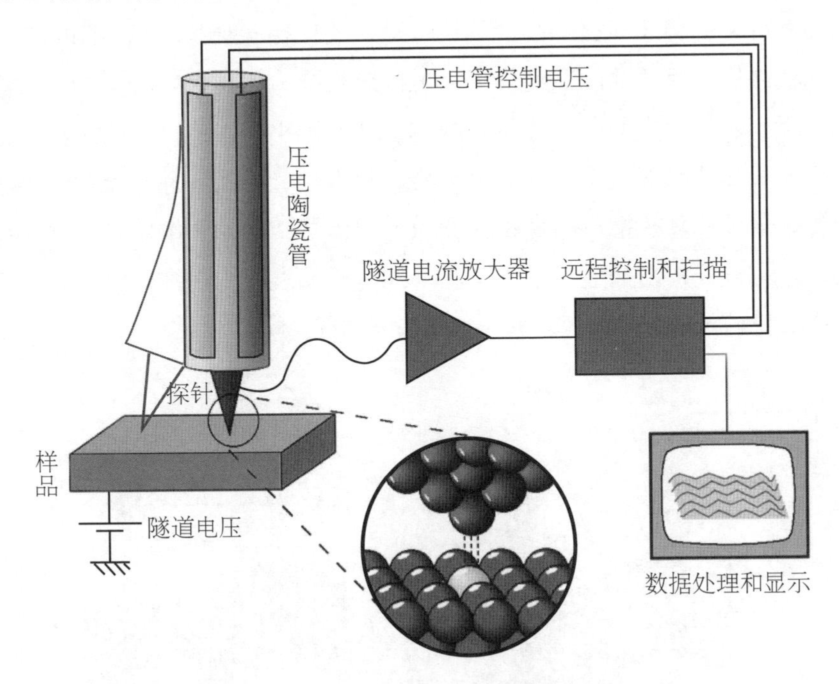

图 2 － 7 ▸ 扫描隧道显微镜原理示意图

（图片来源：Michael Schmid http://zh.wikipedia.org/wiki/File:ScanningTunnelingMicroscope_schematic.png）

扫描隧道显微镜的工作原理非常简单，基于量子力学的隧道效应和三维扫描。一根非常细的钨金属探针（针尖极为尖锐，仅由一个原子组成，为0.1～1纳米）慢慢地划过被分析的样品，如同一根唱针扫过一张唱片。在正常情况下互不接触的两个电极（探针和样品）之间是绝缘的。然后当探针与样品表面距离很近，即小于1纳米时，针尖头部的原子和样品表面原子的电子云发生重叠。此时若在针尖和样品之间加上一个偏压，电子便会穿过针尖和样品之间的绝缘势垒而形成纳安级（10^{-9}安培）的隧道电流，从一个电极流向另一个电极，正如不必再爬过高山，却可以通过隧道而从山下通过一样。当其中一个电极是非常尖锐的探针时，由于尖端效应而使隧道电流加大。将得到的电流信息采集起来，再通过计算机处理，可以得到样品表面原子排列的图像。

探针针尖在样品表面有两种扫描方式：恒电流方式（图2－8a）和恒高度方式（图2－8 b）。恒电流扫描方式是用电路来控制隧道电流的大小，保持电流不变，让探针针尖随样品表面的高低起伏运动，而保持探针与样品之间的距离恒定，从而反映出样品表面的高度信息。恒高度扫描方式是保持针尖的绝对高度不变，由于样品表面由原子（分子）构成呈凸凹不平状，使得扫描过程中探针针尖与样品表面的局部区域之间的距离会发生变化，因而隧道电流的大小也会随之变化，通过计算机把这种变化的隧道电流信号转换为图像信号，并在终端显示出来。可见，用扫描隧道显微镜获得的是样品表面的三维立体信息。扫描时，一般沿着平面坐标的*x*、*y*两个方向作二维扫描。

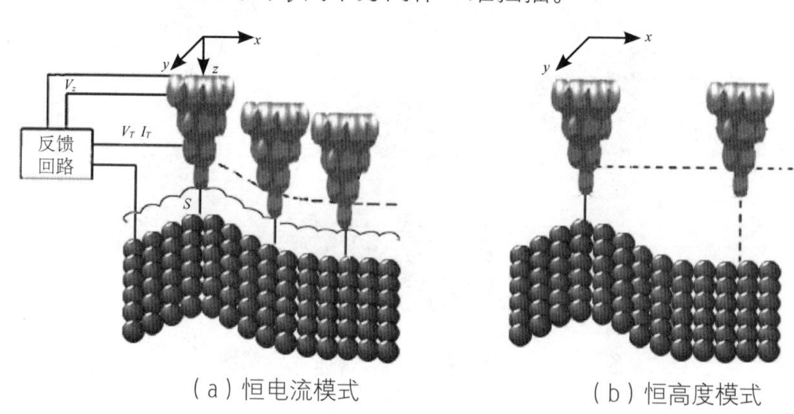

（a）恒电流模式　　（b）恒高度模式

图 2 － 8 ▸ 扫描模式示意图

（图片来源：中国科学院科学传播研究中心）

为了达到原子级的分辨率，扫描隧道显微镜的探针针尖必须是原子级的。如果针尖有多个原子，样品表面与探针针尖之间同时产生多道隧道电流，仪器采集到的隧道电流为所有隧道电流的平均值，而不是一个原子的隧道电流。另外，如果探针针尖较粗，在对样品扫描时，对于样品表面原子的细微起伏就不敏感，不能进行精细扫描，也得不到样品表面的清晰原子排列图。因此，探针针尖是否只有一个原子是扫描隧道显微镜达到原子级分辨率的一个关键。扫描隧道显微镜的探针针尖一般是采用电化学腐蚀的方法，并辅助其他技巧来达到单原子级别的制备。

可以用这么一个比喻来形容扫描隧道显微镜的分辨本领：用扫描隧道显微镜可以把一个原子放大到一个网球大小的尺寸，这相当于把一个网球放大到地球那么大。扫描隧道显微镜可以在真空环境中工作，也可以在大气中、低温、常温、高温甚至是溶液中使用，在超过100平方微米的扫描范围内可实现原子分辨率的无损探测形貌扫描，在研究物质表面结构、生物样品及微电子技术等领域中成为有效的实验工具。例如材料学家考察晶体在原子尺度上的缺陷；生物学家研究单个的蛋白质分子或DNA分子；微电子器件工程师设计厚度仅有几十个原子的电路图等，都可以利用扫描隧道显微镜进行观察和操控。图2－9为用扫描隧道显微镜将48个铁原子在清洁的Cu表面排列成直径14.3纳米的圆圈。这个原子圈虽然是由离散原子组成的，并不连续，但却能够像栅栏一样围住圈内处于Cu表面的自由电子，故而得名“量子围栏”。

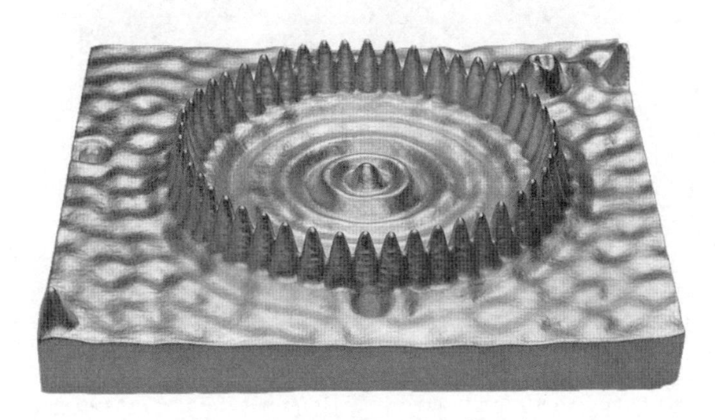

图2－9 ▸ 量子围栏（另见彩图8）

［图片来源：Julian Voss-Andreae www.JulianVossAndreae.com,http://en.wikipedia.org/wiki/File:The_Well_（Quantum_Corral）.jpg］

在扫描隧道显微镜的基础上，科学家又陆续创造出一系列具有新功能的新型显微镜，与此同时也产生出不少纳米产品。这些器械的问世都是扫描隧道显微技术的扩展，并且进一步奠定和巩固了扫描隧道显微学的基础，为探索物质世界的微观结构、表面和界面特性创造了有力的手段。同时，该技术也标志着人类在对微观尺度的探索方面，进入一个全新的领域。

第三节 原子力显微镜技术

原子力显微镜（Atomic Force Microscope，AFM）由IBM苏黎世研究中心的格尔德·宾宁（Gerd Binnig）与斯坦福大学的卡尔文·奎特（Calvin Quate）于1985年发明，是一种具有原子级高分辨率的仪器，可以在大气和液体环境下对各种材料和样品进行纳米区域的物理性质包括形貌进行探测，或者直接进行纳米操纵；现已广泛应用于半导体、纳米功能材料、生物、化工、食品、医药研究和科研院所各种纳米相关学科的研究实验等领域中，成为纳米科学研究的又一基本工具（图2－10）。

图2－10 ▸ 原子力显微镜样机

（图片来源：Zureks http://en.wikipedia.org/wiki/File:Atomic_force_microscope_by_Zureks.jpg）

原子力显微镜的基本原理是：将一个对微弱力极敏感的微悬臂一端固定，另一端有一微小的针尖，针尖与样品表面轻轻接触，由于针尖尖端原子与样品表面原子间存在极微弱的排斥力，通过在扫描时控制这种力的恒定，带有针尖的微悬臂将对应于针尖与样品表面原子间作用力的等位面而在垂直于样品的表面方向起伏运动。利用光学检测法或隧道电流检测法，可测得微悬臂对应于扫描各点的位置变化，从而可以获得样品表面形貌的信息，如图2－11所示。

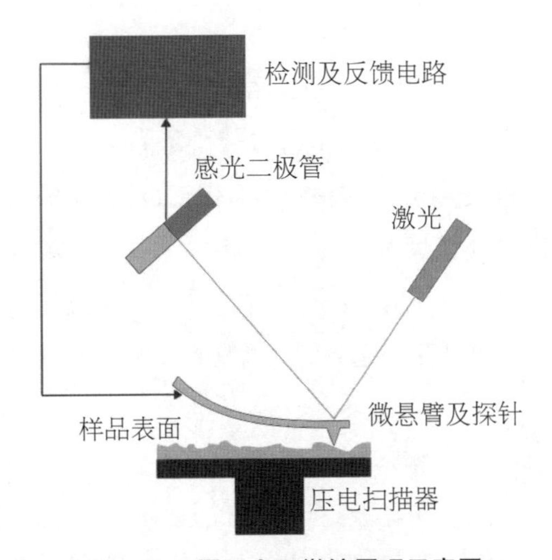

图2－11 ▸ 原子力显微镜原理示意图
（图片来源：Twisp http://zh.wikipedia.org/wiki/File:Atomic_force_microscope_block_diagram.svg）

原子力显微镜的工作模式是以针尖与样品之间的作用力的形式来分类的。主要有以下三种操作模式：接触模式、非接触模式和轻敲模式（图2－12）。

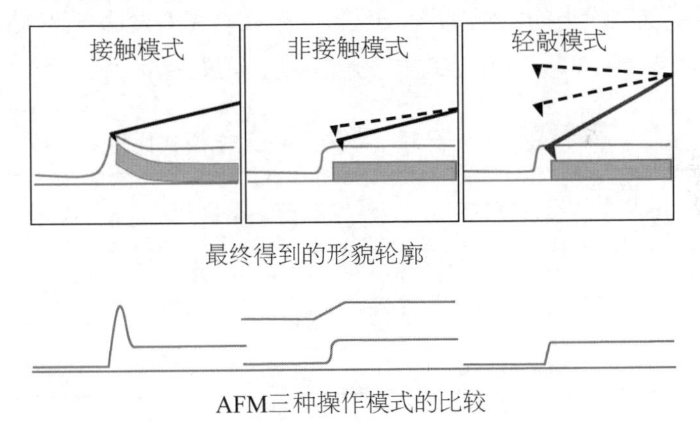

图2－12 ▸ 原子力显微镜的三种操作模式
（图片来源：中国科学院科学传播研究中心）

1. 接触模式

接触模式是原子力显微镜最直接的成像模式。正如名字所描述的那样，原子力显微镜在整个扫描成像过程中，探针针尖始终与样品表面保持紧密的接触，而相互作用力是排斥力。扫描时，悬臂施加在针尖上的力有可能破坏试样的表面结构，因此力的大小范围为10^{-10}～10^{-6}牛顿。若样品表面柔嫩而不能承受这样的力，便不宜选用接触模式对样品表面进行成像。

2. 非接触模式

非接触模式探测试样表面时悬臂在距离试样表面上方5～10纳米的距离处振荡。这时，样品与针尖之间的相互作用由范德华力控制，通常为10^{-12}牛顿，样品不会被破坏，而且针尖也不会被污染，特别适合于研究柔嫩物体的表面。这种操作模式的不利之处在于要在室温大气环境下实现这种模式十分困难。因为样品表面不可避免地会积聚薄薄的一层水，它会在样品与针尖之间搭起一个小的毛细桥，将针尖与表面吸在一起，从而增加尖端对表面的压力。

3. 敲击模式

敲击模式介于接触模式和非接触模式之间，是一个复杂化的概念。悬臂在试样表面上方以其共振频率振荡，针尖仅仅是周期性地短暂接触/敲击样品表面。这就意味着针尖接触样品时所产生的侧向力被明显地减小了。因此，当检测柔嫩的样品时，原子力显微镜的敲击模式是最好的选择之一。一旦原子力显微镜开始对样品进行成像扫描，装置随即将有关数据输入系统，如表面粗糙度、平均高度、峰谷峰顶之间的最大距离等，用于物体表面分析。同时，原子力显微镜还可以完成力的测量工作，即通过测量悬臂的弯曲程度来确定针尖与样品之间的作用力大小。表2－3列出了这三种工作模式的比较性差异。

表2－3 ▸ 原子力显微镜三种工作模式比较

内容＼模式	接触模式	非接触模式	轻敲模式
针尖－样品作用力	恒定	变化	变化
分辨率	最高	最低	较高
对样品影响	可能破坏样品	无损坏	无损坏

相对于扫描电子显微镜，原子力显微镜具有许多优点。不同于电子显微镜只能提供二维图像，原子力显微镜提供真正的三维表面图，可以研究材料的硬度、弹性、塑性等力学性能以及表面微区摩擦性质等，还可以用于操纵分子、原子进行纳米尺度的结构加工和超高密度的信息存储。同时，原子力显微镜不需要对样品的任何特殊处理（如镀铜或碳，这种处理对样品会造成不可逆转的伤害）。其次，电子显微镜需要运行在高真空条件下，原子力显微镜在常压、超高真空、溶液以及反应性气氛中都可以良好工作，为研究生物宏观分子甚至

活的生物组织提供了便利。图2－13是胶带残留物在石墨烯上的原子力显微镜照片。与扫描探针显微镜一样，原子力显微镜的缺点在于成像范围小、速度慢、受探针的影响大。

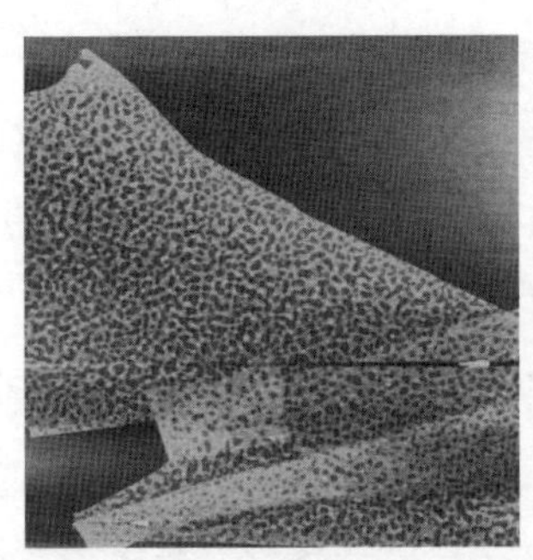
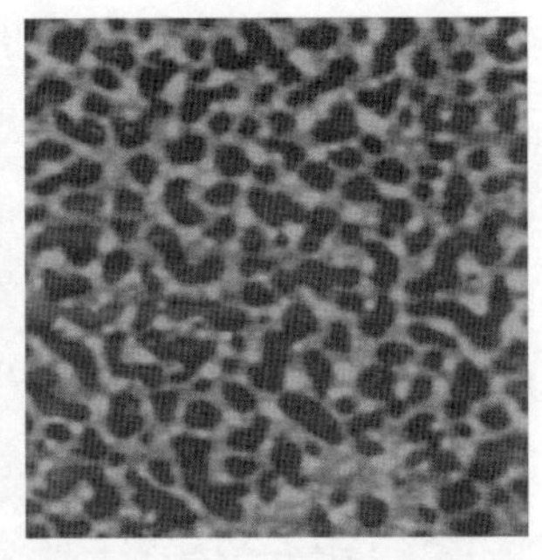

图2－13 ▸胶带残留物在石墨烯上的原子力显微镜照片（左：8微米×8微米，右：2微米×2微米，另见彩图7）

（图片来源：中国科学院科学传播研究中心）

在原子力显微镜的基础上，相继出现了摩擦力显微镜（Friction Force Microscope，FFM）、静电力显微镜（Electrostatic Force Microscope，EFM）、磁力显微镜（Magnetic Force Microscope，MFM）等一系列的扫描探针显微镜。我国首台商品化扫描探针显微镜——CSTM－8900型扫描隧道显微镜是由我国纳米科技首席科学家白春礼院士1988年在京创立的本原纳米仪器公司于次年制造出的，是国产扫描探针显微镜的第一品牌。表2－4列出了部分扫描探针显微镜的发展历史和性能对比概况。

表2－4 ▸部分扫描探针显微镜发展历史和性能对比概况

年份	名称	成像类别	检测信号	分辨率	
1981	扫描隧道显微镜	导体表面原子级三维图像	探针－样品间的隧道电流	0.1纳米（原子级分辨率）	
1986	原子力显微镜	表面纳米级三维图像	探针－样品间的原子作用力	0.1纳米（原子级分辨率）	统称为扫描力显微镜
1987	磁力显微镜	100纳米磁头图像	磁性探针－样品间的磁力	10纳米	
1987	静电力显微镜	基本电荷量级电量测定	带电荷探针－带电样品间的静电力	1纳米	
1987	摩擦力显微镜	表面纳米级摩擦力图像	探针－样品间相对运动的摩擦力	0.1纳米（原子级分辨率）	

第四节 近场光学显微镜技术

近场光学显微镜（Scanning Near－field Optical Microscopy，SNOM）是在扫描隧道显微镜的成果上发展起来的。1984年，IBM苏黎世研究中心的迪特·波尔（Dieter Pohl）等人利用微孔径作为微探针制成了第一台近场光学显微镜。同时，美国康奈尔大学的艾瑞克·贝齐格（Eric Betzig）等也制成了用微管（micropipette）做探针的近场光学显微镜。随后，各种各样的近场光学显微镜逐渐走向成功，开始应用表面超精细结构的光学现象观测校样。

知识加油站

近　场

物体表面场的分布可以划分为两个区域：一个是距物体表面仅几个波长的区域，称为近场区域；另一个从近场区域起至无穷远处称为远场区域。常规的观察工具，如传统光学显微镜、望远镜及各种光学镜头均处于远场范围。近场的结构则相当复杂，一方面它包括可以向远处传播的分量，另一方面它又包括了仅限于物体表面一个波长以内的成分。人们在一个世纪以前就意识到近场的存在及其复杂性：它的特征是“依附”于物体表面，强度随离开表面的距离增加而迅速衰减，不能在自由空间存在，因而被称为隐失波（evanescent wave）。由于没有适当的观察工具能稳定地探测近场中隐失波所携带的物体精细信息，人们只能在远场对物体进行观察，而仅仅从远场信息是不能重构物体的细节信息的。对于近场光学显微镜来说，最基本的问题是非辐射场的探测，而这也是唯一的一种能够突破衍射极限的光学观察技术。

图2－14是近场光学显微镜探针部分的原理示意图。将一个同时具有传输激光和接收信号功能的光纤微探针移近样品表面，微探针表面除了尖端部分以外均镀有金属层以防止光信号泄露，探针的尖端未镀金属层的裸露部分用于在微区发射激光和接收信号。当控制光纤探针在样品表面扫描时，探针一方面发射激光在样品表面形成隐失场，另一方面又接收10～100纳米范围内的近场信号。探针接收到的近场信号经光纤传输到光学镜头或数字摄像头进行记录、处理，

再逐点还原成图像等信号。近场光学显微镜的其他部分与扫描隧道显微镜或原子力显微镜很相似。

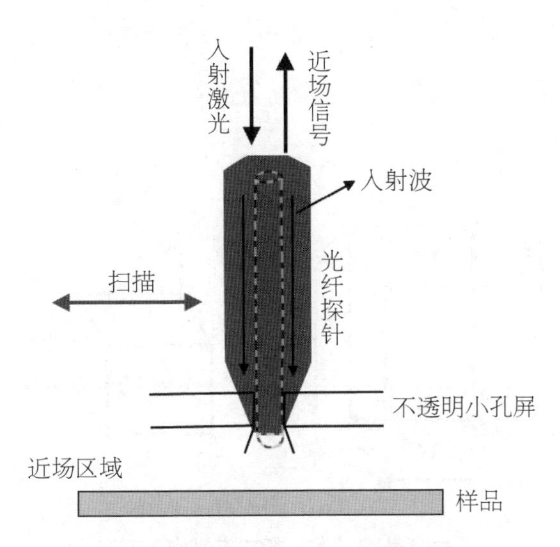

图2－14 ▸ 近场光学显微镜原理示意图
（图片来源：中国科学院科学传播研究中心）

由于近场光学显微镜探测的是隧道光子，而光子又具有许多独特的性质，如没有质量、电中性等，因此，近场光学显微镜扮演的角色是其他扫描探针显微镜所不可替代的，尤其在生物和微电子技术中有巨大的应用前景。

第五节 X射线衍射技术

利用其穿透性、荧光性和摄影效应等特性，X射线早已成为应用于医疗检测的成熟技术，如“胸透X线检查”，主要观察心、膈、肺有无异常。X射线还可用于纳米材料，特别是晶体纳米材料的表征观测。

知识加油站

晶　胞

晶体的原子排列具有周期性，其基本结构是单位晶胞。简单说，单位晶胞是一个含有一个或多个格点的极小的格子。晶格的大小和形状通过矢量a、b、c表示。矢量a、b、c既有大小（*a*，*b*，*c*），又有方向（*α*，*β*，*γ*）。例如，$a=b=c$、$\alpha=\beta=\gamma=90°$ 的单位晶胞就是立方体。

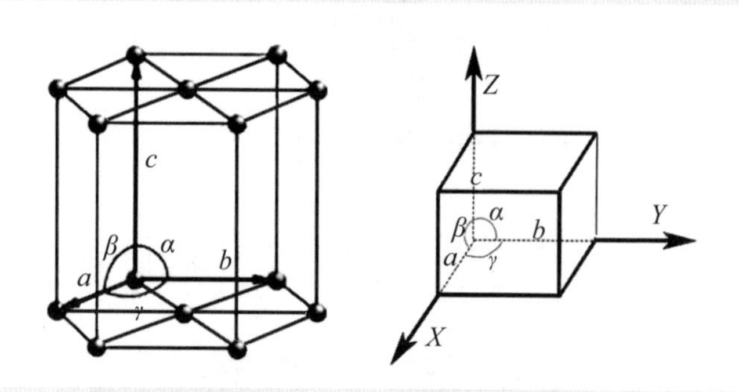

六方晶胞（左）和立方晶胞（右）
（图片来源：中国科学院科学传播研究中心）

X射线的波长在0.01～10纳米之间，当X射线入射到晶体的晶面上时，会与晶体中的原子相互作用，X射线中的光子偏离入射方向，类似于撞球被另一个撞球弹开，这些被散射的X射线能够显示出晶体内部的电子分布信息。

人们一般通过粉末的X射线衍射来确定一个未知晶体结构的材料。如果晶体的原子在很长的范围内有规律地排列，那么衍射图就会有一个尖锐的干涉峰。不同晶体的原子结构不同，晶胞参数不一样，X射线衍射图也不一样。图2－15是氧化镁晶体的X射线衍射图，*θ*为衍射角，纵坐标表示衍射峰的相对强度。位于美国的国际衍射数据中心（International Centre for Diffraction Data，ICDD）是一个非营利性的组织，致力于收集、编辑、出版和传播用于确定具有晶体结构的有机和无机材料的粉末衍射数据，通过比较衍射图及其衍射数据，可以确定未知的材料。

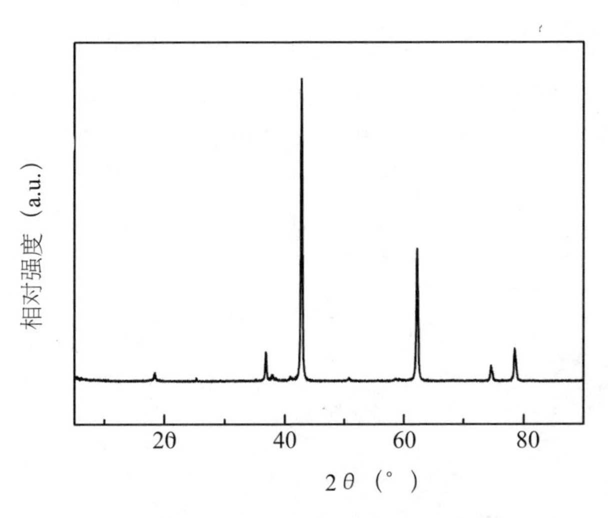

图2－15 ▸ 氧化镁晶体的X射线衍射图
（图片来源：中国科学院科学传播研究中心）

X射线衍射除可以确定晶体结构、大小、应力等，晶体的内应力和晶体成分的变化也会引起干涉峰的改变。利用X射线衍射技术可以研究金属的范性形变过程，如孪生、滑移、滑移面的转动等，以及包括层错、位错、原子静态或动态地偏离平衡位置，短程有序，原子偏聚等晶体缺陷。

第六节 拉曼光谱法

拉曼光谱法是利用“拉曼效应”（也称“拉曼散射”）对材料进行表征的一种方法。拉曼效应是1928年印度科学家拉曼（C.V. Raman）发现的。当时拉曼用水银灯照射苯液体，发现当光与分子相互作用后，一部分光的频率会发生改变。通过对这些频率发生变化的散射光进行研究，就可以得到分子结构的信息。拉曼因这一发现而获得了1930年的诺贝尔物理奖。

光照射到介质的时候，除了介质吸收、反射和透过外，还有一部分被散射，而散射包括弹性散射和非弹性散射。弹性散射的散射光的波长与激发光的波长相同，被称为瑞利散射，瑞利散射光的强度为入射光的10^{-4}～10^{-3}倍。非弹性散射的散射光有比激发光波长长的和短的成分，称为拉曼散射，这部分散射光的强度比瑞利散射光更低，约为瑞利散射的10^{-8}～10^{-6}倍。如图2－16所示。

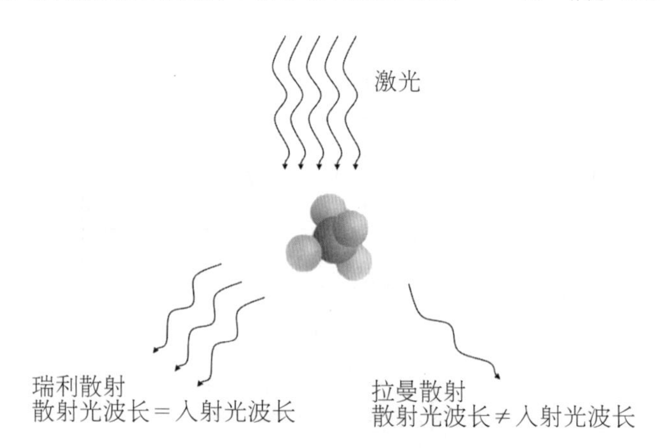

图2－16 ▸ 拉曼散射与瑞利散射示意图
（图片来源：中国科学院科学传播研究中心）

拉曼散射光的频率在入射光频率的两侧呈对称分布：假设入射光的频率为ω_0，拉曼散射光的频率则为$\omega_0+\omega$和$\omega_0-\omega$。其中，频率为$\omega_0-\omega$的散射光被称为斯托克斯线，它表示分子吸收频率为ω_0的光子，发射了$\omega_0-\omega$的光子，同时分子从低能态跃迁到高能态；频率为$\omega_0+\omega$的散射光被称为反斯托克斯线，它表示分子吸收了频率为ω_0的光子，发射出$\omega_0+\omega$的光子，同时分子从高能态跃迁到低能态。图2－17是CCl_4的振动拉曼光谱，中间最高的为瑞利谱线，两侧为拉曼谱线，横坐标为波数，纵坐标为光强。

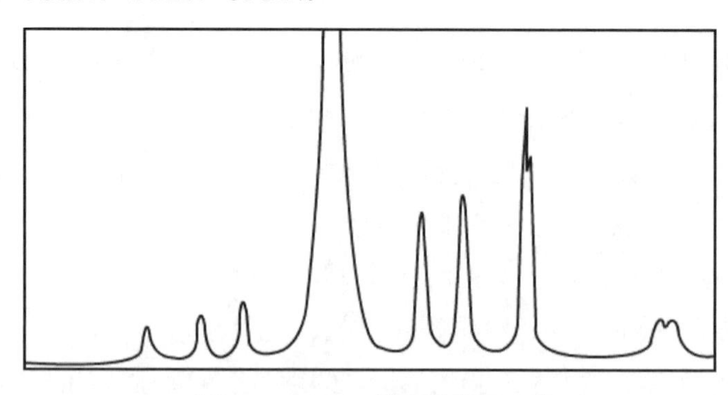

图2－17 ▸ CCl_4的振动拉曼光谱
（图片来源：中国科学院科学传播研究中心）

ω代表了拉曼谱线相对瑞利谱线的位移，它是拉曼光谱的一个重要特征量，对于同一种材料，ω与入射光的频率无关，只和材料内部分子的振动转动能级有关。换句话说，在不同频率单色光的入射下都能得到类似的拉曼谱，如图2－18所示，同一种材料在514.5纳米、488纳米和457.9纳米三个不同波长激光的入射下，得到的拉曼谱线的峰位并没有改变。

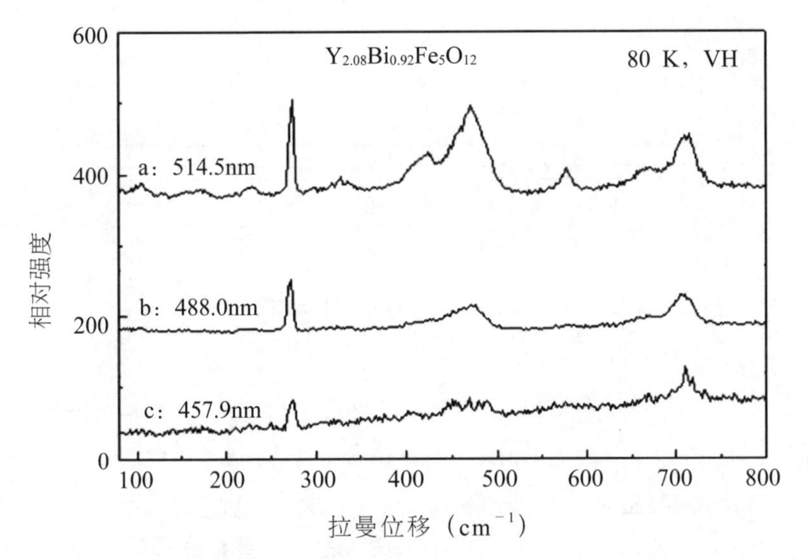

图2－18 ▸ 同一材料在不同频率入射光下的拉曼谱线（峰位与入射光频率没有对应关系）
（图片来源：中国科学院科学传播研究中心）

不同的材料，由于内部分子的振动和转动各不相同，因而会表现出各不相同的特征拉曼光谱。因此，拉曼光谱可以说是材料的“指纹”，这使拉曼光谱法成为了表征材料结构的重要方法之一。利用拉曼光谱分析，不仅可以对物质进行化学成分、结构形态（晶体、非晶、同分异构）等定性分析，而且由于物质内部分子的振动频率可以表现出结构的细微变化，对于分子所处的局域环境，比如局域应力、浓度等都很敏感，还可以对材料的应力大小、浓度等进行定量分析，如图2－19。

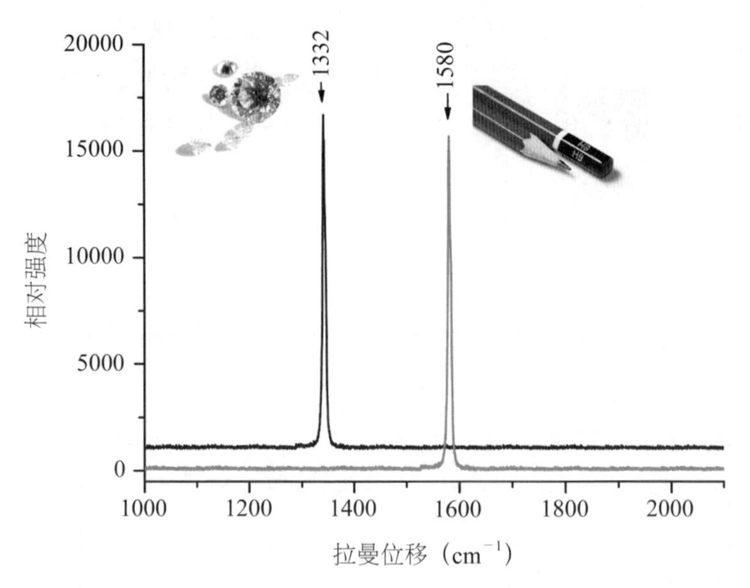

图2－19 ▸ 金刚石（钻石）和石墨的拉曼光谱

（图片来源：中国科学院科学传播研究中心）

激光技术和纳米科技的发展催生了一系列拉曼技术，其中基于纳米结构的表面增强拉曼光谱（Surface-enhanced Raman Spectroscopy，SERS）和针尖增强拉曼光谱（Tip-enhanced Raman Spectroscopy，TERS）在超高灵敏度检测方面取得了长足的进步，推动拉曼光谱成为迄今很少的、可达到单分子检测水平的技术。表面增强拉曼光谱和针尖增强拉曼光谱不仅仅在表面科学研究领域，而且在生命科学领域将具有很大的发展潜力，由此可以为研究各类重要的生命科学体系和解决基本问题做出贡献。同时，共振拉曼、表面增强拉曼和非线性拉曼光谱以及它们的联用也成为生命科学前沿领域具有重要价值的研究方法。

（执笔人：万勇　姜山）

第三章

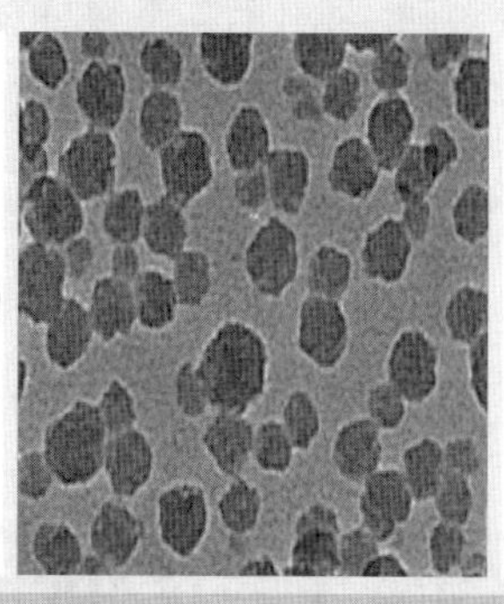

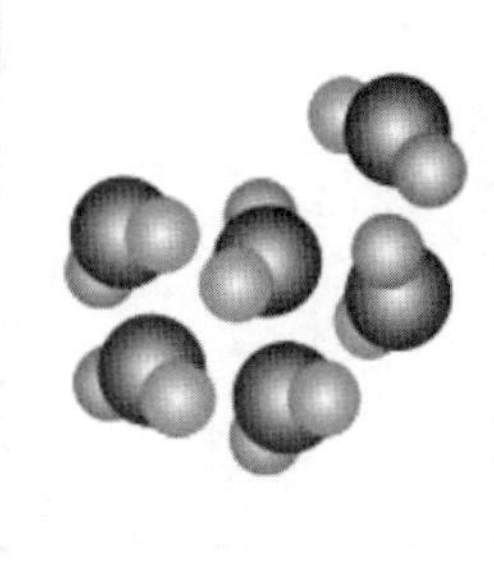

因小生变：奇异的纳米材料

PART 3

广义的纳米材料，是三维空间中至少有一维处于纳米尺度范围，或者以该尺度范围的物质为基本结构单元所构成的材料的总称。处于纳米尺度的物质具有与宏观物质迥异的性质，例如量子尺寸效应、表面效应、小尺寸效应、量子隧道效应等，展现出不同于普通材料的光、电、磁、热、力学、机械等性能。为了制备这些纳米材料，人们开始探索各种方法，或通过刻蚀、腐蚀或研磨的方式得到纳米材料，或从原子或分子出发来控制、组装、反应生成各种纳米材料。

第一节 纳米材料的奇异特性

纳米材料的结构尺度介于宏观和微观之间，一些仅适用于宏观世界的物理学定律因而失效，部分微观世界的物理学原理开始逐渐发挥作用。一系列新的效应在纳米尺寸上开始显现，它们令纳米材料呈现出许多与传统材料不同的物理和化学特性。纳米材料由于这些效应而呈现出的奇异性质，在科技、产业各个部门拥有广阔的应用前景，并将逐渐改变未来人们的生活。纳米材料，也因此成为21世纪的代表材料。

（1）量子尺寸效应。在纳米材料中，微粒尺寸达到与光波波长或其他相干波长等物理特征尺寸相当或更小时，金属费米能级附近的电子能级由准连续变为离散并使能隙变宽的现象叫纳米材料的量子尺寸效应。原本宏观表现为导体的物质会因此变成绝缘体，如普通银为良导体，而纳米银在粒径小于20纳米时却是绝缘体。

（2）表面效应。随粒径的变小，纳米颗粒的比表面积（表面原子数与总原子数的比例）急剧增大，同样体积情况下，材料拥有更大的表面积，引起性质上的变化。例如，粒子直径为10纳米和5纳米时，比表面积分别为90平方米/克和180平方米/克。表3－1列出了纳米颗粒的尺寸与表面原子数的关系，当粒子直径为10纳米时，微粒包含4000个原子，表面原子占40%；粒子直径为1纳米时，微粒包含有30个原子，表面原子占99%。由于表面原子数目增多，比表面积大，原子配位不足，表面原子的配位不饱和性导致大量的悬空键和不饱和键，这些表面原子具有高的活性，极不稳定，很容易与其他原子结合，不但容易引起纳米颗粒表面原子输运和构型的变化，同时也会引起表面电子自旋构象和电子能谱的变化。这种表面原子的活性使纳米材料的表面能增高，化学活性增高。同时大量的界面为原子扩散提供了高密度的短程快扩散路径，使纳米材料的扩散系数变大，如金属纳米颗粒在空气中会燃烧，无机纳米颗粒会吸附气体等。

表3－1 ▸ **纳米微粒尺寸与表面原子数的关系**

纳米微粒尺寸（直径/纳米）	**包含原子总数**（个）	**表面原子占比**（%）
10	30000	20
4	4000	40
2	250	80
1	30	99

（3）小尺寸效应。当纳米微粒尺寸与光波波长，传导电子的德布罗意波长及超导态的相干长度、透射深度等物理特征尺寸相当或更小时，它的周期性边界被破坏，非晶态纳米颗粒的颗粒表面层附近的原子密度减少，从而使其声、光、电、磁、热力学等性能呈现出新的物理性质的变化称为小尺寸效应。对超微颗粒而言，尺寸变小，同时其比表面积亦显著增加，从而产生如下一系列新奇的性质。

- **光学性质：**金属纳米颗粒对光的反射率非常低，借此可以高效率地吸收太阳能并将其转变为热能或电能，还可能应用于红外敏感组件、红外隐身技术等。
- **热学性质：**纳米物质的熔点比固体时显著降低，颗粒小于10纳米时将更加明显。例如，金在块体下的熔点是1064摄氏度，而2纳米的金纳米颗粒不到327摄氏度就可以熔化，银的块体熔点是627摄氏度，在纳米颗粒形态下不到100摄氏度就会熔化。这一性质可以应用在粉末冶金行业，在较低温度下处理材料。

- **磁学性质：**大块纯铁的矫顽力为80安培／米，但当铁颗粒大小为20纳米时，矫顽力可以增加1000倍，若进一步减小尺寸到6纳米时，矫顽力却消失不见，呈现出超顺磁性。利用这种性质可以制造超高存储密度的硬盘、磁带等。
- **力学性质：**纳米材料拥有很大的界面，界面原子排列非常混乱，在外力作用下原子很容易迁移，表现出很好的韧性和延展性，使原本脆弱易碎的陶瓷材料变得柔韧。

（4）宏观量子隧道效应。宏观量子隧道效应是基本的量子现象之一，即当微观粒子的总能量小于势垒高度时，该粒子仍能穿越这一势垒。这种微观粒子贯穿势垒的能力称为隧道效应。纳米颗粒的磁化强度等也有隧道效应，它们可以穿过宏观系统的势垒而产生变化，被称为纳米颗粒的宏观量子隧道效应。比如，原子内的许多磁性电子［指3d和4f壳（3d和4f指的是在原子层外面排列的电子的轨道，为专业术语）层中的电子］，以隧道效应的方式穿越势垒，可导致磁化强度的变化，早在1959年，磁性宏观量子隧道效应的概念曾用来定性解释纳米镍晶粒在低温下能继续保持超顺磁性的现象。

第二节　纳米材料的分类

从“石器时代”到“青铜时代”、“钢铁时代”，再到20世纪的“半导体时代”，材料往往成为人类文明发展中的标志。以纳米材料、复合材料、智能材料、绿色材料等为代表的新型材料，成为人类未来发展的基础。

纳米材料是纳米技术发展的核心。关于纳米材料的一种较为广泛的定义是：它是由基本颗粒组成的粉状或团块状的天然或人工材料，这种基本颗粒在空间上至少有一维处在1～100纳米之间，并且这一基本颗粒的总数量在整个材料的所有颗粒总数中占50%以上。

探究纳米材料的发展史，大致可以分为三个阶段：第一阶段以在美国巴尔的摩召开的第一届国际纳米科学技术会议为标志，1990年以前，科学家们主要是在实验室探索用各种方法制备各种纳米材料，探索它们不同于常规材料的特殊性能，这一阶段的研究对象，通常局限在成分或结构单一的纳米晶材料上；第二阶段以1994年第二届国际纳米材料学术会议为标志，在1990－1994年期间，科学研究的热点和主导方向是利用纳米材料的奇特物理、化学和力学性能，设计研制纳米复合材料；第三阶段是从1994年至今，科学研究的主导方向是纳米组装体系，即人们利用已有的纳米材料单元，按自己的意愿设计、组装，并创造出新的纳米微结构体系，有目的地使该体系具备人们所希望的某些优异特性。

纳米技术领域活跃的科学研究造就了多种多样的纳米材料。如果按化学组成分类，可分为纳米金属、纳米陶瓷、纳米玻璃、纳米高分子和纳米复合材料等；如果按照材料的性质分类，可分为纳米半导体、纳米磁性材料、纳米非线性光学材料、纳米铁电体、纳米超导材料、纳米热电材料等；如果按照应用领域分类，又可分为纳米电子材料、纳米光电子材料、纳米生物医用材料、纳米能源材料等。诸如此类的分类方法还有很多。

按照纳米材料的不同结构，将其分为零维、一维、二维和三维纳米材料，这种分类方式覆盖了绝大多数纳米材料，得到了人们的广泛采用。这种划分方法在形态上也可以理解为点、线、面和块体：零维纳米材料是所有维度都处于纳米尺度的细小颗粒，比如各种纳米微粒、团簇、量子点等；一维纳米材料指纳米线、纳米管等材料；二维纳米材料则包括了各种薄膜、薄带等形似平面的纳米材料；三维纳米材料则是具有纳米结构的块体，例如由许多纳米小晶体组成的块体，或是有许多纳米大小孔洞的介孔块体材料等。

一、零维纳米材料

团簇（图3－1）。团簇是几个乃至几百个原子、分子或者离子通过物理或化学结合力聚集在一起的稳定集合体。它们的直径小于或等于1纳米。原子团簇不同于有特定结构和形态的分子，其空间结构和形态是多种多样的；也不同于具有结构周期性的晶体，它尚未形成规整的晶体。团簇的物理和化学性质随所含原子数目而变化。其许多性质既不同于单个原子、分子，也不同于大块固体或液体，例如幻数和壳结构、量子尺寸效应等。团簇在量子点激光、单电子晶体管，尤其作为构造结构单元研制新材料有广阔的应用前景。团簇的研究有助于我们认识凝聚态物质的某些性质和规律。

13－原子团簇

55－原子团簇

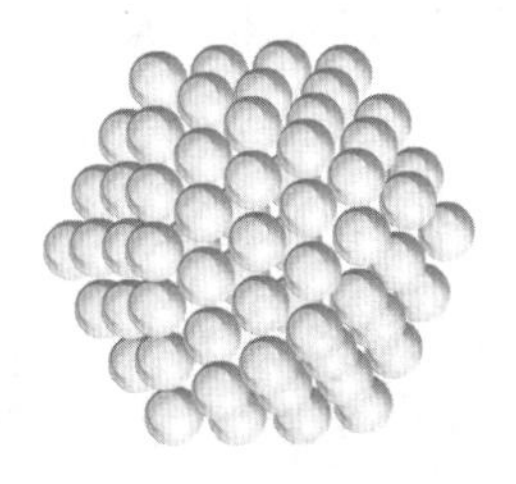
147－原子团簇

图3－1 ▶ 原子团簇

（图片来源：中国科学院科学传播研究中心）

知识加油站

幻 数

具有某些特定原子（分子）数目的团簇具有特别高的热力学稳定性，例如，拥有2、8、20、28、50、82、126……个原子的团簇就比较稳定，这些数字被人们称为“幻数”。幻数最初是在原子核中发现的，人们发现当原子核中的质子和中子数为某个特定数值或两者均为这一数值时，原子核的稳定性就比平均数大。幻数的存在是原子核有“壳层结构”的反映，表示相同的粒子以集团的形式构成结合状态，就会出现某种秩序，并决定了粒子的性质。同样的，团簇幻数的存在也说明团簇也具有壳层结构。

纳米颗粒。纳米颗粒是直径为纳米级的粒状物质，比团簇更大，尺寸一般在1～100纳米之间，含有的原子数量在10^3～10^7之间。其比表面积比块体材料大得多，加之所含原子数很少，通常具有量子尺寸效应、小尺寸效应、表面效应等，展现出许多特异的性质。

量子点。量子点通常由几千到上百万个原子组成，在量子点内部，电子、空穴和激子等在三个空间维度上的运动都受到限制，这些限制来自于静电势、材料界面和表面或者三者的结合。因而，量子点也被称作“人工原子”、“超晶格”、“纳米晶”、“超原子”或“量子点原子”。若要严格定义量子点，则必须从量子力学出发。我们知道电子具有粒子性与波动性，电子的物质波特性取决于其费米波长。在一般块材中，电子的波长远小于块材尺寸，因此量子限域效应不显著。如果将某一个维度的尺寸缩到小于一个波长，此时电子只能在另外两个维度所构成的二维空间中自由运动，这样的系统我们称为量子阱；如果我们再将另一个维度的尺寸缩到小于一个波长，则电子只能在一维方向上运动，我们称为量子线；当三个维度的尺寸都缩小到一个波长以下时，就成为量子点了。由此可知，并非小到100纳米以下的材料就是量子点，真正的关键尺寸是由电子在材料内的费米波长来决定。一般而言，电子费米波长在半导体内较在金属内长得多，例如，在半导体材料砷化镓中，费米波长约40纳米，在铝金属中却只有0.36纳米。

二、一维纳米材料

一维纳米材料是指在两维方向上为纳米尺度，另一维长度比上述两维方向上的尺度大很多，甚至为宏观量的新型纳米材料。根据具体形状可分为纳米棒、纳米管、纳米线（图3－2）、纳米带等。其中纳米管是直径在几到几十纳米之间，微细、中空的管状结构，根据管壁层数有单壁、多壁之分。例如碳纳米管有单壁碳纳米管和多壁碳纳米管之分，由于具有很多优异性能，已成为研究的热点。

图3－2 ▸ 纳米线
（图片来源：中国科学院科学传播研究中心）

三、二维纳米材料

二维纳米材料包括纳米薄膜或纳米薄带，在空间有一维是受纳米尺寸约束的，即纳米微粒材料有一个方向暴露在外面，或者厚度在纳米量级的单层或多层薄膜，可以分为颗粒薄膜和致密薄膜。纳米薄膜的组成材料可以是金属、半导体、绝缘体、有机高分子等纳米微粒材料。

四、纳米固体

纳米固体是由纳米颗粒构成的体相材料。纳米固体按构成的纳米颗粒的结构状态可分为纳米晶体材料、纳米非晶材料。按纳米颗粒组成可分为纳米金属材料、纳米离子晶体材料、纳米半导体材料、纳米陶瓷材料等。按纳米颗粒的相数可分为纳米单相材料（由单相纳米颗粒构成的固体）和纳米复相材料（组成纳米固体的每个纳米颗粒本身由两相构成）。

第三节 纳米复合材料

复合材料是由两种或两种以上性质不同的材料，比如金属、陶瓷或者高分子材料等通过各种工艺手段组合而成的复合体。各种材料在性能上相互取长补短，产生协同效应，使复合材料的综合性能优于原组成材料而满足各种不同的要求。复合材料由基体和增强体组成，如果增强体尺寸是纳米级，如纳米颗粒、纳米晶片、纳米晶须、纳米纤维等，就称为纳米复合材料，通常纳米级增强体的添加量较小，质量含量低于10%。广义上说，纳米复合材料也属于纳米材料，在目前已得到实际应用的纳米材料中，绝大部分是纳米复合材料。纳米复合材料拥有非常优异的性能，各种材料产生的协同效应使纳米复合材料的刚度、强度、重量和韧性比单一的纳米材料更高，而且人们可以根据要求对复合纳米材料进行设计和制造，以满足各种特殊用途的需要，这些优点使纳米复合材料成为了纳米材料研究的重点之一。

纳米复合材料也有很多种分类方法。按基体的种类分，可以有金属基纳米复合材料、陶瓷基纳米复合材料以及高分子基纳米复合材料；按增强体的种类分，有颗粒增强纳米复合材料、晶须增强纳米复合材料以及纤维增强纳米复合材料；按基体的结构分，包含0－0复合、0－2复合和0－3复合；按增强体结构分，包括零维、一维和二维增强体纳米复合材料；按复合方式分，包括晶内型、晶间型、晶内－晶间混合型和纳米－纳米型复合材料；按用途分，则可以分为结构纳米复合材料、功能纳米复合材料和智能纳米复合材料。

1. 按基体结构划分

0－0复合，是指将不同种类或不同相的纳米颗粒复合而成的纳米复合材料。这些纳米颗粒的成分可以包括金属与金属、金属与高分子、金属与陶瓷、陶瓷与陶瓷、陶瓷与高分子等。

0－2复合，是指把纳米颗粒分散到二维的薄膜材料中。根据纳米颗粒在薄膜基体中分布得均匀与否，又可以分为均匀弥散型和非均匀弥散型。

0－3复合，是指把纳米颗粒分散到常规的三维固体材料中。

2. 按增强体结构划分

零维，采用纳米颗粒作为增强体。

一维，采用纳米纤维、纳米晶须等作为增强体。

二维，采用纳米晶薄片、薄层或者叠层作为增强体。

各种形态的增强体见图3－3。

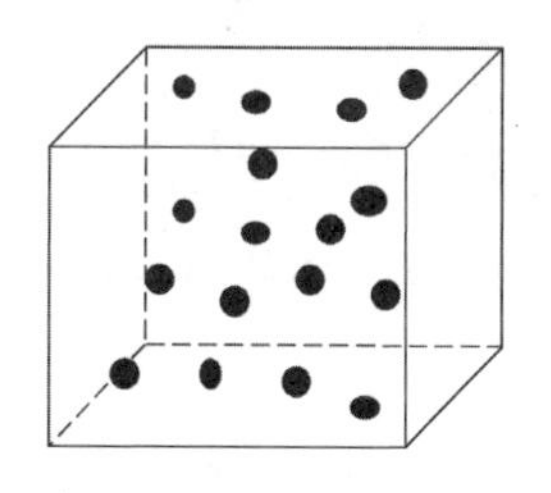

球形纳米颗粒增强

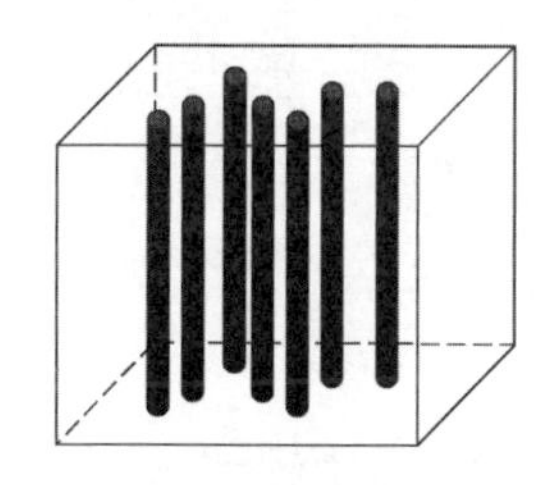

纳米纤维增强

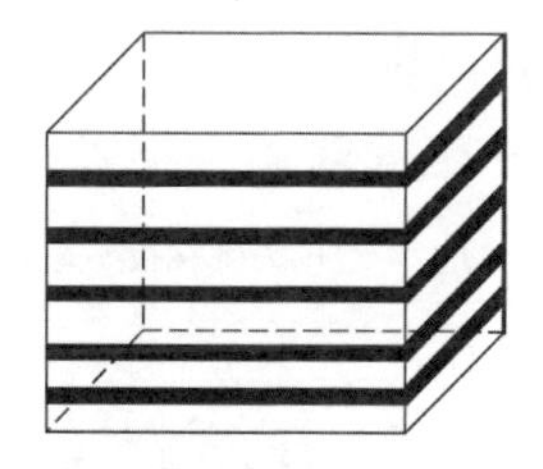

纳米叠层增强

图3－3 ▸ 各种增强体的形态

（图片来源：中国科学院科学传播研究中心）

3. 按复合方式不同划分

晶内型和晶间型纳米复合材料：纳米颗粒弥散在传统材料基体的晶粒内或

基体晶粒间，这样做可以改善传统材料在各种环境下的力学性能和耐用性，比如硬度、强度、抗蠕变和疲劳破坏性能等。

纳米－纳米型复合材料：构成复合材料的基体和增强体都是纳米材料，这样做可以使材料增加一些新的功能。

不同复合方式的纳米复合材料见图3－4。

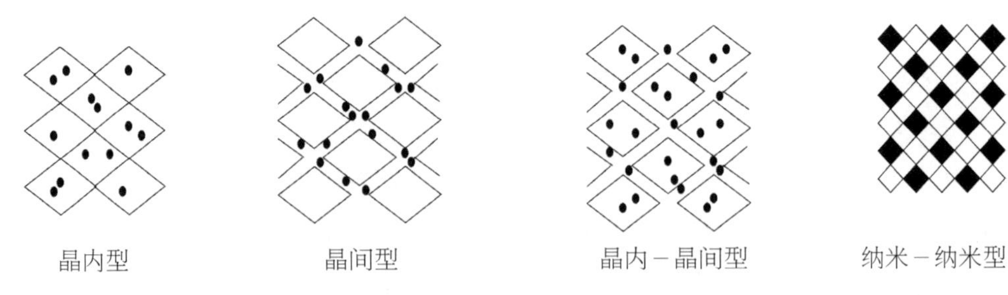

图3－4 ▸ 不同复合方式的纳米复合材料
（图片来源：中国科学院科学传播研究中心）

4. 按用途不同划分

结构纳米复合材料，这类材料主要被用作承力结构，因此要求质量轻、强度和刚度高，并且能耐一定的温度。在某些情况下，还对这类材料的膨胀系数、绝热性能和耐腐蚀性能有要求。结构纳米复合材料中的纳米级增强体是承受载荷的主要成分，基体的作用则一方面是像胶水一样将增强体黏结起来，另一方面是起到传递应力和增韧的作用。

功能纳米复合材料，是指除力学以外，还提供其他特殊物理性能的纳米复合材料。即具有各种电学性能（如导电、超导、半导、压电等）、磁学性能（如永磁、软磁、磁致伸缩等）、热学性能（如绝热、导热、低膨胀系数等）、光学性能（如透光、选择吸收、光致变色等）、声学性能（如吸音、消声呐等）。

智能纳米复合材料，是一种基于仿生学概念的新型材料，这种纳米复合材料可以根据设计者的要求实现自检测、自判断、自恢复、自协调、自执行等“智能”功能。这种材料具有智能的关键是它们对环境有“反应能力”，它们可以通过复合在其中的各类纳米材料感知环境的变化，然后通过驱动内部的功能控制材料做出应对，调整材料的各种状态，以适应内外环境的变化，好像活的生物系统一般。智能纳米复合材料能够很好地避免材料在拉压、冲击或疲劳的作用下，发生损伤直至最终被破坏。智能纳米复合材料在很多领域展现出应用前景，例如机械装置噪声和振动的自我控制，飞机的智能蒙皮和自适应机翼，桥梁和高速公路等大型结构的自增强、自诊断、自修复等。

第四节 纳米材料的制备

纳米材料的合成与制备方法探索一直是纳米科学技术领域的一个重要研究课题。到目前为止，已有相当多的制备纳米材料的方法，尽管它们的过程和原理各不相同，但都在纳米材料合成和相应的性质研究中起到了重要的作用。从另一方面看，这些制备方法大多只能应用于实验室研究，尽管已有少数方法实现了产业化，但仍然存在很多缺点。例如，纳米颗粒的团聚问题几乎存在于现有的所有方法中。纳米材料的制备方法，按物料的状态大致可分为固相法、液相法和气相法等几大类，如表3－2所列。

表3－2 ▸ 制备纳米材料的主要方法

物料状态	主要方法
固　相　法	机械粉碎法、压淬法、固相反应法、非晶晶化法、低温粉碎法、超声波粉碎法、爆炸法、火花放电法等
液　相　法	化学沉淀法、水热法、溶剂热法、喷雾热分解法、溶胶－凝胶法、微乳液法、溶液蒸发法、电化学法（电解法）、辐射化学合成法、冷冻干燥法、助熔剂法（高温溶液法）、声化学法等
气　相　法	溅射法、等离子法、化学气相沉积法、蒸发凝聚法、爆炸丝法、气相水解法等

此外，还有其他一些分类方法，将纳米材料的制备分为“自下而上”法和“自上而下”法两大类。“自下而上”法是将一些简单的、较小的结构单元（如原子、分子、纳米颗粒等）通过弱的相互作用自组装成相对较大、较复杂

的结构体系（在纳米尺度上）。“自上而下”法则是将较大尺寸（从微米级到厘米级）的物质通过各种技术变小来制备所需的纳米结构。图3－5是这两种方法的示意图。

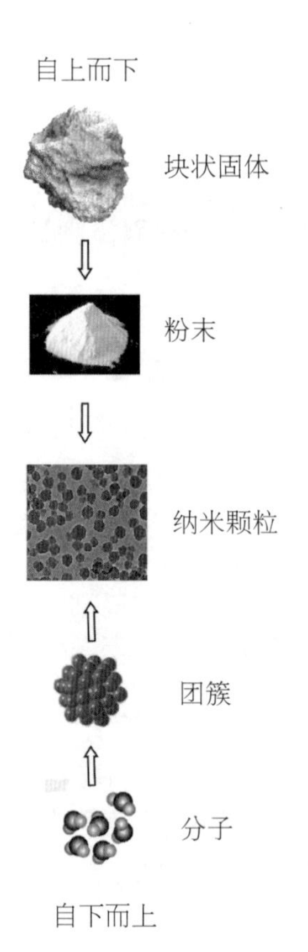

图3－5▸ “自下而上”法和“自上而下”法示意图
（图片来源：中国科学院科学传播研究中心）

以下对几种常见的纳米材料制备方法作简单介绍。

1. 化学气相沉积法（Chemical Vapor Deposition，CVD）

化学气相沉积的古老原始形态可以追溯到远古时期，人类取暖或烧烤时熏在洞壁或岩石上的黑色碳层。这是木材或食物加热时释放出的有机气体，经过燃烧、分解反应沉积形成的碳膜。我国古代的炼丹术中用到的“升炼”技术，也是早期化学气相沉积技术的一种体现。

简单说，化学气相沉积方法是直接利用气体或者通过各种手段将物质变成气体，使之在气态下发生化学反应，然后在冷却过程中，聚集长大形成微小颗粒的方法。

化学气相沉积法已经广泛用于提纯物质、研制新晶体、沉积各种单晶、多晶或玻璃态无机薄膜材料等。

2. 溶胶－凝胶法（sol－gel method，Sol－Gel）

在介绍这种方法之前，先了解一下什么是胶体、溶胶、凝胶。

胶体是一种均匀混合物，微小粒子或液滴分散在气体、水等介质中，形成了胶体。溶胶是具有液体特征的胶体，分散的粒子大小在1～100纳米之间。我们日常生活中的豆浆、墨水都是溶胶。凝胶是具有固体特征的胶体，果冻就是一种常见的凝胶。

溶胶－凝胶法的化学过程首先是将原料分散在溶剂中，然后经过水解反应生成活性单体，活性单体进行聚合，开始成为溶胶，进而生成具有一定空间结构的凝胶，经过干燥和热处理制备出纳米颗粒和所需材料。

溶胶－凝胶法作为低温或温和条件下合成无机化合物或无机材料的重要方法，在软化学合成中占有重要地位。在制备玻璃、陶瓷、薄膜、纤维、复合材料，特别是纳米颗粒等方面具有相当的应用前景。

3. 水热法

"水热"一词大约出现在140年前，原本用于描述地壳中的水在温度和压力联合作用下的自然过程，以后越来越多的化学过程也大量使用这一词汇。

水热法（hydrothermal method）是在特制的密闭反应釜容器（见图3－6）中，采用水溶液作为反应介质，通过对反应容器加热，创造一个高温、高压的反应环境，使得通常难溶或不溶的物质溶解并重新结晶，而制备纳米微粒的方法。水热反应依据反应类型的不同可分为水热氧化、水热还原、水热沉淀、水热合成、水热水解、水热结晶等，其中水热结晶用得最多。

图3-6 ▸ 水热反应用到的反应釜容器

（图片来源：中国科学院科学传播研究中心）

4. 模板法

小时候，往家里制冰棒的器皿中倒入水，放到电冰箱的冷冻室内，几个小时后，就可以吃到自制的冰棒了。这个制冰棒的器皿就是一个模板。在纳米世界里，也有这样的模板。选用具有特定结构的物质来引导纳米材料的制备与组装，从而把模板的结构复制到产物中去，这就是模板法，它是最近十多年发展起来的合成纳米材料的较为简单的方法，可用于制备合金、金属、半导体、导电高分子等纳米材料。可以获得其他手段难以得到的直径极小的纳米管和纳米纤维，还可以改变模板尺寸来调节纳米管和纳米纤维的直径。

5. 机械粉碎法

机械粉碎法即采用新型的高效超级粉碎设备，如高能球磨机、超音速气流粉碎机等对脆性固体原料进行猛烈的撞击、研磨和搅拌，逐级研磨、分级，再研磨，再分级，直至获得纳米粉体，适用于无机矿物和脆性金属或合金的纳米粉体生产。几种典型的粉碎技术有球磨、振动球磨、振动磨、搅拌磨、胶体磨、纳米气流粉碎气流磨。

6. 自组装

分子自组装是以分子为个体单位、自发组成新的分子结构或纳米结构的过程。纳米材料的自组装方法则主要是通过先制备低维纳米材料，然后再将其通过后续自组装过程来获得各种超结构。自组装不仅可用于有机纳米材料的合成，而且可用于复杂形态无机纳米材料的制备；不仅可合成纳米多孔材料，而且可制备纳米微粒、纳米棒、纳米丝、纳米网、纳米薄膜甚至纳米管等。一维定向排列的纳米颗粒在微电子器件的设计中极为重要，但是由于纳米颗粒的能量较高，其一维组装是比较困难的。二元体系的纳米颗粒的自组装研究近年来异军突起，越来越多的科学家开始重视这个研究领域。

（执笔人：姜山）

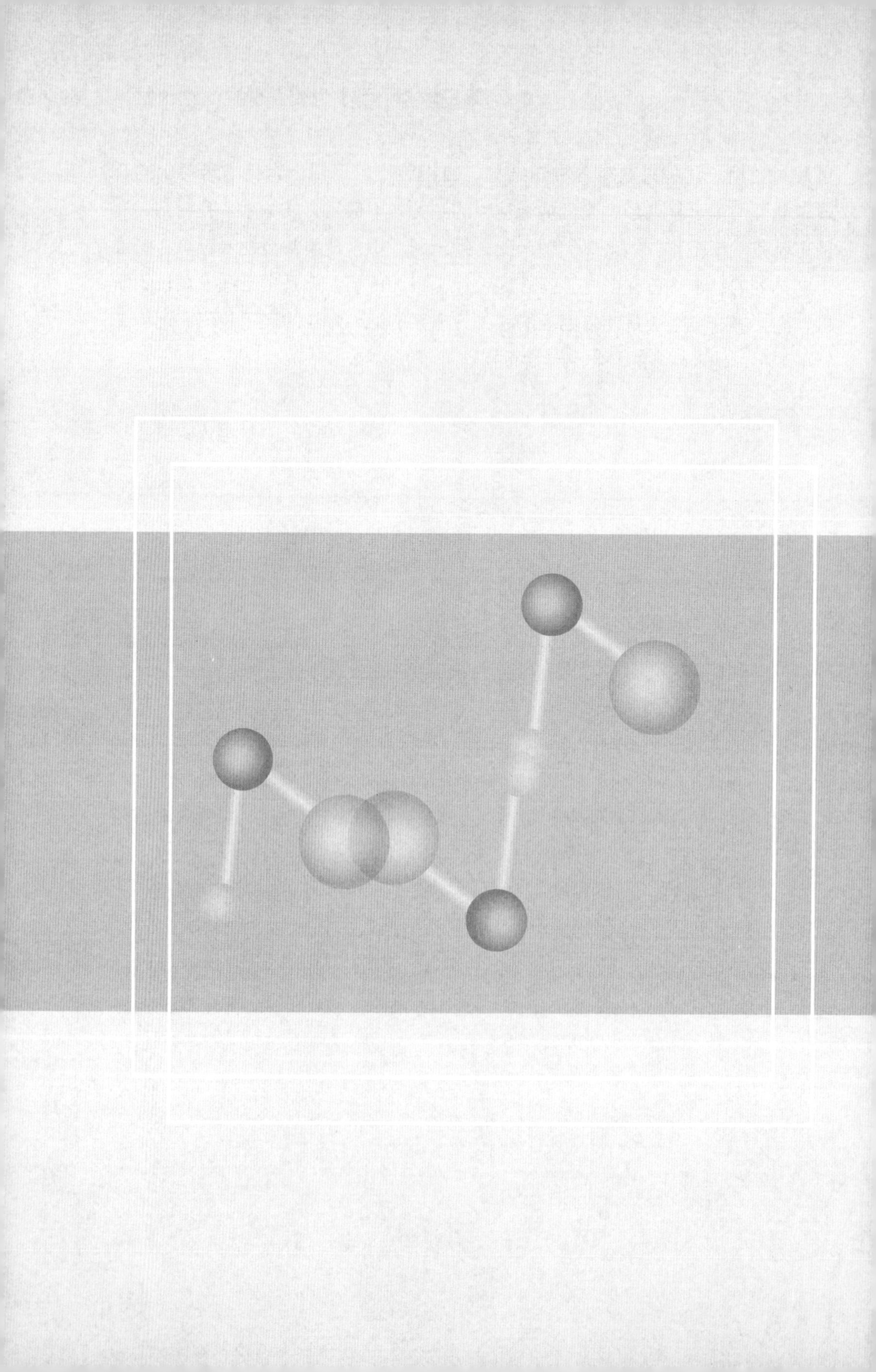

第四章

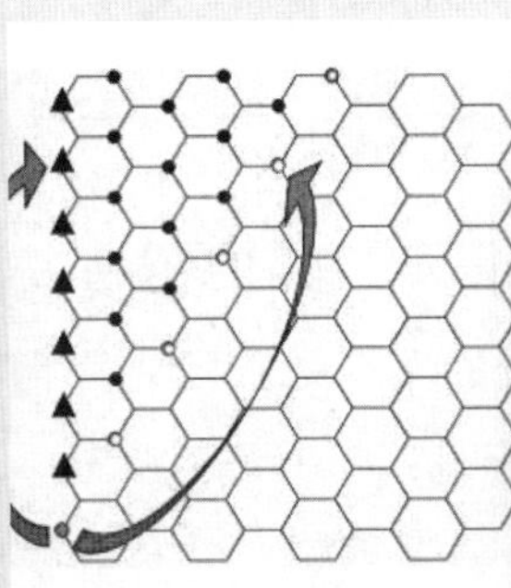

从点到面：神通广大的碳纳米材料

PART 4

碳元素（Carbon，化学符号C）广泛地存在于浩瀚的地球和茫茫的宇宙间。碳是地球生命的基础，以碳为核心的有机化合物构成了这个五彩缤纷的世界：动物、植物以及它们腐化、分解形成的天然气、石油、泥炭、煤等。随着人类社会的进步，碳元素奇异独特的物性和多种多样的形态逐渐被人们发现、认识和利用。长久以来，人们一直以为单纯由碳构成的物质只有金刚石和石墨两种（同种元素不同形态的物质被称为同素异形体）。例如，干电池中的石墨电极、油墨和炭黑、切削和磨具上的合成金刚石、空气和水净化中的活性炭、航空航天器上的碳纤维、核工业中的超纯石墨等。直到1985年，人们在碳元素家族中发现了C_{60}、C_{70}等富勒烯族，1991年又发现了碳纳米管，2004年，碳元素家族中的另一重要成员——石墨烯的发现，终于在科学家的努力下从假想变成了现实。

碳纳米材料在人们的不断探索研究之下已经形成了一个庞大的纳米家族，从一维的碳纳米管到三维的金刚石，碳纳米材料家族的形貌异常丰富。不仅如此，由于各种形态的碳纳米材料还拥有着迥异的物理化学性质，对它们进行的理论和实验研究也极大地推动了纳米科学的发展。可以说，纳米科学的快速发展和繁荣很大程度上得益于富勒烯、碳纳米管以及石墨烯等碳纳米材料的发现。

传统碳材料已经随着现代工业技术的发展成为人类生产生活中不可或缺的基本材料。而对于碳纳米材料，它们各种奇特的性质使它们能够在众多工业领域发挥作用，如信息、光电、生物、医药、能源、航空、国防等，并能够极大地改善产品的性能。

以富勒烯、碳纳米管和石墨烯为代表的碳纳米材料构成了纳米材料中极为重要的组成部分，它们在科学研究领域炙手可热，并且展现出了广阔的应用前景。

第一节 富勒烯

富勒烯的发现是一个曲折且偶然的过程。1970年，日本科学家大泽映二在与儿子踢足球时受到启发，首先在论文中提出了C_{60}分子的设想。但遗憾的是，由于文字障碍，他的两篇用日文发表的文章并没有引起人们的普遍重视，而大泽映二本人也没有继续对这种分子进行研究。1983年，美国天体物理学家唐纳德·哈夫曼（Donald Huffman）和德国物理学家沃尔夫冈·克拉奇默（Wolfgang Krätschmer）合作，在对不同形式的碳烟进行光谱分析时发现了C_{60}和C_{70}的特征峰，但他们却没有意识到这两种物质的存在。1984年，罗尔芬（E. A. Rohlfing）等为了解释星际尘埃的组成，在实验中再次发现了C_{60}和C_{70}的线索，由于对实验结果缺乏理论分析和创新意识，他们也与富勒烯家族的发现失之交臂。同年，美国化学家斯莫利（R. E. Smalley）发明了一台仪器用于半导体和金属原子簇研究。长期从事星际尘埃研究的英国物理学家哈里·克鲁托（H. Kroto）经克尔（F. Curl）介绍，参观了斯莫利的实验室并受到启发，建议使用这台新仪器研究富碳星际尘埃。研究过程中，C_{60}和C_{70}的特征峰再次出现并终于引起了研究者的关注。图4－1为加拿大蒙特利尔万国博览会美国馆和富勒烯。

C_{60}和C_{70}是由固定碳原子数构成的尺寸有限的分子，与金刚石和石墨具有的三维巨型分子结构完全不同，弄清这种新的稳定碳结构，在当时是一个巨大的挑战。经过反复思考，克鲁托等人从美国著名建筑师富勒（R.B.Fuller）设计的加拿大蒙特利尔万国博览会美国馆中获得了灵感，后者是一个球形多面体结构的大型建筑物。克鲁托与克尔、斯莫利一起，很快用硬纸板拼出了C_{60}立体模型。它是由60个顶角、12个五边形和20个六边形组成的中空32面体，与现代足球的拼皮花样非常相似。于是克鲁托等将C_{60}称为“足球烯”，俗称“巴基球”。又由于C_{60}分子的稳定性正好可用富勒发明的短程线圆顶结构加以解释，故又命名为“富勒烯”。富勒烯的发现，宣告了除金刚石和石墨以外，第三种碳的同素异形体的存在，震撼了整个科学界，克鲁托、克尔与斯莫利三人也因此获得了1996年度诺贝尔化学奖。

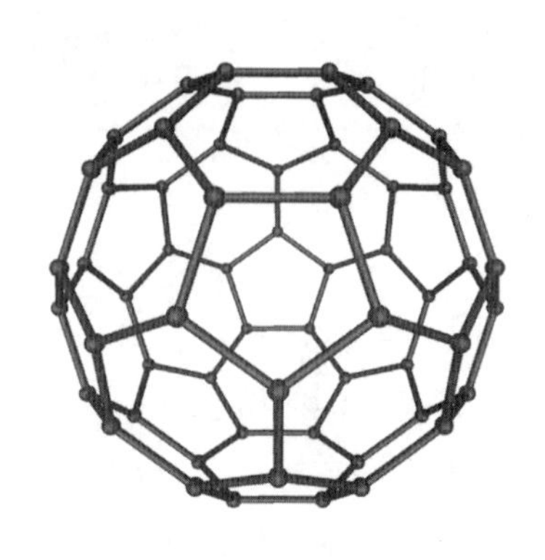

图4－1 ▸ 加拿大蒙特利尔万国博览会美国馆（左）和富勒烯（右）（另见彩图9）
（图片来源：左图：Cédric Thévenet http://zh.wikipedia.org/wiki/File:Biosph%C3%A8re_Montr%C3%A9al.jpg，右图：中国科学院科学传播中心）

后来的研究表明，富勒烯其实是一个大家族，它是完全由碳组成的中空的球形、椭球形、柱形或管状分子的总称。这个家族的成员不仅包括单层、多层结构富勒烯，还包括碳纳米管，以及各种球形和管状的变异与嵌套等。如图4－2所示。

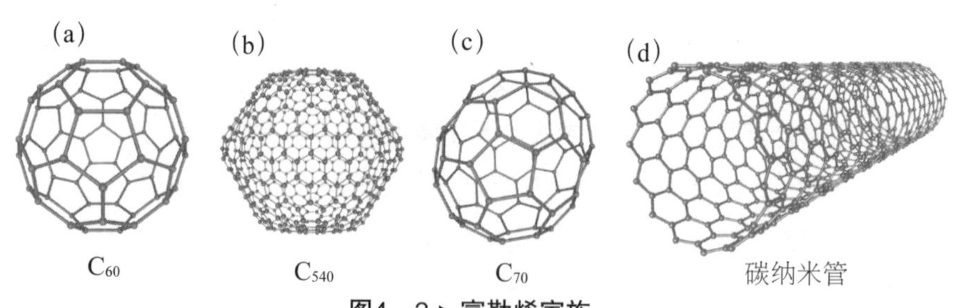

图4－2 ▸ 富勒烯家族
（图片来源：中国科学院科学传播研究中心）

由于C_{60}是这一家族中发现最早、相对最容易得到和最廉价的种类，因此它和它的衍生物也是被研究和应用最多的富勒烯之一。

C_{60}富勒烯分子是由12个正五边形和20个正六边形镶嵌而成的中空球体，具有32个面和60个碳原子顶点，每个顶点是2个正六边形加1个正五边形的聚合点，酷似一个直径为0.7纳米左右的小足球。C_{60}分子对称性很高，每个碳原子都处于等价位置。C—C之间的连接是由相同的单键和双键组成。

C_{60}富勒烯的来源和成本直接决定了它的研发应用前景，因此人们开发出各种制备方法。目前的主要方法是以石墨为原料，进行高温汽化，然后在惰性气体中冷却来制备富勒烯，具体方法有石墨电弧放电法、利用太阳能加热石墨法、石墨高频电炉加热蒸发法等。这些方法装置和操作简便，已经被众多研究人员采用。另外，还发展了化学气相沉积和火焰法，这两种方法的石墨烯产量也比较高，不过难以控制实验条件。富勒烯的制备还有一些其他的产量较低的方法，如电子束辐照法、机械球磨法、碳离子束注入法、金刚石/碳灰微粒热处理法、CO的歧化反应法、SiC激光照射法、离子辐照聚乙烯法等。

作为继金刚石和石墨之后人类发现的第三种碳结构形式，富勒烯的独特结构以及由此带来的特性引发了人们极大的研究热情。富勒烯在结构上的最大特点在于它是一种中空的笼状分子结构。自从发现这种奇特的分子结构后，人们就设想用这空心的碳笼去包裹其他分子、原子或离子。起初，科研人员通过高压电弧放电得到一系列数量极少的内含式金属富勒烯，再后来，人们又试图用化学方法“打开”碳笼上的一个或多个C—C键，然后把个头较大的金属离子“装”到碳笼里去。目前，C_{60}富勒烯可以包裹的元素有惰性气体分子、稀土元素、碱金属元素，以及钛、氧、氮、硫、碳等。这种物质具有广泛而有潜力的应用价值。

除内部空间颇具特色之外，富勒烯的另一特点是可以外接修饰形成各种富勒烯衍生物。由于富勒烯分子中的碳原子之间以不饱和化学键链接，在适当条件下很容易被打开，与其他化学基团组成富勒烯衍生物。在科学家手中，富勒烯就像一块块乐高积木，被组合成各种形态的衍生物。到目前为止，仅基于C_{60}的富勒烯衍生物目前就已经被合成出几万种，给富勒烯家族带来了极其丰富的性质，并延伸出大量应用。

知识加油站

具有完美对称结构的金属富勒烯

中国科学院化学研究所分子纳米结构与纳米技术院重点实验室科研人员于2009年合成了含有四个钪（Sc）原子的金属碳化物内嵌富勒烯$Sc_4C_2@C_{80}$，这个分子具有类似俄罗斯套娃的新奇嵌套结构$C_2@Sc_4@C_{80}$，每一层的原子均可绕球心自由转动，由此保持整个分子高度完美的对称性。研究结果表明，该分子的电子结构为［$(C_2)^{6-}$@(Sc_4)］$^{12+}$@C_{80}^{6-}，各球壳层间的电子转移使分子形成高度稳定的闭壳层结构，分子内部结构呈正负相间的多层球面使其类似于一个分子电容器。这种结构金属富勒烯的发现不但丰富了金属富勒烯的种类，在结构化学方面也具有重要意义，同时该分子本身在单分子器件、纳米器件以及高温超导等方面具有潜在的应用。

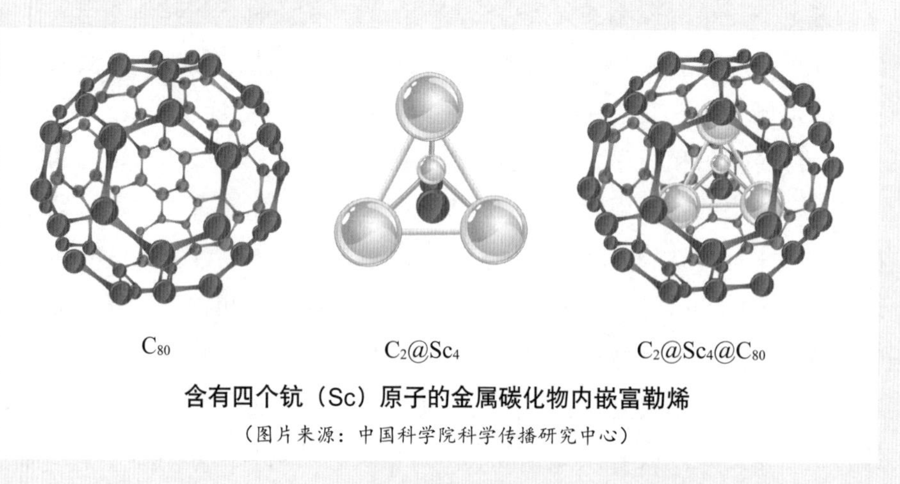

含有四个钪（Sc）原子的金属碳化物内嵌富勒烯

（图片来源：中国科学院科学传播研究中心）

C_{60}分子本身是不导电的绝缘体，但它与其他物质产生的化合物却显示出超导行为。1991年，美国贝尔实验室的研究人员发现当碱金属嵌入C_{60}分子之间的空隙后，产生的化合物会产生超导现象，例如K_3C_{60}超导体，临界温度为18开尔文。2001年，贝尔实验室的研究人员再次发现，当C_{60}与两种有机化合物氯仿和溴仿结合在一起，用液态氮冷却至116.89开尔文时出现了超导临界现象，大大提升了此前C_{60}与碱金属化合物的超导临界温度，这一发现被美国《科学》杂志评为2001年十大科技突破之一。

铁磁性是C_{60}化合物具有的另一奇特性质。1911年，阿勒芒德（Allemands）等人在C_{60}的甲苯溶液中加入过量的有机物4—二甲基氨基乙烯，得到的黑色微晶沉淀是一种不含金属的软铁磁材料，居里温度为16.1开尔文。2001年，马卡洛娃（Tatiana L. Makarova）等人在探寻C_{60}聚合物的超导现象时意外地发现了C_{60}二维层状聚合物菱面晶体具有铁磁性交换相互作用，居里温度高达500开尔文，这是迄今为止居里温度最高的纯有机铁磁体，是分子基铁磁体研究领域的一个重大突破，具有重要的学术意义。

C_{60}分子的特殊电子结构（一种有三维高度非定域的π电子结构）使它及它的衍生物具有良好的光学和非线性光学特性，包括反饱和吸收的光限幅特性以及大的三阶非线性光学系数。基于C_{60}的这些光学特性，可以制作出光限制产品或光变色产品，还能够制造出光电开关，在光计算、光存储、光信号处理等方面得到应用。例如，在聚乙烯基咔唑薄膜中掺入C_{60}和C_{70}混合物，得到的新型高分子光电导体受光激发时会产生明显的光电导现象。有科研人员还将C_{60}与花生酸混合制得高质量的C_{60}－花生酸多层膜，具有光学积累和记录效应。

知识加油站

名词解释

超导：温度下降到一定程度时，材料的电阻突然降为零。

临界温度：超导体从正常态转变为超导态时的温度。

居里温度：磁性材料中自发磁化强度降到零时的温度，是铁磁性或亚铁磁性物质转变成顺磁性物质的临界点。低于居里温度时该物质成为铁磁体，此时和材料有关的磁场很难改变。当温度高于居里温度时，该物质成为顺磁体，磁体的磁场很容易随周围磁场的改变而改变。

非线性光学特性：介质在强激光场作用下产生的极化强度与入射辐射场强之间不再是线性关系，而是与场强的二次、三次以至于更高次项有关，这种关系称为非线性。

光限幅特性：光限幅是指当材料被激光照射时，在低强度激光照射下材料具有高的透过率，而在高强度激光照射下具有低的透过率。

富勒烯的另一大重要热门研究课题是它在生物医药方面的应用。由于C_{60}的特殊结构，并且与已知药物分子有相近的尺寸，它成为一种十分理想的靶向药物载体。利用C_{60}的笼状结构，未来科学家可以用C_{60}笼包裹钴－60等放射性元素，既可控制放射剂量，又能够防止放射性元素的扩散，减少放射性物质对人体健康组织的负面作用，成为理想的抗癌药物。一些研究表明，C_{60}衍生物具有特殊的生物活性，如具有抑制人体免疫缺损蛋白酶活性的功效，一些水溶性C_{60}

衍生物具有抑制毒性细胞生长的功效，可以使DNA开裂，可以吞噬黄嘌呤/黄嘌呤氧化酶产生的超氧阴离子自由基，对破坏能力很强的羟基自由基具有优良的清除作用，C_{60}在被激光照射后能够产生激发态，催化氧分子成为单线态氧，使癌组织中毒，从而达到对癌的治疗作用。这些性质都可以用于设计抵抗艾滋病毒和抗癌细胞的新药物，或开辟新的医疗方法。

C_{60}具有特殊的球形结构，是所有分子中最圆的，同时C_{60}的结构使其具有特殊的稳定性。C_{60}的衍生物$C_{60}F_{60}$，俗称“特氟隆”，可用作“分子滚珠”和“分子润滑剂”，增强润滑效果，在工业上，以C_{60}富勒烯做添加剂可以使润滑油寿命延长30%。高压下C_{60}可转变为金刚石，开辟了金刚石的新来源。

除以上提到的这些之外，C_{60}富勒烯还在量子计算机、生物传感器、激光防护、有机太阳能电池等诸多科技领域有广阔的应用前景。美国市场调查公司BCC曾经预计，全球石墨烯市场到2016年有可能超过47亿美元的规模。俄罗斯某公司在2010年发布的一份市场营销研究报告中表示，在用于纳米产品生产的材料使用流行程度排行榜上，富勒烯所占比重为6%，仅次于纳米颗粒、碳纳米管、纳米多孔材料和量子点。

不过，目前C_{60}富勒烯的实际应用还受到一些限制。由于C_{60}富勒烯的合成机理尚不明确，现有合成条件需要四五千摄氏度（℃）的高温，由于无法实现人为调控C_{60}富勒烯的生长，给富勒烯的大规模生产提出了很大挑战。目前，富勒烯的产量还停留在克量级，无法达到实际商业应用所需的产量。

第二节 碳纳米管

1991年，碳材料富勒烯家族的另一重要成员出现了，它就是碳纳米管。日本NEC公司基础研究实验室的饭岛澄男在用高分辨透射电子显微镜观察电弧蒸发石墨得到的各种产物时，意外地发现了除C_{60}之外一些柱状物。这些柱状物是直径在1～30纳米之间，长度可达到1微米，由2～50个同心管构成，相邻同心管之间平均距离为0.34纳米。进一步的分析表明，这种管完全由碳原子构成，并可看成是由单层石墨六边形网格卷曲360°而形成的无缝中空管，而在这些管体的两端可能有由富勒烯形成的帽子。这种结构被称为碳纳米管。碳纳米管的发现是继C_{60}之后发现碳的又一同素异形体，也随之在科学界掀起了另一波研究高潮。碳纳米管的发现，广泛地影响了物理、化学、材料、电子等众多科学领域，并显示出巨大的潜在应用前景。

碳纳米管的外径一般在几纳米到几十纳米之间；管的内径更小，有的只有1纳米左右。而碳纳米管的长度一般在微米量级。因此，碳纳米管被认为是一种典型的一维纳米材料。碳纳米管的主体是由六边形的碳环构成，而顶部和底部为五边形、六边形或七边形碳环组成的半球形封闭结构，可以看成是由一个C_{60}分子切割成的两个半球。

根据管壁的层数不同，碳纳米管可分为单壁碳纳米管（图4－2d）和多壁碳纳米管。单壁碳纳米管比较细，由一层石墨烯片组成，直径在0.75～3纳米之间。长度从几个微米到几十个微米不等。由于单壁碳纳米管的最小直径与富勒烯分子类似，所以也有人称它“巴基管”或“富勒管”。多壁碳纳米管含有多层石墨烯片（见图4－3）。形状像个同轴电缆，它由两层到几十层的同心碳管套叠而成，直径从几个纳米到几百个纳米，大部分集中分布于2～100纳米之间，长度可长至几毫米甚至几厘米。

知识加油站

单壁碳纳米管的结构

目前单壁碳纳米管存在三种类型的结构，分为扶手式碳纳米管、锯齿式碳纳米管和手性碳纳米管，分别如下页图的左图所示。三种不同类型碳纳米管的形成取决于碳原子的二维六边形石墨片“卷曲”成圆筒的方式。如下页图的右图所示，如果以空心小圆为轴卷曲石墨片，则得到的是扶手式碳纳米管；如果以小三角形为轴卷曲石墨片，则得到锯齿式碳纳米管；如果沿实心小圆为轴卷曲，得到的是手性碳纳米管。

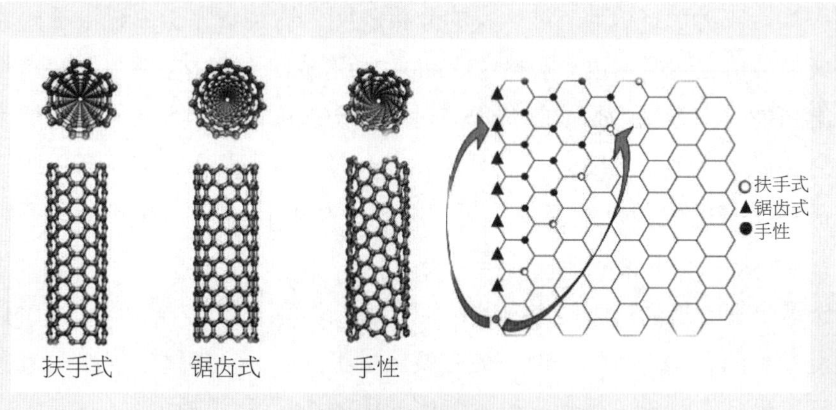

单壁碳纳米管结构图

（图片来源：中国科学院科学传播中心研究）

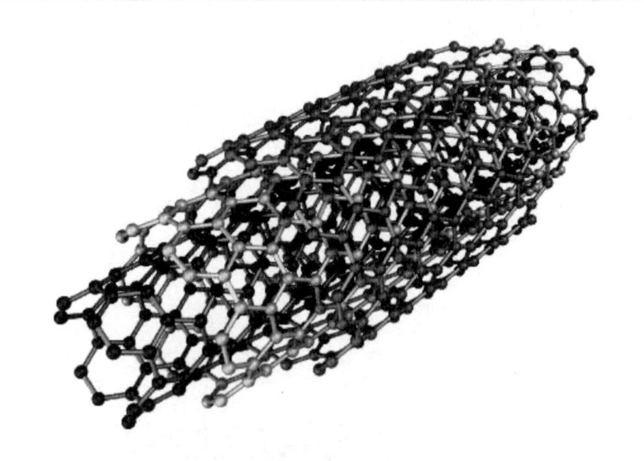

图4－3 ▸ 多壁碳纳米管的结构图（另见彩图10）

（图片来源：Eric Wieser http://commons.wikimedia.org/wiki/File:Multi-walled_Carbon_Nanotube.png?uselang=zh

碳纳米管有多种制备方法，包括电弧法、激光蒸发法、化学气相沉积法等。在不同条件下，这些方法可以得到不同类型的单壁或多壁碳纳米管。在这些制备方法中，电弧法和激光蒸发法制备的碳纳米管的纯度和晶化程度比较高，但两种方法都需要高温条件，限制了碳纳米管的大规模生产，通过高温方法得到的碳纳米管相互纠缠，杂质也很多，比较难以纯化、加工和应用。而用化学气相沉积法制备碳纳米管不需要太高温度和复杂的工艺设备，生产成本比较低，产量较大，具有很好的工业应用前景。不过，化学气相沉积方法制备的碳纳米管存在很多结构缺陷和杂质，碳管经常会弯曲和变形，需要进行后续工艺的处理。除以上制备方法外，还有离子喷射沉积法、催化裂解法、火焰法、熔盐电解法等。

知识加油站

化学气相沉积法

碳氢化合物在金属催化剂上的化学气相沉积是制备各种碳纤维和多壁碳纳米管的经典方法。其生长温度通常为500～1000℃。化学气相沉积法过程的第一步是过渡金属催化剂颗粒吸收和分解碳氢化合物的分子。接着，碳原子扩散到催化剂的内部后形成金属——碳的固溶体。随后，碳原子从过饱和的催化剂颗粒中析出，长成了如图所示一端开口的碳纳米管结构。

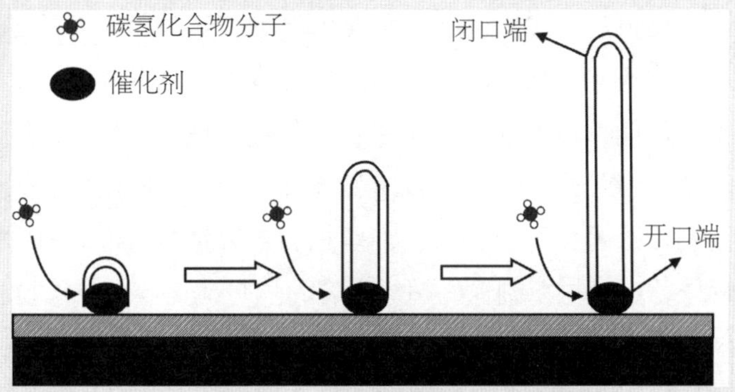

碳氢化合物在金属催化剂上的化学气相沉积

（图片来源：中国科学院科学传播研究中心）

碳纳米管的独特结构使它具有一些奇异的物理化学性能，如独特的金属或半导体导电性、极高的机械强度、储氢能力、吸附能力和较强的微波吸收能力等。这使它在20世纪90年代初一经发现就成了准一维纳米材料研究的热点。研究表明，碳纳米管可在多个高科技领域得到应用。例如，任天堂游戏机上采用的透明碳纳米管薄膜触摸屏，经久耐用，甚至比钢更坚固；用碳纳米管阵列可以制成世界上最暗的材料，可以适用于从太阳能电池板到红外传感器的多种应用。利用碳纳米管的良好导电性可以代替铜作为集成电路的互联材料，在芯片特征尺寸越来越小的情况下，碳纳米管被证明具有比铜更优异的表现；使用碳纳米管作为锂离子电池的电极可以将锂电池储能能力提升十倍。诸如此类的研究应用层出不穷。作为一种性能优异的新型功能材料和结构材料，人们对碳纳米管的研究正逐渐从实验室走向工业化应用。

碳纳米管的电学性质与它的石墨化程度和结构密切相关。受量子物理的影响，碳纳米管网格构型和直径的不同，其导电性可呈现金属、半金属或半导体性。半导体性的单壁碳纳米管的禁带宽度随其直径的减小而增大，长度也会对碳纳米管的导电性能产生影响，碳纳米管壁上的缺陷和掺杂也会改变其导电特性。碳纳米管多变并且表现优异的电学性能，它本身还拥有良好的刚性和化学惰性。另外，碳纳米管可以在硅衬底上生长，这就使它的工艺与现行微电子工艺完全兼容，为它与硅器件的集成提供了可能。因此，电子器件研发领域碳纳米管得到了众多研究人员的青睐。利用碳纳米管的半导体特性，可以制作电子开关和晶体管，据报道，IBM、苏黎世理工学院和美国普渡大学的工程师们已经基于碳纳米管构建出了10纳米以下的微型晶体管，能有效控制电流，在极低的工作电压下，仍能保持出众的电流密度，甚至可超过同尺寸性能最好的硅晶体管的表现。碳纳米管比表面积大，结晶度高，导电性好，微孔大小可通过合成工艺加以控制，因而有可能成为一种理想的电极材料。中国科学院的科学家采用碳纳米管作为电极材料制作的超级电容，质量比电容为35法拉/克，能量密度为43.7瓦小时/千克，最大功率密度为197.3瓦小时/千克，远大于目前用活性碳材料制备的传统超级电容器的能量密度（1～10瓦小时/千克）和功率密度（2～10千瓦/千克）。麻省理工学院的研究者们用碳纳米管作为电池的电极，可以使锂离子电池的储能能力显著增加，甚至可以高达传统锂电池的十倍。用碳纳米管去修饰电极，可以提高对离子的选择性从而制成电化学传感器，利用碳纳米管对气体吸附的选择性以及它自身的导电性，可以做成气体传感器。

碳纳米管的另一特性在于它的力学性能，它具有极高的弹性模量、强度和韧性。研究表明，碳纳米管的杨氏模量达到TPa（10^{12}帕）量级，比普通的碳纤维强得多，与金刚石相当。除了具有高的弹性模量外，碳纳米管还有超高的韧性和强度，碳纳米管的理论最高抗拉强度为钢的100倍，而密度仅为钢的14%～17%，它能承受40%的张力应变，而不会呈现脆性行为、塑性变形或键断裂。碳纳米管是目前可制备出的具有最高比强度的材料之一，如果用碳纳米管做成绳索，可从月球挂到地球表面而不会被自身重量拉折，日本的大林组建筑公司就计划到2050年用碳纳米管建成“天梯”，延伸至距地面3.6万千米的太空。届时，普通人有望乘坐天梯（图4－4），从3.6万千米高处欣赏美丽的地球。

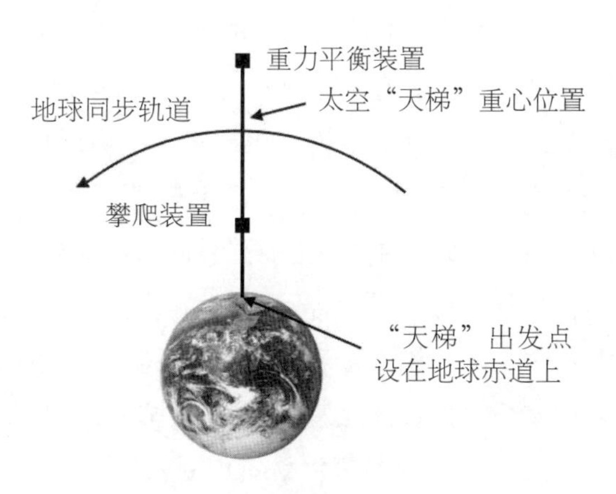

图4－4 ▸ 碳纳米管“天梯”
（图片来源：中国科学院科学传播研究中心）

碳纳米管的纳米尺寸为它带来了特异的光吸收和光发射性能。碳纳米管的光吸收性能与它自身的能带结构密切相关。美国科学家用碳纳米管制成的薄膜材料可吸收99%以上的照在其表面的光线，其吸收能力是同类材料的50倍。吸收性材料通常只能吸收紫外线和可见光——但这种新材料还能够吸收红外和远红外光线，堪称人类发现的最“黑”的材料，利用这种性质，可以制造高效的太阳能面板和光敏仪器，碳纳米管的这种超强吸波性能还能够在隐身吸波涂料中一展身手。据称，波音公司正在尝试用碳纳米管作为隐形飞机的新型隐身涂层。

碳纳米管不仅吸收光，而且在特定条件下也能够发出光。近年来，研究人员已经发现了碳纳米管的电致发光和光致发光现象。在室温下，碳纳米管能够吸收较窄频谱的光波，并能稳定地散发光波，散发出的光波既可以是新的频谱光波，也可以是与原照射频谱完全相同的光波。利用这一新特性，未来可以通过碳纳米管来传输、储存和恢复以光信号传送的密码，应用于量子级密码传输技术。

第三节 石墨烯

继富勒烯和碳纳米管之后，单层石墨烯的成功制备，再次在科学界掀起巨大波澜，其耀眼程度甚至超过了它的前辈们。从时间跨度上看，从1984年克鲁托等人发现C_{60}富勒烯到1996年获取诺贝尔化学奖，经历了12年时间，而自2004年石墨烯被成功剥离，到2010年该实验的开创者安德烈·盖姆等人获得诺贝尔物理学奖，仅短短6年时间。从性能上看，石墨烯这种本质上就是碳纳米管摊开展平的材料，却具有可以媲美碳纳米管甚至更优异的特性。

本质上，石墨烯是分离出来的单原子层平面石墨。早在1918年，科尔许特（V. Kohlschütter）和亨尼（P. Haenni）就详细地描述了石墨氧化物纸的性质。1948年，吕斯（G. Ruess）和沃格特（F. Vogt）发表了用透射电子显微镜拍摄的3～10层石墨烯的图像。科学家们曾经试图用化学剥离法和化学气相沉积法来制备石墨烯，但都没有成功。直至2004年，英国曼彻斯特大学的安德烈·盖姆（Andre Geim）和康斯坦丁·诺沃肖洛夫（Konstantin Novoselov）采用了一种极为简单的方法首次成功分离出稳定的石墨烯。他们把石墨薄片粘在胶带上，折叠胶带粘住石墨薄片的两侧，再把胶带撕开，这样石墨薄片就被一分为二。通过不断地重复这个过程，片状石墨越来越薄，最终就得到了仅由一层碳原子构成的薄片，即石墨烯。这一发现在科学界引起巨大轰动，它不仅打破了二维晶体无法稳定存在的预言，而且带来了出乎意料的新奇特性。2010年，安德烈·盖姆和康斯坦丁·诺沃肖洛夫因在石墨烯方面的研究获得了诺贝尔物理学奖。

石墨烯是一种只有单层原子厚度的平面二维结构（图4－5），由碳原子六边形（蜂窝结构）紧密排列构成。石墨烯可以看作构造其他维度碳材料的基本单元，例如，它可以包裹形成零维富勒烯，可以卷起形成一维碳纳米管，还可以层层堆叠成为三维的石墨。石墨烯并不是完全平整的，它的表面会有一定程度的褶皱。

图4－5 ▸ 石墨烯的结构图

（图片来源：AlexanderAIUS http://en.wikipedia.org/wiki/File:Graphen.jpg）

石墨烯的制备主要有物理方法和化学方法。物理方法通常以石墨为原料，通过微机械剥离法、液相或气相直接剥离法来制备单层或多层石墨烯。这类方法原料易得，操作相对简单，合成的石墨烯质量高、电学性能好，被广泛用于石墨烯的物理、物性和器件研究，但这类方法存在效率低、随机性大、产率低等缺点，不适于大规模生产。制备石墨烯的另一方法是氧化还原法，这种方法成本低，产率高，是目前最常用的制备石墨烯的方法，但这种方法生产的石墨烯存在一些缺陷和杂质，某些性质（如导电性）会有所不足。其他的石墨烯制备方法还有碳化硅（SiC）外延生长法、化学气相沉积法和有机合成等，这些方法也能够制备高纯度、高质量的石墨烯，但也存在各自的缺陷，目前无法实现大规模生产。

作为目前物理学界和材料科学界最热门的研究对象之一，石墨烯拥有非常优异的特性，它几乎完全透明，是最薄却最坚硬的纳米材料；是常温下电子迁移率最高的材料；是常温下电阻率最小的材料等。石墨烯集这些特性于一身，在众多领域都有潜在应用，包括高速晶体管、光学调制器、（柔性）透明电极、印刷电子、新型复合材料、超灵敏传感器、新型催化剂、基因测序、储能装置等。

在石墨烯领域，研究最深入的是它的电性质，其原因在于它无与伦比的高电子迁移率。石墨烯发现伊始，研究人员就发现它的电荷迁移率达到10000平方厘米/（伏·秒），此后，研究人员更将这一数值提高到了250000平方厘米/（伏·秒），超过硅100倍以上，约为光速的1/300，并且，这样的高迁移率受温度和化学腐蚀的影响很小。石墨烯的超强导电性与它特殊的量子隧道效应有关。量子隧道效应允许相对论的粒子有一定概率穿越比自身能量高的势垒。而在石墨烯中，量子隧道效应被发挥到极致，科学家们在石墨烯晶体上施加一个电压（相当于一个势垒），然后测定石墨烯的电导率。一般认为，增加了额外的势垒，部分电子不能越过势垒，使得电导率下降。但事实并非如此，所有的粒子都发生了量子隧道效应，通过率达100%。石墨烯还呈现出量子霍尔效应，并且与众不同的是，石墨烯的量子霍尔效应能在室温下被观测到。石墨烯的禁带宽度几乎为零，是一种半金属/半导体材料。它还是目前室温条件下电阻率最低的材料，其电阻率仅为10^{-6}欧·厘米，导电密度是铜的100万倍。

知识加油站

量子霍尔效应

1879年，美国物理学家霍尔在一个长方形的导体上发现了一种效应，当电流在长度方向流动的时候，如果在导体垂直方向外加一个磁场，就会在宽度方向产生一个新的电流和电压，这个就是霍尔效应。利用这种效应可以被用来测量磁场，也可以用来测量物体的运动，做成许多有用的器件。

量子霍尔效应是霍尔效应的量子版本，它是在霍尔效应被发现100年后，由德国物理学家克利青（Klaus von Klitzing）在研究低温和极强磁场中的半导体时发现的，是当代凝聚态物理学令人震惊的进展之一。量子霍尔效应的机制需要用到复杂的物理理论，如果形象地表述它的作用，就是它可以为材料中原本没有特定轨道的电子运动制定一套规则，让它们在各自的跑道上毫无干扰地前进，避免相互碰撞而导致的能量损耗，大大提升电子传输的效率，创造出超微型、超高速的电子器件。

基于石墨烯如此优异的电学特性，许多研究成果都集中在了电子领域。由于摩尔定律，基于硅的集成电路技术已经趋于理论极限，石墨烯为硅的替代材料提供了一个非常好的选择。基于石墨烯的微电子器件极有可能是下一代计算机的主流部件。美国哥伦比亚大学的科学家研究了基于石墨烯的谐振器，与硅制作的类似器件相比，石墨烯的质量要小两个数量级，研究人员已经能够分辨出33.27兆赫兹的射频电信号，改进后的更小的装置可达到吉赫兹的范围。英国南安普顿大学利用石墨烯制作了场效应管的沟道层，并已确认其电流开关比为4.8×10^5，比此前IBM实现的数值高约1000倍。

石墨烯的力学性质同样引人瞩目，它是人类已知强度最高的物质，比金刚石更坚硬，强度比钢铁还要高100倍。哥伦比亚大学的物理学家对石墨烯的机械特性进行了全面的研究。在试验过程中，他们选取了一些直径在10～20微米的石墨烯微粒作为研究对象，研究人员先将这些石墨烯样品放在了一个表面钻有小孔的晶体薄板上，这些孔的直径在1～1.5微米之间，然后他们用金刚石制成的探针对放置在小孔上的石墨烯施加压力以测试它们的承受能力。研究人员发现，在石墨烯样品微粒开始碎裂前，它们每100纳米距离上可承受的最大压力居然达到了大约2.9微牛。换言之，如果用石墨烯制成包装袋，那么它将能承受大约2吨重的物品。

石墨烯的另一出色性能是它的光学性质。它是一种近乎透明的材料，它在整个可见光到红外的波长范围内都可以吸收约2.3%的入射光。在我们平常使用的手机、电视、平板电脑，以及发电用的太阳能电池等诸多设备中，都需要用到透明的导电材料。传统透明电极材料是氧化铟锡，这是一种昂贵而且脆弱的材料，石墨烯的出色导电性能和透明特性正好成为它的替代品，而且石墨烯还具有前者不具备的柔韧性，可以生产能够弯曲甚至折叠的现实设备。韩国三星公司和成均馆大学的研究人员已经制取了对角长度为30英寸（约0.7米）的石墨烯，并将其转移到188微米厚的有机薄膜上，制造出了以石墨烯为基础的触摸屏。另外，石墨烯吸收的光子会产生电子和空穴，而石墨烯中这些载流子的产生和运输都与传统光电材料有很大差异，这使石墨烯很适合高速响应光电感应设备。美国加州大学伯克利分校的研究团队开发出了一款号称全球最小的石墨烯光调制器，仅25平方微米，而一般普通商用调制器约几平方毫米，这款光调制器的调制速度为1吉赫兹，比现有最快速度高10倍以上。与基于电学的调制器相比，石墨烯光调制器能携带更密集的数据包更快地传输，能将高速光通讯技术所需元件变得更小、成本更低，并整合到移动装置芯片中。

除此之外，石墨烯还有一些其他优异性能，如图4－6所示。例如，它的导热能力达到了5000瓦/（米·开尔文），是金刚石的5倍，而后者是已知自然界中导热率最高的。石墨烯的超高比表面积，使它可以用于超级电容器电极，大大提升电容器的储能密度。除优异的电学性能外，石墨烯具有很好的抗菌特性，能够抑制细菌的生长，却不会损伤人类细胞，可以用于生产绷带、食品包装材料等。

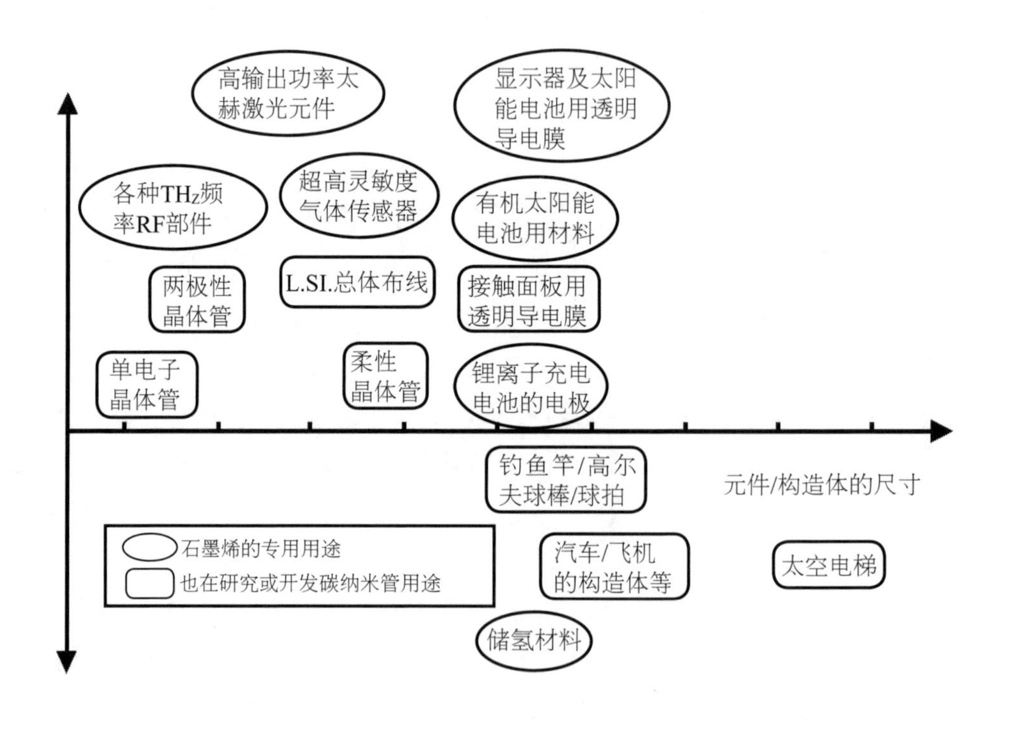

图4－6 ▸ 石墨烯的应用

（图片来源：中国科学院科学传播研究中心）

（执笔人：姜山）

第五章

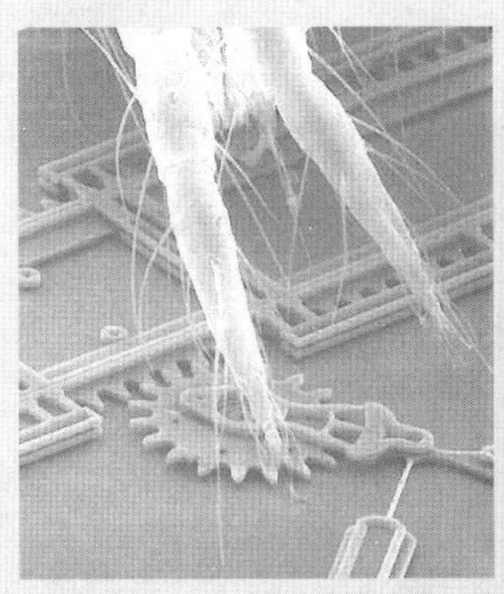

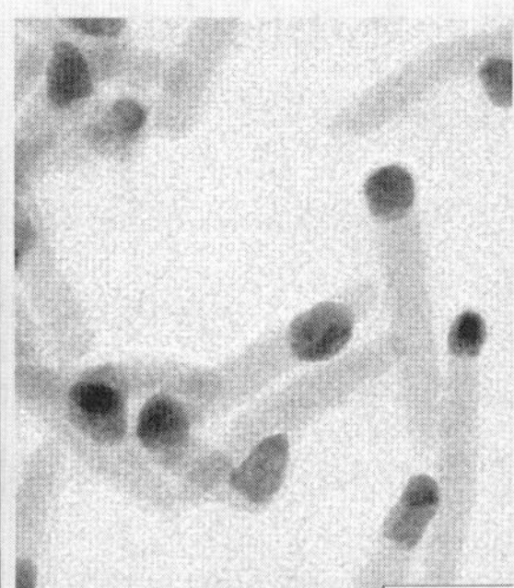

小机器大作用：精致小巧的纳米器件

PART 5

第一节 走向尽头的硅时代

一、越来越小的晶体管

从1904年第一只真空电子管，到超大规模集成电路；从1946年第一台占地139平方米，重30吨的计算机（见彩图11，图片来源：Topory http://fr.wikipedia.org/wiki/Fichier:ENIAC-changing_a_tube.jpg），到不过一本杂志大小的iPad。电子器件从宏观尺度，到微米量级，逐步跨入了纳米时代，而它们展现出的性能却与尺寸的变化趋势刚好相反（图5－1），呈几何级趋势增加。

图5－1 ▸ 从右至左体积越变越小性能越来越好的真空电子管（另见彩图12）
（图片来源：Stefan Riepl http://en.wikipedia.org/wiki/File:Elektronenroehren-auswahl.jpg）

Intel公司创始人之一的戈登·摩尔（Gordon Moore）先生曾经提出一条集成电路领域的黄金定律：当价格不变时，集成电路上可容纳的晶体管数目，每隔约24个月（1975年摩尔将24个月更改为18个月）便会增加一倍，性能也将提升一倍。这便是人们所熟知的“摩尔定律”。1971年，Intel 4004处理器中的芯片只有2300个，而在2011年，Intel公司发布的6核i7处理器中，晶体管的数量高达22.7亿个，这么多的晶体管不过集中在一个比茶杯盖大不了多少的芯片里。在i7处理器中，Intel使用了32纳米（即集成电路内部器件的特征尺寸）制程技术。

根据美国半导体协会发布的2010年版《国际半导体技术路线图》的预测，摩尔定律至少在未来的十几年中还将延续下去，至2025年，集成电路中器件的最小特征尺寸将缩小到10纳米以下。然而，摩尔定律的延续却给传统的以硅为基础的集成电路技术带来了不小的挑战，甚至是不可逾越的障碍。要理解这些挑战和障碍，必须先了解一下集成电路的基础与核心元件——晶体管。

晶体管、电阻、电容、导线等基本元器件组成了计算机中的集成电路，其中晶体管是实现计算机运算的核心元件之一，它的数量和大小直接决定了人们手中各种现代化电子产品的性能和尺寸。

晶体管在计算机中既可用作开关器件，又可用作信号的放大器。晶体管有三个端，以场效应晶体管（Field Effect Transistor，FET）为例，它的三个端分别称为源极、漏极和栅极。其中栅极就像是一个电子闸门，通过在栅极上施加电场，可以控制源极和漏极之间可供电子通过的“沟道”的开合，实现电流的导通和截止，这两种状态分别对应着计算机二进制中的“1”和“0”。漏极和源极之间的电流大小也可通过栅极电压来控制，从而实现电信号的放大。

知识加油站

P型半导体和N型半导体

硅有4个价电子，如果用有5个价电子的元素原子掺入硅中，其中4个价电子与硅的4个价电子形成共价键，多余的那个电子就可在半导体硅中自由行动，参与导电，这种材料就称为N型半导体。如果在硅中掺有带3个价电子的元素，这种元素原子与周围硅原子形成共价键时，就可以接受一个电子而向半导体硅中提供一个空穴。空穴并不是真实的粒子，而是在电子缺失处形成的带正电的空位，它被人们用来表述正电荷的传输。这种富含空穴的材料称为P型半导体。

在现代集成电路中，以硅为基础材料的金属－氧化物－半导体场效应晶体管（Metal－Oxide－Semiconductor FET，MOSFET）被广泛使用。金属－氧化物－半导体场效应晶体管是在掺杂了不同元素的硅衬底上制成的，它又分成P型和N型，二者在栅极控制下的开关特性刚好相反，形成互补，因此称为互补金属－氧化物－半导体（Complementary Metal-Oxide-Semiconductor，CMOS），被广泛应用于各种微处理器、逻辑电路和数据存储器。图5－2所示的是P型金属－氧化物－半导体场效应晶体管，它是由在P型掺杂的硅衬底上稍稍分开的两个N掺杂区域构成的。这两个N型区域就是晶体管的源极和漏极。在源极与漏极之间的区域设置一个氧化绝缘层。用金属把源极、漏极、氧化绝缘层连接起来，连接氧化绝缘层的是栅极。源极与漏极之间的P掺杂区称为沟道。当栅极的电压低于阈值时，N型的源极与漏极之间被P型沟道隔开，N型和P型半导体之间的交界面——PN结[①]阻挡了电子和空穴的流动，此时晶体管处于截止状态。当栅极电压增加时，沟道中的负电荷被吸引至绝缘层一侧，在P型掺杂的沟道内产生一个薄的N型掺杂层，从而在源极和漏极之间形成一条供电子和空穴通过的通道，晶体管导通。可见，晶体管的开关状态是通过栅极控制沟道材料中电流的有无来实现的，PN结是实现这一功能的基本结构。

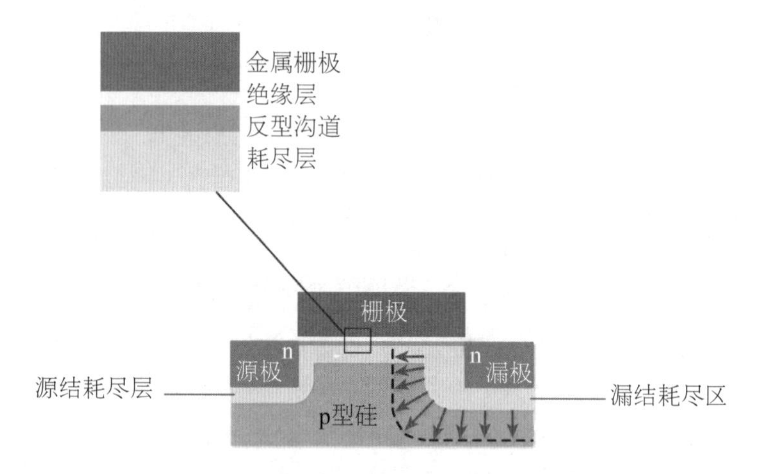

图5-2 ▸ 传统金属氧化物半导体场效应晶体管示意图
（图片来源：中国科学院科学传播研究中心）

随着晶体管特征尺寸的不断缩小，原先在大尺度下（100纳米以上）本不足为虑的各种问题开始浮现：

（1）短沟道效应。当源极与漏极之间沟道的长度变小后，栅极这个“闸门”对沟道内电流的导通与闭合的控制能力开始变弱。

（2）迁移率退化。迁移率用来描述载流子（电子和空穴）在电场作用下移动速度的快慢。迁移率越高，器件的功耗越低，电流承载能力越强，开关频率也越高。然而，随着栅极与沟道之间绝缘层的厚度不断减小，栅极加在沟道上的电

①PN结，英文是PN junction，P是positive的缩写，N是negative的缩写，采用不同的掺杂工艺，通过扩散作用，将P型半导体与N型半导体制作在同一块半导体（通常是硅或锗）基片上，在它们的交界面就形成空间电荷区，称为PN结。PN结具有单向导电性。

场不断增强，会使通过沟道的载流子出现严重的散射，降低了它们的迁移率。

（3）热载流子效应影响器件寿命。在小尺寸下，器件内部电场增强，载流子在强电场中会不断获得能量，不断加速并成为热载流子，这些热载流子会突破半导体材料和绝缘材料的界限，进入栅极与沟道之间的绝缘层，影响器件寿命，或者产生额外电流，对器件的正常运行产生干扰。

（4）互连技术的挑战。在特征尺寸减小的同时，由于量子效应和结构效应，传统的集成电路互连导线材料如铜材料的导电能力显著下降。此外，互连导线相互之间越来越贴近，因此引发的干扰电容和电感效应会对信号的传输造成影响。

除这些问题之外，特征尺寸的减小，还会给传统的互补金属－氧化物－半导体器件带来各种量子效应、寄生电阻效应、工艺参数涨落等问题。

二、碳，硅材料的替代者？

如前文所述，碳纳米材料，特别是碳纳米管和石墨烯，它们拥有纳米级尺度的大小和极为优异的电性能和导热性能，可以构建小尺度纳米电子器件，使集成电路继续沿按比例缩小的方向发展，因此将成为传统的互补金属－氧化物－半导体器件中硅基半导体的良好替代者。

1. 碳纳米管晶体管

碳纳米管场效应管的结构与普通金属－氧化物－半导体场效应晶体管的结构类似，只不过用碳纳米管代替了沟道硅材料。碳纳米管的理论载流子迁移率超过1000平方厘米/（伏·秒），是硅的10倍以上，并且它是一种一维纳米结构，载流子在碳纳米管中的传输受到量子约束，大大减小了散射。纳米管的这些特征使它在极短的沟道内也能保持对电流闸门的控制，避免了“短沟道效应”的产生，而且基于碳纳米管制成的场效应管（Carbon Nanotube Field Effect Transistors， CNTFET）工作频率理论上“可达数太赫兹”，比相同特征尺度的硅基金属－氧化物－半导体场效应晶体管性能更优良。不同结构的碳纳米管还能够显现出不同的导体或半导体特性。基于这一点，人们分别制造出了碳纳米管P型场效应管和N型场效应管，使碳纳米管的互补金属－氧化物－半导体开关成为了可能。IBM的工程师们已经实现了9纳米大小的碳纳米管晶体管（图5－

3）。与同样尺寸的硅基晶体管进行对比时，这个碳纳米管晶体管的电流密度，可达到硅晶体管的4倍以上，而且其所处的工作电压仅为0.5伏，这对于降低能耗十分重要。

知识加油站

未来摩尔定律的发展

不过，摩尔定律的预言没有因为这些问题的存在而失效，集成电路仍然坚定地朝向"更好"、"更快"、"更强"的目标发展。为了克服这些挑战，人们提出了三种技术解决方案：一是"摩尔定律延续"，即继续等比例缩小互补金属－氧化物－半导体器件的工艺特征尺寸，其中包括几何尺寸按比例缩小、等效按比例缩小和设计等效的按比例缩小；二是"超越摩尔定律"，即在一块芯片上集成尽可能多的功能，实现从系统板级向特定的封装级或芯片级的解决方案过渡，其中包括微电子机械系统技术等；三是"超越互补金属－氧化物－半导体"，即探索非互补金属－氧化物－半导体的新原理、新器件，包括新兴研究器件和新兴研究材料，如碳基纳米器件、自旋电子、单电子、量子、分子器件等。

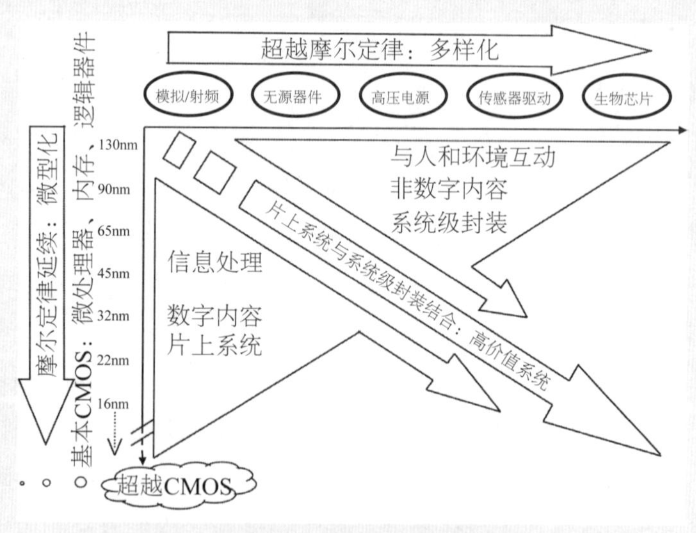

未来摩尔定律的发展趋势图

（图片来源：中国科学院科学传播研究中心）

不过，实现碳纳米管晶体管的商业化生产还有很长的路要走。迄今为止，人们尚未掌握能够大规模生长出特定碳纳米管的工艺条件，从大量的试样中提取出所需特定类型的碳纳米管仍然十分困难。人们还在寻找能在硅片上制备碳纳米管的方法，以便与现有的互补金属－氧化物－半导体工艺兼容。此外，碳纳米管与金属电极的接触问题，碳纳米管在环境中的稳定性问题，都是在未来道路上需要克服的。

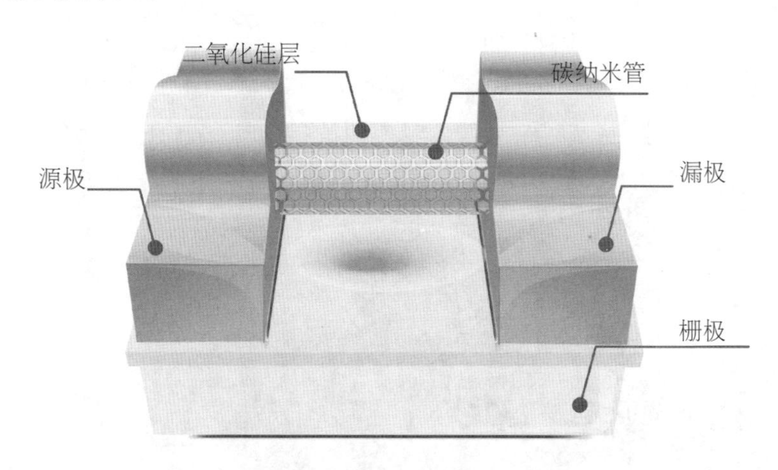

图5－3 ▸ 长度为9纳米由碳纳米管制成的场效应晶体管（另见彩图13）
（图片来源：中国科学院科学传播研究中心）

2. 石墨烯晶体管

石墨烯作为碳纳米管后的又一碳纳米材料热点，由于它较前辈更为出色的电子迁移率而备受瞩目。许多研究机构和厂商已经开始以单层石墨烯为对象，研发新一代的晶体管。理论上石墨烯晶体管的工作频率可以达到10太赫兹。

与碳纳米管晶体管一样，石墨烯场效应管的工作原理和基本结构与传统场效应管没有本质区别，但是采用了石墨烯作为半导体沟道材料的替代品。IBM研究人员已开发出的截止频率达到155吉赫兹的石墨烯晶体管，在该场效应管中，单层石墨烯薄片作为沟道材料，放置在一种“类金刚石碳”材料上，这种材料是没有电极性的介质，不会像二氧化硅衬底那样捕捉或者驱散电荷，这也帮助石墨烯充分发挥了它的电学性能（图5－4）。

不过，目前已实用化的绝大部分石墨烯场效应管被用于射频电路场效应管，例如信号放大器和气体传感器等。真正能够用于计算机逻辑电路的石墨烯场效应管还处于研究之中。其中的关键因素在于，单层石墨烯没有半导体材料的“带隙”，它内部的电流很难像半导体材料一样可以通过外界条件来切断，这意味着它无法充分实现逻辑电路必需的晶体管“关闭”功能，也就无法表示二进制中的“0”。不过，科学家在解决石墨烯的“带隙”问题上已经有所进展。例如，IBM就曾提出利用双层石墨烯来人为制造出“带隙”的概念，而英国南安普顿大学的研究人员在此基础上实现了开关比达到4.8×10^5的石墨烯场效应管，是此前IBM纪录的1000多倍。

除构建和控制石墨烯的“带隙”之外，将石墨烯晶体管真正应用于逻辑电路还需要克服众多挑战，例如怎样大规模制备高品质石墨烯，如何实现双层石墨烯的工业化生产，如何解决石墨烯与电极材料之间的电阻接触问题等。

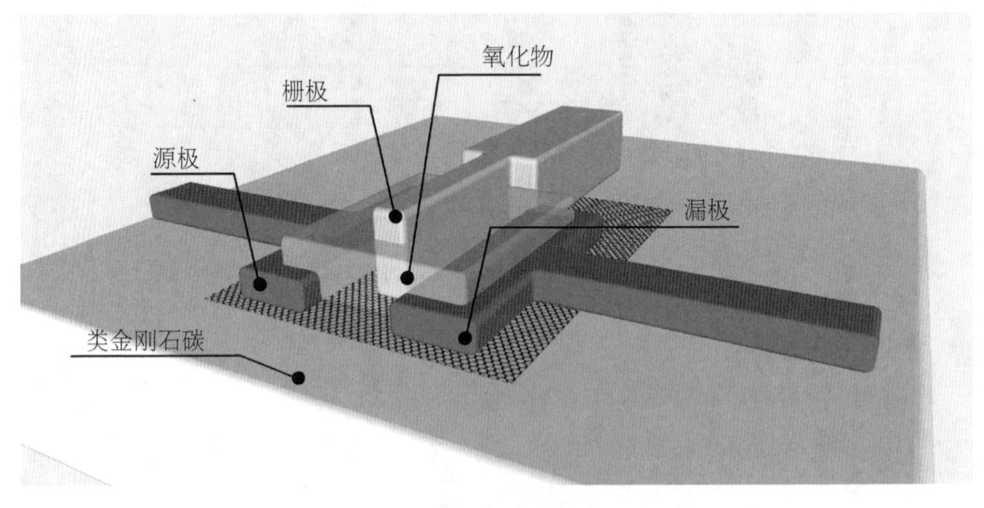

图5－4 ▸ 石墨烯场效应晶体管（另见彩图15）
（图片来源：中国科学院科学传播研究中心）

三、量子器件的代表——单电子晶体管

随着电子器件结构的不断小型化，使用性能更优异的纳米材料对传统晶体管结构进行改造只是人们试图解除摩尔定律发展障碍的手段之一。另一种重要方法则是利用材料在纳米尺度下表现出的独特量子效应，构建全新的基于“纳米电子学”的量子器件。而单电子晶体管，就是新一代量子器件中的重要成员。

单电子晶体管（Single Electron Transistor，SET）最早是在贝尔实验室的富尔顿（Fulton）等人在1989年制造成功的。它的工作原理与传统场效应晶体管完全不同。传统晶体管工作时，每次通过源极和漏极之间的电子数目至少在10^6个以上，而单电子晶体管工作时，源极和漏极之间的电子是一个一个通过的，栅极开关可以对每个电子的传输进行控制。传统晶体管和单电子晶体管之间的区别就好像水龙头和微型注射器，后者可以一滴一滴地精确控制水的流量。相比传统晶体管，单电子晶体管可更大规模地集成，拥有更小的体积和更低的能耗。美国匹斯堡大学的研究人员在2011年研制成功的超小型单电子晶体管的核心部件，仅仅只有1.5纳米大小。

1. 库仑阻塞和单电子隧穿效应

单电子晶体管可以实现对单个电子的传输进行控制，这需要用量子力学理论中的电子库仑阻塞效应和单电子隧穿效应来解释。

与经典物理不同，量子力学理论认为包括电子在内的微观粒子同时具有粒子和波的特性。在传统半导体器件如晶体管中，电子和空穴在PN结中的漂移和扩散构成了晶体管工作的基础，利用的是电子和空穴的粒子属性，其波动属性在大尺度下表现并不明显。而随着器件向纳米级小尺寸发展，电子的波动属性已经不可忽略，甚至成为器件工作的主导机制。

根据经典物理理论，电子不能越过大于自身能量的势垒，也就是在势垒后方发现粒子的概率为零。这就好像杯中的水，只要水平面没有高过杯口，水无论如何也不可能跑出来。但在量子力学中，由于电子的波动性，即使电子的能量低于势垒高度，它仍有一定概率穿过势垒，这一现象称为“量子隧穿效应”。如果在两个导体或半导体之间插入一层极薄的绝缘体，这个绝缘体就成为了阻碍电子传输的势垒，当绝缘体的厚度小于电子的平均自由程（电子在经历弹性散射前所运动距离的平均值）时，具有一定能量的电子波就可能发生电子隧穿过程。

单电子晶体管的另一基本原理是库仑阻塞效应。为形象解释这一现象，不妨首先假设有一个纳米尺寸的金属或半导体粒子孤立在绝缘固体上（称为库仑岛），形成了一个在三个方向上的经典运动都受阻的零维量子点。再假设粒子的两侧存在很薄的介质层，并各自接上两个电极，这样就在粒子和电极之间分别形成了两个隧穿势垒（双势垒），粒子本身则成为了一个量子阱（图5－5）。

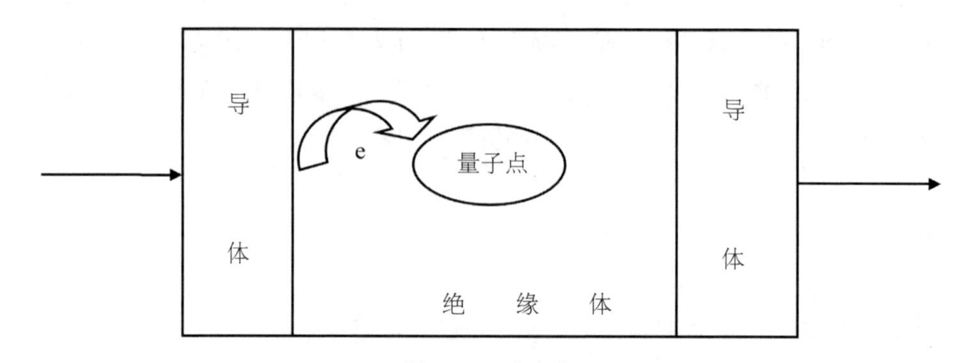

图5－5 ▸ 库仑岛
（图片来源：中国科学院科学传播研究中心）

此时，如果库仑岛一侧电极中的电子发生隧穿，进入库仑岛上的量子阱中，将会占据量子阱中的一个最低能级（第一章我们曾经提到量子点中的电子能谱是分离的能级），并使库仑岛的静电能增加$e^2/2C$。这个能量叫作库仑阻塞能，其中e是电子的电荷，C是库仑岛和电极之间的电容。由于库仑岛的面积非常小，直径往往在10～100纳米之间，它与外界之间的电容C可以小到10^{-16}～10^{-18}F量级，体系增加的能量$e^2/2C$将远远大于电子的热能kT（k是波尔兹曼常数，T是绝对温度）。如果条件不满足，如温度过低或施加的偏压过小以致电极电子能量过低，单个电子的隧穿过程将被抑制。这一现象就是“库仑阻塞效应”。

2. 单电子晶体管的结构

单电子晶体管从宏观结构上来看与金属－氧化物－半导体场效应晶体管相似，也是由源极、漏极、栅极组成，但金属－氧化物－半导体场效应晶体管中实现电子传输的沟道部分则被库仑岛所替代，PN结被隧穿结替代。单电子晶体管在源极－库仑岛－漏极之间构成了隧穿结，栅极与库仑岛之间的厚度则比源极和漏极厚得多，以致没有电子能够隧穿它（图5－6）。

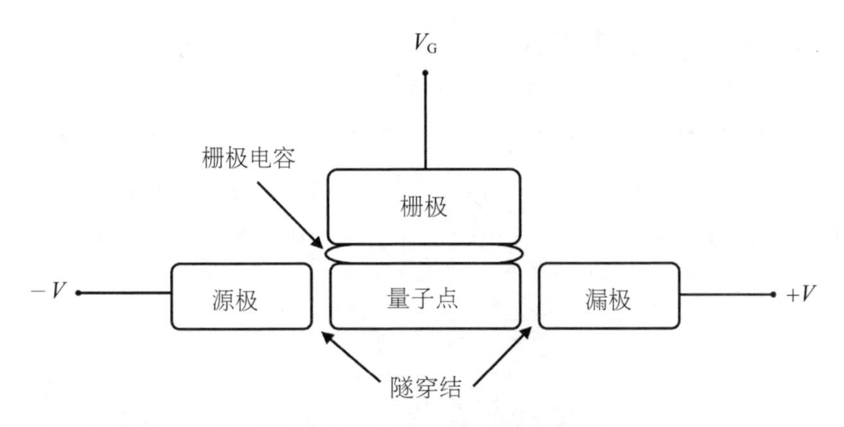

图5－6 ▶ 单电子晶体管结构简图

（图片来源：中国科学院科学传播研究中心）

单电子晶体管中的栅极能够通过感应电压变化克服库仑阻塞现象，并在库仑阻塞效应机制下对单电子隧穿过程进行控制。如图5－7所示，左边是单电子晶体管的截止状态，在这一状态中，库仑岛上最低的电子能级已被占据，由于库仑阻塞效应，源极电子能量不足以产生隧穿，因而源极和漏极之间无电流通过。右边是单电子晶体管的导通状态，库仑岛上的能级降低，源极电子可以进入岛内，从而实现了晶体管的导通。

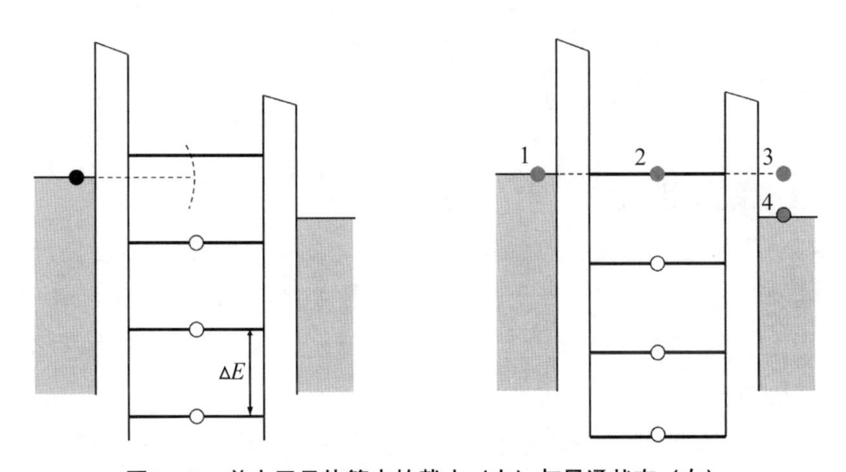

图5－7 ▶ 单电子晶体管中的截止（左）与导通状态（右）

（图片来源：Daniel Schwen http://en.wikipedia.org/wiki/File:Single_electron_transistor.svg）

与传统的金属－氧化物－半导体场效应晶体管相比，单电子晶体管具有高速、高频、高灵敏度、低功耗、高集成度以及实现多值逻辑等特性。因此，单电子晶体管自从实现之初就显示出了广阔的应用前景：利用单电子晶体管制作的电子旋转门器件可用于电流标准；单电子晶体管的电导对岛区电荷极为敏感，可以制成超灵敏静电计；利用单电子隧穿效应可以制作单光子探测器；此外，非常重要的一点是，单电子器件相比传统晶体管而言，它的体积非常小，仅为传统晶体管的几十分之一，可以实现更大规模的集成，并且大幅度减少器件的能耗。

第二节 微/纳机电系统——微型机器

在摩尔定律的发展道路上，“超越摩尔定律”（ More than Moore）是除缩小器件尺寸、开发新型器件和材料之外的第三条路径，它的含义是在同等大小的区域内集成更多功能的器件，将微细化的电子技术与其他应用技术相结合。而这正是微机电系统（Micro－Electro－Mechanical System，MEMS）和纳机电系统的理念。微机电系统和纳机电系统可以看作是集成电路功能的扩展，如果把微处理器比作“大脑”，那么微机电系统和纳机电系统还包括了“大脑”以外的“神经”以及“肌肉”的功能。

一、微机电系统

微机电系统是集微型机构、微型传感器、微型执行器以及信号处理和控制电路直至接口、通讯和电源等于一体的微型器件或系统，其零部件特征尺寸在1～100微米之间，器件特征尺寸在20微米～1毫米之间。图5－8是微型器件与蜘蛛脚的对比图。

微机电系统的出现使芯片远远超越了以电信号处理为目的的集成电路图5－8，它的功能拓展到了机电、声、光、热、流体、化学、生物等领域。因此，如果说集成电路是电子线路的微型化，那么其他领域的微型化都可以归于微机电系统范畴。不仅如此，微机电系统还赋予了这些领域的器件和系统以智能化、多功能、高集成度以及适于大批量生产的优点。

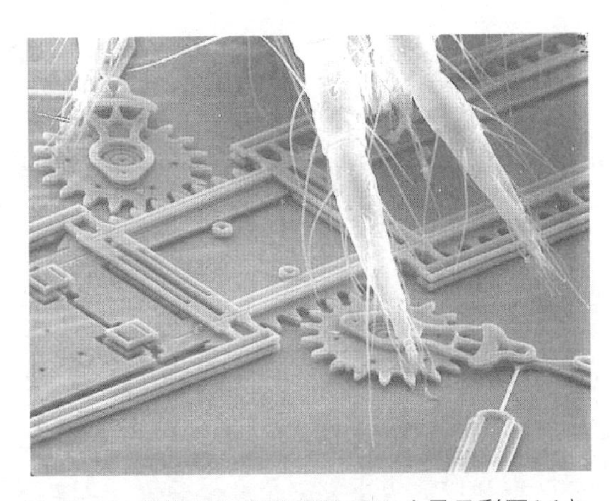

图5－8 ▶ 微齿轮与蜘蛛脚的对比（另见彩图14）
[图片来源：Courtesy of Sandia National Laboratories,SUMMiT(TM)Technologies,www.mems.sandia.gov]

微机电系统技术的起源可以追溯到20世纪50年代，许多微机电系统的基础和原理在这一时期被奠定，研究人员当时对压阻材料、压电材料的研究成为了今日各种微机电系统传感器和致动器的基础。

20世纪60－70年代，半导体微电子和集成电路技术快速发展，成为微型传感器的技术基础，此外，其他的一些技术如键合、组装等的出现，促使一些具有实用功能的应力、压力、气体等微型传感器相继问世。在这段时期，汽车用传感器和医用压力传感器开始成为微机电系统的研究重点。1976年，密歇根大学实现了第一个电路集成的压力传感器。斯坦福大学也分别于1977年和1979年研制出了电容压力传感器和电容加速度传感器，并开始了微机电系统在生物医学方面的应用研究。与此同时，摩托罗拉、美国国家半导体以及霍尼韦尔等公司推出了大规模生产的压力和加速度传感器，IBM和惠普则推出了基于微机电系统技术的喷墨打印机喷头，标志着微机电系统开始走向实际应用。

20世纪80年代，微电子技术趋于成熟，大规模商业化的微电子制造技术除被用于制造电子器件外，也被用于制造微型机械元件和各种化学、物理、生物传感器。基于微加工技术的元件，由于体积更小、功能更高并且成本低廉，以之为基础可制作出全新的微型系统，并且与微电子技术结合成为具有特定功能的元件或系统。这段时期是微机电系统技术研究和工业化开发的萌芽时期，包括美国加州大学伯克利分校和麻省理工学院在内的许多著名大学的研究学者开始探索使用半导体材料制造微机械部件，如自由直立梁、铰接头、电机等。20世纪80年代末，“微机电系统”一词在美国正式出现。1988年，美国电气与电子工程师学会（Institute of Electrical and Electronic Engineers，IEEE）的《微机电系统杂志》（*MEMS Journal*）创刊，微机电系统作为一个专门研究领域出现在学术界和业界面前。

20世纪90年代，基于微机电系统技术的产品走出实验室，进入生产应用阶段，许多微机电系统企业纷纷建立。在此后的几十年中，微机电系统技术一路发展，渗入人类社会的各个领域，并逐步与纳米技术结合，开辟出另一片崭新的研究应用领域。表5－1是微机电系统技术的发展历程及重要事件。

表5－1 ▸ 微机电系统技术的发展历程及重要事件

年份	重要历史事件	发明者或研究机构
1954年	半导体压阻效应	C.S. 史密斯（C.S. Smith）
1959年	《底部还有很大空间》	费曼演讲
1962年	硅集成压力驱动器	O.N.塔夫特（O.N. Tufte），P.W.查普曼（P.W. Chapman），D.隆（D. Long）
1965年	表面微机械加速度计	H.C. 内桑森（H.C. Nathanson），R.A. 威克斯特罗姆（R.A.Wichstrom）
1967年	硅各向异性深度刻蚀	H.A.瓦格纳（H.A.Waggener）
1973年	微型离子敏场效应管	日本东北大学
1977年	电容式硅压力传感器	美国斯坦福大学
1979年	集成化气体色谱仪	C.S.特利（C.S.Terry），J.H.杰曼（J.H.Jerman），J.B.安吉尔（J.B.Angell）
1981年	水晶微机械	日本横河电机株式会社
1982年	Silicon as a mechanical material	K.皮特森（K.Petersen）演讲
1983年	集成化压力传感器	霍尼韦尔公司
1985年	LIGA工艺	W.Ehrfeld等
1986年	硅键合技术	新保优
1987年	微型齿轮	美国加州大学伯克利分校
1988年	压力传感器批量生产	Nova传感器公司

续表

年份	重要历史事件	发明者或研究机构
1988年	微静电电机	美国加州大学伯克利分校
1992年	体硅加工工艺	康奈尔大学
1993年	数字微镜显示器件	美国德州仪器公司
1994年	商业化表面微机械加速度计	美国模拟器件公司
1999年	光网络开关阵列	朗讯公司

二、无处不在的微机电系统

基于微机电系统技术的产品已经广泛渗入几乎所有科学和工程领域，微机电系统产品在商业应用中的数量已经相当庞大，汽车应用、无线通信、环境监测、生物医疗等。以智能手机为例（图5－9），微机电系统器件，尤其是微机电系统传感器已成为智能手机中的标准配置。手机的导航功能依赖加速度计、陀螺仪、电子罗盘；手机的发声部件靠的是硅微麦克风；手机上的微型投影仪是用微机电系统微镜实现的；照相和摄影功能是微型图像传感器和自动对焦执行器应用；环境光感应器能够帮助手机节省显示屏功耗，自动调节屏幕亮度……正是由于微机电系统器件带来的低成本、小尺寸、低功耗和高性能，智能手机、平板电脑这类便携设备才开始大量涌现在我们周围。

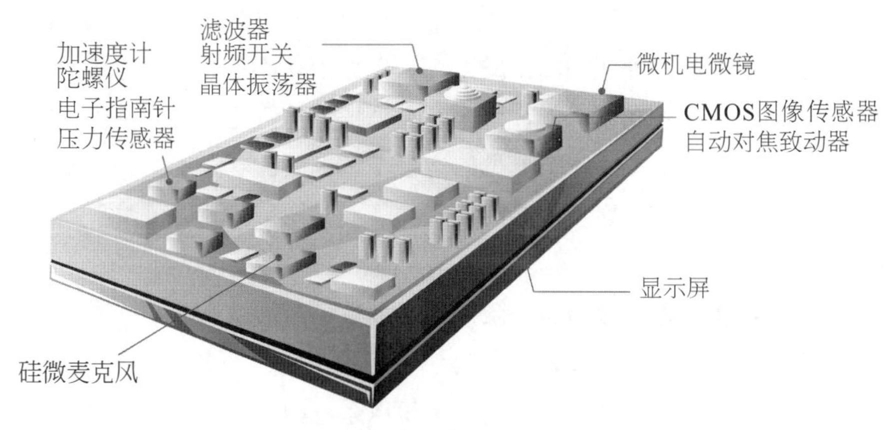

图5－9 ▸ 智能手机中的微机电系统器件

（图片来源：中国科学院科学传播研究中心）

以下我们将给出基于微机电系统技术的器件应用：

（1）微机电系统传感器件。微机电系统传感器是微机电系统技术的最大应用领域，它的种类很多，它可以测量包括加速度、压力、流量、磁场、温度、气体分子、湿度、pH值、离子浓度和生物浓度等。非常典型的微机电系统传感器件有压力传感器、加速度计和陀螺仪等。例如，压力传感器被广泛应用在汽车电子和消费与工业电子类产品上，如轮胎压力检测系统、发动机油压力传感、血压计、健康秤、吸尘器、数字压力表等。加速度计和陀螺仪则是智能便携电子设备中的常规应用，因为它们手机才能够感知和识别外界的操作。

（2）微流体机械。微流体机械是微机电系统传感器之外另一类十分重要的微机电系统器件。这类器件由于尺寸小，响应快，可以减小流动系统的体积，降低能耗和试剂的使用量，在生物、医药、集成电路冷却等领域有着广泛应用，它的典型器件包括微流量传感器、微泵、微阀、微喷等。

（3）微流控芯片。微流控芯片是把化学和生物等领域涉及的试样制备、反应、分离、检测以及细胞培养、分选、裂解等基本操作单元集成到微机电系统芯片上，通过微通道形成网络以控制微流体贯穿整个系统，用以取代常规化学或生物实验室的各种功能。

（4）光学微机电系统器件。光学微机电系统器件的产品包括微镜阵列、微光扫描器、微光阀、微斩光器、微干涉仪、微光开关、微可变焦透镜、微外腔激光器、光编码器等，主要应用在电信和显示产业。在电信方面，由于光学微机电系统器件的高性能和高集成度，非常适于高性能的光纤网络。在显示产业方面，微机电系统在便携式设备、条形码扫描、自适应光学系统、商用印刷等方面有广泛应用。其中一个典型的光学微机电系统器件是美国德州仪器公司开发的数字微镜，它的显示效果已经超过了液晶投影显示，可用于高清晰度电视等领域。

（5）微执行器和致动器。微执行器和致动器是微机电系统器件中的可动部分，它的动作范围、动作效率以及动作可靠性决定了微机电系统的成本，是微机电系统中的重要环节。目前，在微机电系统中应用较多的微致动方式有静电致动、压电致动、电磁致动、形状记忆合金致动、热致动等。常用的应用有微电机、微喷、微开关、微扬声器、微谐振器等。

表5－2是微机电系统在不同应用领域对应的技术。

表5－2 ▸ 微机电系统不同应用领域对应的技术

应用领域	微系统	微器件
汽车	安全系统	微加速度计、角速度计、微惯性传感器、位移位置和压力传感器、微阀、微陀螺仪
	发动机和动力系统	歧管绝对压力传感器、硅电容绝对压力传感器、制动助力器
	诊断和健康监测系统	压阻型压力传感器、微继电器
生物医学	临床化验系统	生化分析仪、生物传感器
	基因分析和遗传诊断系统	微镜阵列、电泳微器件
	颅内压力监测系统	硅电容式压力传感器
	微型手术	微驱动器
	超声成像系统	微型成像探测器
	电磁微机电系统	磁泳、微电磁膜片钳
	人工/仿生器官	电子鼻、植入式微轴血泵
	流体测控系统	微喷、微管路、微腔室、微阀、微泵、微传感器
	药物控释系统	微泵、微注射管阵列、微阀、微针刀、微传感器、微激励器
航空航天	微型惯性导航系统	微陀螺仪、微加速度计、压力微传感器
	空间姿态测定系统	微型太阳和地球传感器、磁强计、推进器
	动力和推进系统	微喷嘴、微喷气发动机、微压力传感器、化学传感器、微推进器阵列、微开关
	通信和雷达系统	RF微开关、微镜、微可变电容器、电导谐振器、微光机电系统
	控制和监视系统	微热管、微散热器、微热控开关、微磁强计、重力梯度监视器
	微型卫星	微电机、微传感器、微处理器、微型火箭、微控制器等

续表

应用领域	微系统	微器件
信息通信	光纤通信系统	光开关、光检测器、光纤耦合器、光调制器、光图像显示器
	无线通信系统	微电感器、微电容器、微开关、微谐振器
能源	微动力系统	微内燃发动机、超声微电机、微发电机、微涡轮机
	微电池	微燃料电池、微太阳能电池、微锂电池、微核电池

三、从“微”机电到“纳”机电

微机电系统技术与微电子集成电路制造技术同根同源，随着微电子集成电路技术向100纳米以下进军，同样的制造加工技术也被用来改进微机电系统器件和系统，微机电系统技术也因此从微米迈向了纳米和亚纳米级别。20世纪90年代末至21世纪初，“纳机电系统”的概念被提出，它是特征尺寸在1～100纳米、以机电结合为主要特征，基于纳米结构新效应的器件和系统。从机电这一功能而言，可以把纳机电系统技术看成是微机电系统技术的延伸。

微机电系统技术的特征尺度是微米，在这一尺度下，人们仍然遵照牛顿定律的各种原理和模型来解决一些基础问题。可以说，在宏观结构中广泛使用的方法，在微机电系统结构中仍然普遍适用。在这一尺度范围内，人们之所以追求小尺寸的东西，是因为器件的体积越小，它的重量就越轻，功耗就越小，成本也越低。可以说，在微机电系统阶段，人们单纯是为了做小而做小。然而，在纳机电系统结构下，宏观结构下的基本原理和方法逐渐失效，取而代之的是纳米结构表现出的新的效应和性质，如小尺寸效应、表面效应、量子效应等。而纳机电系统技术正是依靠这些新性质和新效应才得以实现。换言之，只有特征尺寸足够小，纳机电系统器件才能够正常工作。纳机电系统结构的制作更多的是因为需要做得更小才做得更小，这一点与微机电系统有着原则上的区别。

利用纳米结构的新效应，纳机电系统相比微机电系统器件的灵敏度、体积、能耗等性能可以得到大幅度提高。

（1）超微尺寸和质量。纳机电系统器件的超微尺寸意味着它们可以只在局部空间上做出响应，比如只对某一方向的力或物理量产生响应，这种特性对快速扫描隧道显微镜的设计极为重要。同时由于器件振动部分的质量极小，使纳机电系统对外加力有着很高的灵敏度，有些纳机电系统传感器甚至可将灵敏度提高10^6倍。采用多壁纳米碳管研制的纳米谐振器，通过谐振频率的变化可以测量3×10^{-14}克的质量，能够作为检测分子或细菌质量的分子秤。

（2）超低功率。 基于纳机电系统技术的谐振器或混频器的功耗一般只有微瓦（μW）量级，相比微机电系统器件来说，系统消耗的能量少了几个数量级。例如尺度为100 纳米的SiC基纳机电系统谐振器，频率高达吉赫兹，Q值高达数万以上，而驱动功率只有10^{-12}瓦。

（3）超高频率。 纳机电系统可以在保留微机电系统较高机械响应度的基础上获得很高的谐振频率，这种特性就意味着器件可以有很高的灵敏度，并且在超低功率下具有可操作性。

（4）高Q值。 Q值指谐振器的品质因数。较高的Q值意味着器件对外部阻尼运动非常敏感，这个特性使得它对于各种传感器有着重要的影响。目前纳机电系统器件的Q值可以达到$10^3\sim10^5$量级，而典型微电子谐振器只能提供几百Q值。

四、典型的纳机电系统器件

1. 超灵敏的压力传感器

压力传感器是可以将外界的压力转换为电信号输出的传感器。微型压力传感器是最早也是最重要的微机电系统产品之一。它在汽车、化工、医疗卫生等方面被广泛使用，例如汽车中的胎压测量、液压和供油系统压力的测量，医学里的动脉血液压力测量等。而利用新型纳米材料和纳米效应构建的纳机电系统压力传感器，不仅可以进一步减小传感器尺度和重量，而且能够显著降低功耗、扩大测量范围以及提高灵敏度。

压力传感器根据工作原理分为压阻式传感器、电容压力传感器、光纤压力传感器、场发射压力传感器等许多种类，其中应用最广的是压阻式传感器。压阻式传感器的核心部件是电阻应变片。目前的压阻式传感器中，多采用硅材料作为传感器的应变片。这种元件可以将施加在它身上的机械应变转化成电阻值的变化，这一现象被称为“压阻效应”。不过这里，我们介绍的是在纳米尺度下产生的一种“介观压阻效应”。这种效应能够使纳机电系统传感器实现更高的灵敏度。

介观压阻效应可以通过四个物理过程来实现。从原理上讲，在力学信号的作用下，纳米结构中的应力分布会产生变化；在一定的条件下，应力的变化会导致内建电场的产生；内建电场将导致纳米带结构中的量子能级产生变化；量子能级变化会引起共振隧穿电流变化。简单地说，就是在共振隧穿电压附近，通过上述四个物理过程，可将一个微弱力学信号转化为一个较强的电学信号。

以砷化镓/砷化铟镓/砷化铝纳米薄膜为例，这种材料的核心是两层纳米级宽带隙材料中夹着纳米级窄带隙材料。它们构成了类似于“库仑阻塞和单电子隧穿效应”一节中提及的双势垒和一个量子阱结构。在这种结构中，电子以量子隧穿方式通过第一个势垒时，隧穿概率远远低于1，而电子能顺利隧穿通过第二个势垒的概率将更低。但是，这里的量子阱两侧的势垒起到了类似于光学中的反射镜的作用，隧穿到其中的电子波会在势阱中来回反射，并相干叠加。由于量子阱中的能级是分离的，当电子的能量与量子阱中的某个量子化能级匹配时，就会发生共振，大大提升电子的隧穿概率。这就是所谓电子共振隧穿效应。通过外界应力产生的内建电场会改变量子阱的能级结构，从而使隧穿电流发生较大变化。

介观压阻效应和共振隧穿效应，可以构建出非常灵敏的压力传感器件。相比传统的硅压阻传感器，它的灵敏度高出一个数量级。

2. 耐磨的针尖

IBM和斯坦福大学的研究人员曾经利用电热纳机电系统针尖进行超高密度信息存储实验，并发现了纳米尺度下的特殊摩擦效应。研究人员采用纳米探针在高分子存储薄膜上以高速接触扫描的方式进行数据写入和读取，这个做法类似于老式留声机的唱针的运行。在宏观尺度下，运动部件之间的接触必然会引入摩擦和磨损的问题，一般人们会认为用细小的纳米针尖做高速接触扫描也会造成非常严重的磨损。但是，IBM的科学家将针尖接触一个高速旋转的CD表面进行磨损实验后，却发现针尖的损耗并没有想象中的严重。在宏观尺度下的摩擦系数定义中，默认设定是接触面积与接触距离相比无穷大。然而在纳米尺度下，纳米针尖接触的高分子薄膜在针尖作用下的弹性和塑性形变都具有显著的纳米特性。因此，此时的摩擦系数必须在考虑尺度效应之后重新定义。

3. 纳米电机

2008年，英国兰卡斯特大学的理论物理学家设计出一款纳米电机，以一种新奇的机制——电子风来运行，这种新型驱动机制也许会对未来的纳米机电结构（纳机电系统）技术研发有所助益。该装置由双壁碳纳米管构成，其中外管夹住两个外部电极，而较短的内管则能够自由移动与旋转。

这个以电子风为动力的纳米电机将有广泛的用途。例如，通过使用一种电压脉冲使内管以某一特定角度旋转，就能把该纳米电机当作一种开关或纳米尺度磁性内存器件中的记忆元件来使用；或者让碳纳米管与一个原子或分子存储器连接，该纳米电机就能成为一种纳米流体泵。

图5－10为纳米电机，深色的内部碳纳米管基于电子风旋转。纳米电机与金电极接触，扮演电子存储器的作用，与此同时纳米风车一端与汞电极接触。

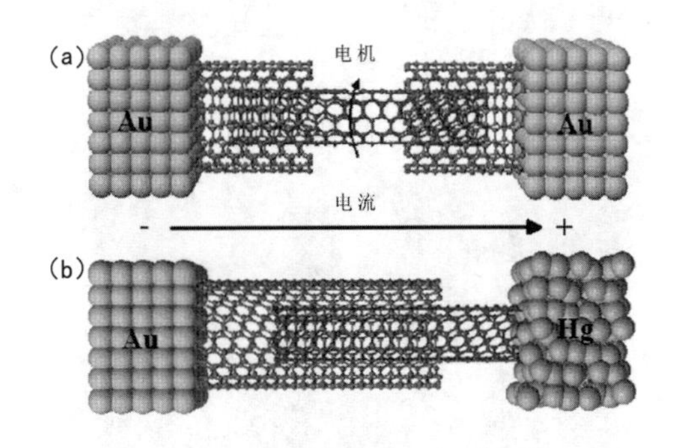

图5－10 ▸ 纳米电机（另见彩图17）

［图片来源：S. W. D., Bailey, I. Amanatidis and C. J. Lambert (2008). "Carbon Nanotube Electron Windmills: A Novel Design for Nanomotors". Physical Review Letters 256802: 1-4.］

第三节 纳米磁存储器

人们对于电子学和磁学器件的目标是做得越来越小，存储单位字节的数字信息占有的空间越小，那么就能在一个器件里存储更多的数据，也能运行得更快。常规磁存储技术在未来将会达到极限，未来磁存储密度能否获得突破性的发展，几乎完全依赖于相关领域纳米技术的发展。

一、磁存储技术的发展

1956年9月第一块硬盘诞生，IBM公司的一个工程小组将世界上首个“硬盘”展示给了大家（见图5－11），它并不是我们现在所说的完整意义上的硬盘，它仅仅是一个磁盘储存系统，现在来看较为落后的机械组件，庞大的占地面积，不由让人胆寒。它的名字叫作IBM 350随机存取磁盘驱动器（Random Access Method of Accounting and Control，RAMAC）。它的磁头可以直接移动到盘片上的任何一块存储区域，从而成功地实现了随机存储，大家别看它个子比较大，以为容量就吓人，其实它不过才有5兆（M）的空间。一共使用了50个直径为24英寸的磁盘，这些盘片表面涂有一层磁性物质，并且堆叠在一起，通过一个传动轴承保持其顺利地工作。盘片由一台电动机带动，只有一个磁头，磁头上下前后运动寻找要读写的磁道。盘片上的数据密度只有2000字节/平方英寸，数据处理能力为1.1千字节/秒。

图5－11 ▸ IBM 350随机存取磁盘驱动器

（图片来源：http://en.wikipedia.org/wiki/File:IBM_350_RAMAC.jpg）

之后，硬盘进入了高速发展时期，各种技术的出现使得硬盘体积进一步减小、容量增大、读写速度提高，如图5－12所示。如今主流的硬盘容量已达到数百吉（G）至1太（T）的数量级别。毫无疑问，硬盘最重要的技术指标是存储容量，大多数硬盘被淘汰，不是因为损坏或速度不够快，而是容量不足。硬盘容量发展主线是记录密度的提高，记录密度的提高不仅让硬盘容量继续提升成为可能，而且还可在不提高转速的情况下提高性能，同时也让小型、微型硬盘的应用更加普及。尽管通过改进现有技术可以在一定幅度内继续提高，但已经接近理论极限，因此必须有新技术来支撑记录密度的继续提升。

图5－12 ▸ 硬盘的发展及其形态的变化（另见彩图16）
（图片来源：Paul R. Potts http://en.wikipedia.org/wiki/File:SixHardDriveFormFactors.jpg）

二、磁存储技术的原理

磁存储技术的工作原理是通过改变磁粒子的极性来在磁性介质上记录数据。在读取数据时，磁头将存储介质上的磁粒子极性转换成相应的电脉冲信号，并进一步转换成计算机可以识别的数据形式。进行写操作的原理也是如此。

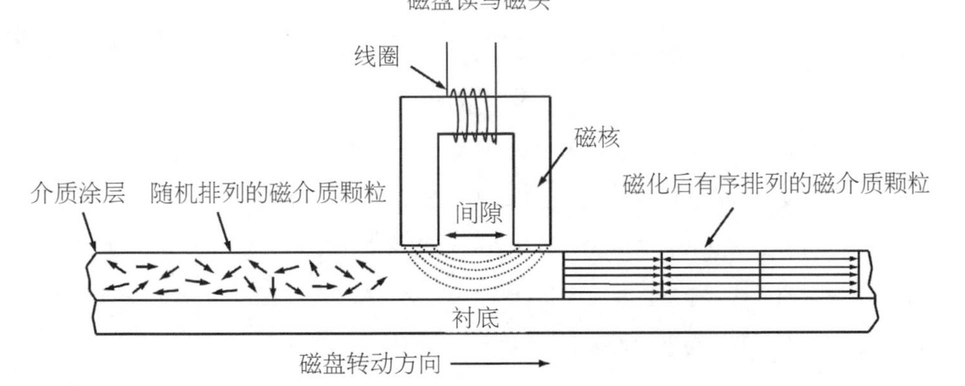

图5－13 ▸ 现代硬盘结构示意图
（图片来源：中国科学院科学传播研究中心）

硬盘容量（图5－13）的提升与磁头技术息息相关。在20世纪80年代初之前，硬盘一直都是使用金属夹层（Metal In Gap，MIG）磁头，硬盘存储密度大约以每年30%的速度向上提升。在IBM发明薄膜磁头之后，金属夹层磁头被迅速取代，薄膜磁头的主要优点是体积较小，可以让硬盘的结构更紧凑，使用该技术之后，硬盘的存储密度提升速度仍然保持在每年30%的幅度，这种情况一直贯穿整个20世纪80年代。20世纪80年代末期，IBM提出磁阻（Magneto–resistive，MR）磁头技术和“局部响应最大相似”（Partial Response Maximum Likelihood，PRML）信号读写技术，将硬盘的面存储密度以每年60%的速度向上提升，这也意味着每隔五年硬盘的存储密度能提高10倍。后来的发展也很好证实了这一点，在1990年，硬盘面存储密度为每平方英寸100兆字节，而到了1996年，这个数字就提高到每平方英寸1吉字节。

到了20世纪90年代末，磁阻磁头技术已经无法满足进一步提高硬盘存储密度的要求。1998年，IBM公司发明巨磁阻（Giant Magneto–resistive，GMR）磁头技术，巨磁阻磁头的工作原理与磁阻磁头基本相同，两者都是根据电阻随磁场变化而变化的“磁阻效应”来实现对磁信号的操控；差别在于巨磁阻磁头具有更高的灵敏度——只要磁场有细微变化，巨磁阻磁头的电阻值都能作出激烈的反馈，可读出的信号功率比磁阻磁头高出2～5倍，这样进一步缩小磁颗粒体积，提高硬盘存储密度在技术上就成为可能。巨磁阻技术在实用中表现非凡，IBM当年就实现了每平方英寸3吉字节的存储密度。此后，硬盘的存储密度增长几乎达到每年100%的惊人速度，也就是说硬盘容量可以每年翻一番，因此在20世纪90年代末期，硬盘容量的增长速度非常惊人，如图5－14所示。

知识加油站

磁阻效应

磁阻效应是指某些金属或半导体的电阻值随外加磁场变化而变化的现象，它是由于载流子在磁场中受到洛伦兹力而产生的。在达到稳态时，某一速度的载流子所受到的电场力与洛伦兹力相等，载流子在两端聚集产生电场，比该速度慢的载流子将向电场力方向偏转，比该速度快的载流子则向洛伦兹力方向偏转。这种偏转导致载流子的漂移路径增加。或者说，沿外加电场方向运动的载流子数减少，从而使电阻增加。

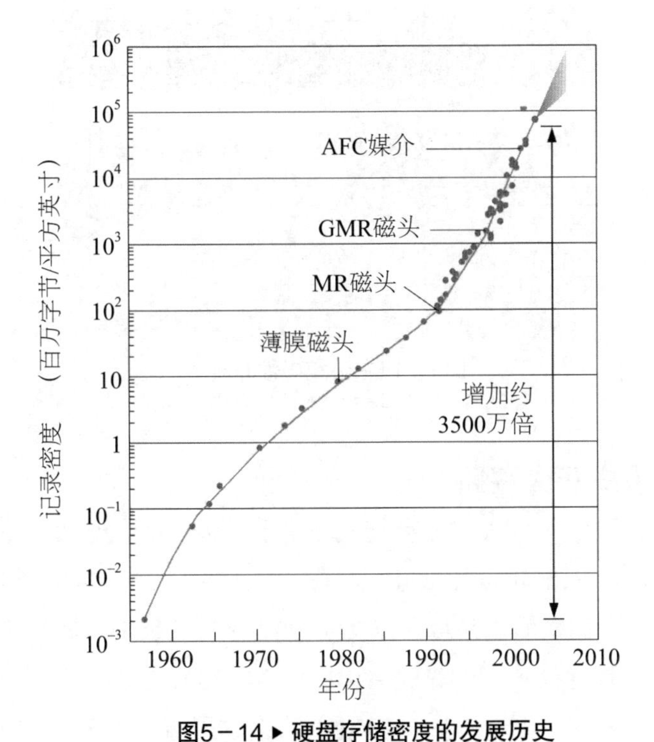

图5－14 ▸ 硬盘存储密度的发展历史

（数据来源：E. Crochowski, R. D. Halem, IBM SYSTEMS JOURNAL, VOL42, NO2, 2003）

巨磁阻同样并非一劳永逸的解决方案。如图5－15所示，传统的磁盘媒介存储数据只有一层磁层，代表着合成的磁性合金（例如钴－铂－铬－硼，CoPtCrB）。磁介质将信息存储在由磁性一致的钴、铂和铬合金制造的粒子组成的细小扇区上。要想在更小的空间中存储更多信息，制造商需要将扇区做得更小。然而，考虑到磁稳定性，磁颗粒同样不能无限小。任何磁体都会在受热温度提高时产生磁性减弱的现象，当温度提升到某个临界值时，该磁体的磁性则会完全丧失，这种现象叫作“超顺磁”。要提高密度，磁颗粒就必须变小；而磁颗粒越小，在读写过程中受热升温现象就越明显，磁性减弱现象也就越严重。由于超顺磁的影响，使得当时预测的硬盘的存储密度只能达到每平方英寸20吉～40吉字节，相当于单碟50吉字节左右。

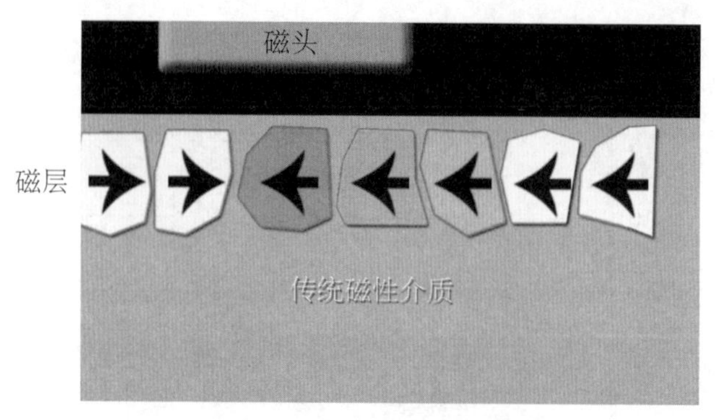

图5－15 ▸ 传统磁性介质
（图片来源：中国科学院科学传播研究中心）

三、纳米级高密度存储

纳米技术在以硬盘为代表的磁存储领域早已得到应用。例如，IBM发明的反铁磁性耦合（Anti Ferromagnetically Coupled，AFC）技术就成功克服了超顺磁现象，使硬盘的存储密度达到每平方英寸100吉字节的级别。反铁磁性耦合介质技术，它是由全球存储技术的领先者IBM公司于2001年推出的，工作机理是在两个钴－铂－铬－硼（化学式为CoPtCrB）合金磁层内增加一层由2～3个贵金属钌元素构成的超薄层“仙尘技术”（Pixie Dust）的三层构造。极为稀薄的钌厚度导致在每个磁层之间耦合着相反的磁化方向，这就称为反铁磁性耦合技术，如图5－16所示。

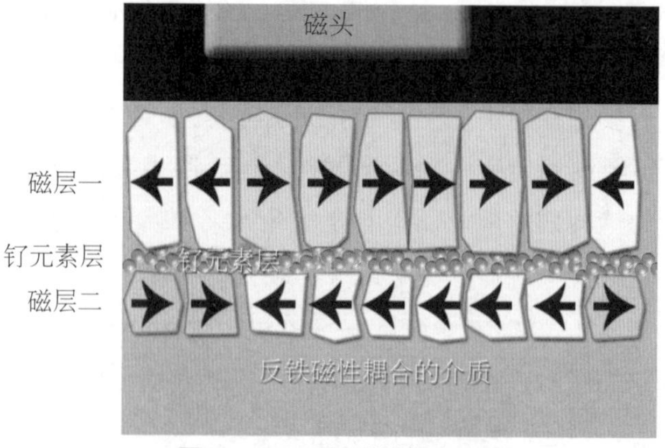

图5－16 ▸ 反铁磁性耦合介质
（图片来源：中国科学院科学传播研究中心）

当硬盘的磁头在飞速旋转的磁盘表面掠过时，它会感应覆盖于磁盘表面的磁介质中的磁化方向变化，方向每变化一次就代表一个计算机字节，由此实现数据的读和写。数据信号的强弱与磁介质的所谓“磁厚度”（Mrt）是成比例的，后者取决于磁介质的剩余磁矩密度（Mr）和物理厚度（t）。随着数据密度的增加，介质的磁厚度必须成比例地降低，这样那些紧密排列在一起的磁介质中的磁化方向变化才能够被清晰地读取出来。对于传统磁介质来说，要做到这一点只能降低介质的物理厚度。而对于IBM的这种反铁磁耦合磁盘技术来说，被钌元素隔开的上下两层钴－铂－铬－硼磁介质层每个字节所对应的磁化方向都刚好相反。由于上下两层磁介质的磁厚度存在差异，这种差异使磁头更容易感应到字节之间磁化方向的改变，相当于降低了整个磁介质层的有效磁厚度，这样就能够在不降低磁介质物理厚度的前提下提高数据密度（见图5－17）。

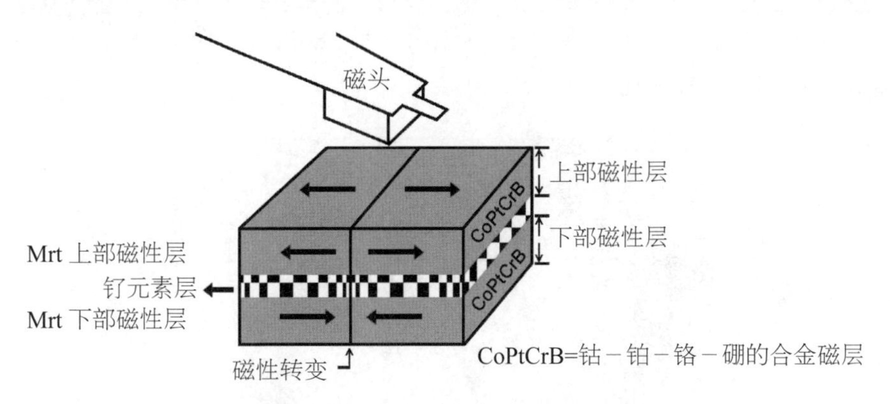

图5－17 ▸ 反铁磁性耦合介质的工作原理
（图片来源：中国科学院科学传播研究中心）

以超顺磁效应小的新型磁性材料来代替传统材料，被业界认为是克服超顺磁、实现超高密度的终极解决之道。目前，硬盘记录层的磁材料构成主要就是钴－铂合金，钴－铂合金具有非常好的性能，对外界磁场较为敏感，磁头不必产生很大的电磁场就能够改变其极性，实现数据的写入。尽管各硬盘厂商过去曾对磁材料进行改良，但钴－铂合金的主导地位始终都没有改变。问题也正在于此：钴－铂合金对温度较为敏感，随着温度的提升，磁性保持能力迅速变弱，改变其极性更为容易，这也是它一直遭受“超顺磁效应”制约的主要原因。而如果磁材料能具有较好的磁热稳定性，超级顺磁障碍自然不复存在，此时硬盘的存储密度将取决于磁头获取信号的能力和磁颗粒的微细程度。科学家很快就找到钴－铂合金的理想替代品：铁－铂合金（FePt），该铁－铂合金具有化学有序结构，其热磁稳定性可达钴－铂合金的20倍以上，而且成熟的化学制造手段能够获得小于5%尺寸分布的纳米颗粒，以铁铂合金来制造硬盘的磁记录层将能摆脱“超顺磁效应”的影响。

美国布朗大学和圣地亚国家实验室的科学家公布了几种制造铁铂纳米棒（图5－18）和纳米线的新方法。使用这些方法合成的新型纳米颗粒，能够显著增加未来几代以磁技术为基础的计算机硬盘的数据存储空间。这些材料使制造更密集磁介质成为可能，而且，使用这些新材料生产出的设备将可能不再受到常规磁存储技术所遇到的限制。铁铂材料在纳米级别能保持磁性，即这种材料的纳米棒和纳米线能够在受控的情况下保持极性一致，每个粒子都指向同一个方向。如果铁铂粒子能够按照要求的规格制造，就可以用作磁介质，而且能使存储密度提高到原来的10倍。

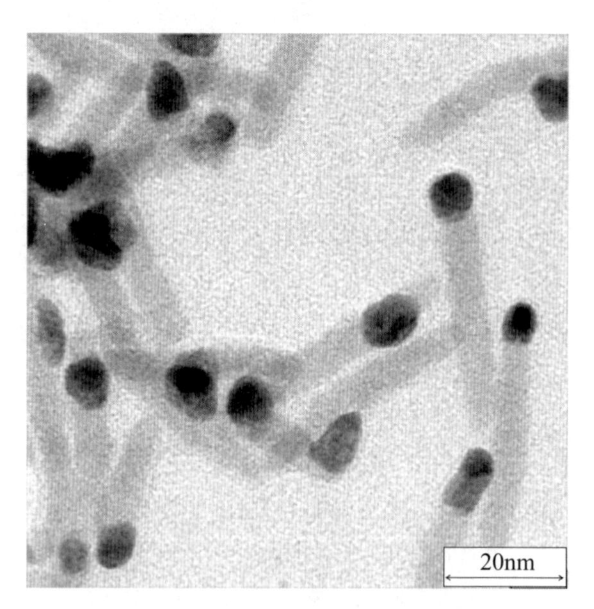

图5－18 ▸ 铁铂材料纳米棒

（图片来源：中国科学院科学传播研究中心）

（执笔人：姜山　潘懿）

第六章

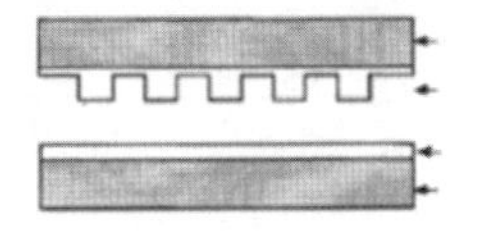

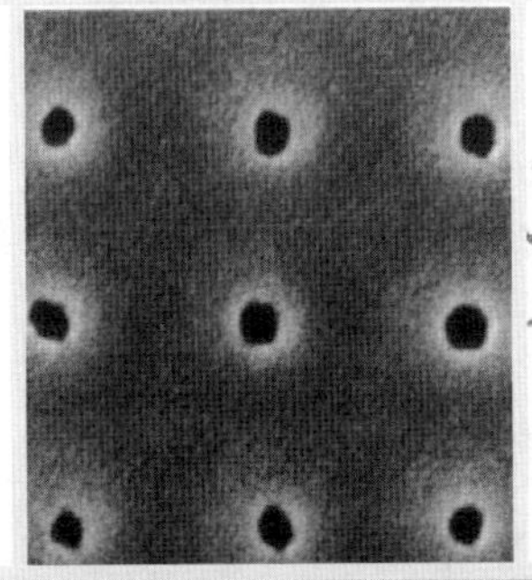

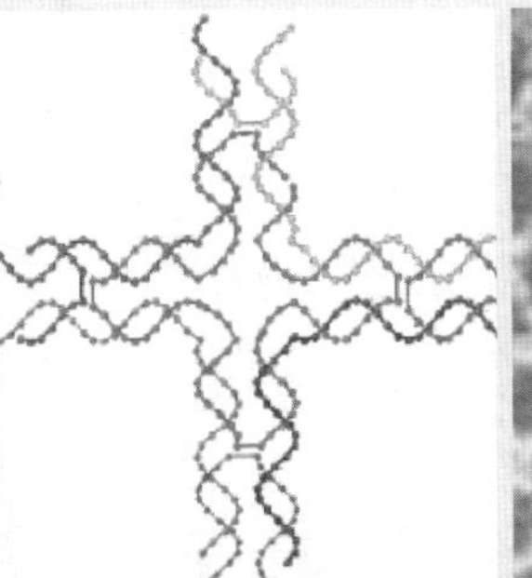

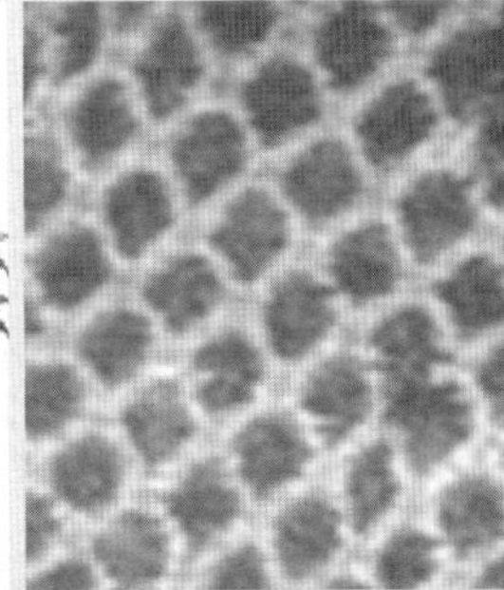

针尖上的雕刻家：如何构建纳米世界

PART 6

国际上微纳制造技术发展崛起于20世纪80年代末期。广义上，微纳加工制造技术包括在微米和纳米级精度上，制造体积小、重量轻、能耗低的微纳米级的器件和结构。微纳加工制造技术的途径有两条，一条是“自上而下”的途径，另一条是“自下而上”的途径。

“自上而下”的方法是指将大块材料经改性或者分割成较小的所需形状，过程中通常涉及去除或刻蚀工艺以获取最终的结构或器件，并与电路集成，实现系统微型化。这种技术途径易于批量化和系统集成。“自上而下”的制作方法是光、电微系统技术得以持续发展的重要手段。目前的集成电路以及微机电系统制造基本上采用这种方法。然而，当接近其基本尺寸极限时，该制造技术总是面临许多障碍和挑战，需要新的制造方法将尺寸极限扩展至30 纳米以下。

“自下而上”的方法是采用分子、原子尺度材料作为组元去构建新一代功能纳米尺度装置的新的制作方法，即把具有特定理化性质的功能分子、原子，借助分子、原子内的作用力，精细地组成纳米尺度的分子线、膜和其他结构，再由纳米结构与功能单元集成为微系统。这预示着未来装置的集成将依赖于纳米尺度材料，其中包括大分子（如DNA分子）和低维纳米结构（如金属颗粒和单分子层状结构）。这类方法有两种不同的实现途径：一种是纳米尺度自组装，另一种是通过工具辅助，对不同的纳米尺度对象定位、操纵和控制（即纳米操作技术），制造期望的纳米器件和系统，如纳机电系统。

以下介绍微纳加工技术领域中，较为重要或具有代表性的核心技术，包括以光刻技术和刻蚀技术为主的“自上而下”技术，以及以自组装技术为代表的“自下而上”技术。

“自上而下”的光刻与刻蚀技术

“自上而下”的微纳加工技术是在硅片或各种薄膜的表面用图形复印和刻蚀的方法制备出特定的图形结构的过程。它包括“光刻”（lithography）和刻蚀

（etching）两大步。“光刻”也就是图形复印，即在光刻胶上产生平面图形的过程；而“刻蚀”则是在薄膜或硅片上形成实际平面图形。这种“自上而下”的微纳加工技术已经是当前大规模商业化生产集成电路和微机电系统的主流技术。

知识加油站

光刻胶

光刻胶是一种光致的抗腐蚀剂。按照感光特性，常用的光刻胶可以分为正胶和负胶两大类。正光刻胶在经过曝光后的区域变得很容易在显影液里融化，它们会在显影过程中被从基片上除去。负光刻胶曝光后的部分会变得不易在显影液里融化。显影后，曝光部分被保留下来，而没有曝光的部分被除去。

“自上而下”的微纳加工工艺包括以下基本步骤（图6－1）。

涂胶——在需要刻蚀图形的待加工的晶片或介质层表面涂敷一层光刻胶。

烘干——尽量去除光刻胶里的溶剂，防止光刻胶的外形变形。

曝光——常用的曝光方式有两种，一种是直接刻写，就是将电子或离子束经过聚焦成非常小的斑点，然后控制它们直接对光刻胶进行扫描，这种方法的光刻精度很高，但作为一种串行的作业方式，效率较低；另一种方式是掩模板方式，这种方式使用特别设计的掩模板，有选择地将部分辐射源阻隔，只让预先设定的一部分光刻胶曝光，从而将设计好的掩模板上的图案影印到光刻胶上，这种方式是并行作业，精度没有直接刻写高，但容易实现批量生产。

显影——用特定的化学清洗液除去胶片上不需要的部分（曝光或没有曝光的，取决于光刻胶是正胶还是负胶）。这样掩模板上的图案就转移到了光刻胶层上。

刻蚀——利用化学或物理方法，将光刻胶层没有覆盖的晶片表面或介质层除去，从而在晶片表面或介质层上获得与光刻胶层上的图形完全一致的图案。

脱胶——通过化学物理方法去除完成历史使命的光刻胶层。至此，光刻操作的整个过程就完成了。

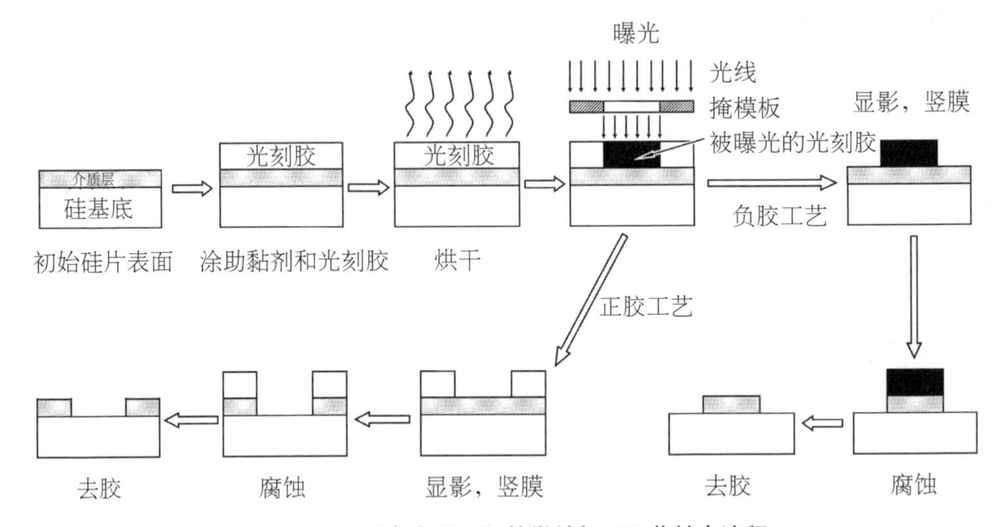

图6－1 ▸ “自上而下”的微纳加工工艺基本流程

（图片来源：中国科学院科学传播研究中心）

一、光刻技术

光刻技术诞生于20世纪60年代初，最早被用于半导体集成电路的微细加工。光刻技术是整个“自上而下”加工工艺链条中的核心，它也一直是推动集成电路工艺技术水平发展的核心驱动力。

光刻技术所能达到的分辨率，也就是图案的精细度，直接决定了集成电路所能实现的最小特征尺寸。而光刻技术的分辨率是由曝光过程中使用光源的波长限定的。在集成电路器件特征尺寸为90纳米时，一般采用的主要光刻技术为深紫外光刻，它的波长为193纳米。而当特征尺寸减小到45纳米时，常采用波长为13纳米的极端远紫外光刻技术（简称极紫外光刻技术），极紫外光刻技术也是半导体芯片向22纳米尺寸发展过程中最有希望的光刻技术。除紫外线技术外，目前在半导体行业和微加工领域常用的曝光技术还有：X射线光刻技术——使用波长为5～0.4纳米；电子束光刻技术——10～100千电子伏；聚焦离子束光刻技术——50～200千电子伏。此外，扫描探针显微镜技术也被发现可以用于光刻。这些高精度的光刻技术被人们称为下一代光刻技术。以下分别介绍这些新兴的光刻技术。

1. 极端远紫外光刻技术

极端远紫外光刻技术起源于1984年日本电信电话株式会社进行的软X射线缩小投影光刻技术研究，在包括美国能源部众多国家实验室以及IBM、Intel、AMD等多个研究机构和企业的研发论证后，于1993年更名为极端紫外线光刻技术。

极端远紫外光刻技术的准确定义是光波波长范围为11～14纳米的极端远紫外光波经过周期性多层薄膜反射镜入射到反射掩模上，反射掩模反射出的极端远紫外光波再通过由多面反射镜组成的缩小投影系统，将反射掩模上的集成电路几何图形投影成像到硅片上的抗蚀剂中，形成集成电路所需要的光刻图形。当波长小于170纳米时，几乎所有的光学材料对光都有强烈的吸收，使常规折射光学系统很难用于这个波段，所以极端远紫外光刻只能是反射式的，这与157纳米的光学光刻的原理差不多，都是采用短波和投影成像，因此，从某种意义上来说，极端远紫外光刻技术是光学光刻技术的延伸。但它与光学光刻又有许多不同的地方。其中最大的区别在于几乎所有物质在极端远紫外波段表现出的性质与在可见光和紫外线波段截然不同。极端远紫外辐射被所有物质甚至气体强烈吸收，极端远紫外的成像必须在真空中，讨论所有极端远紫外的技术都要基于这一点。

相比于其他下一代光刻技术，极端远紫外光刻技术的光刻分辨率较高，至少可以达到30纳米以下，具有一定的产量优势，而且它采用的图形缩小掩模技术可以使掩模制作难度下降。此外，极端远紫外光刻技术是传统技术的延伸，工艺相对简单，也较为符合集成电路的设计规则，因此，受到厂商、集成电路设计人员和生产工艺人员的欢迎。

2. X射线光刻技术

X射线的波长小于10纳米，由于波长很短，因此很多特性与普通光波极为不同。最典型的就是X射线的衍射效应很小，这使它能够精确地复制图形。X射线光刻正是利用了这一特性。通过采用0.01～2纳米波长的X射线，可以光刻复制线条极细的图形，得到很高的光刻分辨率。在实际生产中，分辨率可以小于30纳米。

知识加油站

光的衍射

17世纪，意大利物理学家格里马第首先观察到了光的衍射现象。他使光通过一个小孔引入暗室，在光路中放一直杆，发现在白色屏幕上的影子宽度比假定光以直线传播所应有的宽度要大。他还发现在影子的边缘呈现2～3个彩色的条带，当光很强时，色带甚至会进入影子里面。格里马第又在一个不透明的板上挖一圆孔代替直杆，在屏幕上就呈现出一个亮斑，这个亮斑的大小要比光线沿直线传播时稍大一些。当时格里马第把这种光线会绕过障碍物边缘的现象称为“衍射”。

衍射是一切波所共有的传播行为，例如日常生活中的声波、水波、无线电波，都可以绕开障碍物而实现非直线传播。当障碍物或小孔的尺寸比波长小或与波长差不多时，衍射现象最明显。光的衍射和光本身的波动性有关，相对几十纳米特征尺寸的图形，波长较长的光波比波长小于10纳米的X射线更容易产生衍射现象。

X射线光刻技术最主要的特点是在可以保持相当高的分辨率的基础上，仍然能获得一个较大的焦点深度，可以在各种复杂形貌的台面上进行光刻而不影响成像效果。这是普通光学光刻所难以想象的。

X射线光刻技术的另一优势是它以1:1的曝光成像，而光学光刻则是4:1或5:1的缩小投影光刻，这就要求在光学光刻中使用复杂的光学透镜系统来曝光。而一个先进的光学透镜系统的成本是相当高的，在193纳米的深紫外光刻系统中，这种透镜系统的造价要高达数百万美元，成本高昂的同时也增加了技术开发的难度。而X射线光刻技术则不需要任何透镜系统，不过，这样带来的问题是，1:1的掩模制造难度加大了。

X射线由于方向性好，投射能力强，所以掩模上的缺陷被复印到硅片上的可能性较低，这提高了工艺的容错率，大大提高了曝光的质量和可靠性。

基于X射线光刻技术，德国卡尔斯鲁厄核物理研究中心开发了进行三维微细加工的LIGA技术。“LIGA”一词来源于德文缩写，LI为深度X射线刻蚀，G为电铸成型，A为塑料铸模，即深度X射线刻蚀、电铸成型、塑料铸模等技术的完美结合。使用该技术可以制造有较大深宽比的微结构，并且这种技术取材广泛，可以使用金属、陶瓷、聚合物、玻璃等。此技术可制作任意复杂的图形结构，而且能够达到很高的精度。这种技术成本不高，可以满足工业化大批量生产的要求。

3. 电子束光刻技术

电子束光刻技术是在显微镜的基础上发展起来的，它的研究始于20世纪60年代。近年来，电子束光刻已经成为纳米结构和器件制造中较为普遍的选择。在半导体工业中，电子束光刻技术常被用于制作投影光刻的掩模板。

电子束光刻技术是用电磁场将电子束聚焦成微细束辐照在电子抗蚀剂上。因为电子束可以方便地通过改变电磁场进行偏转，所以可以将复杂的电路图形直接写到硅片上而无需掩模板，这就赋予了电子束光刻技术极大的灵活度。并且，由于电子束的辐射波长可以通过增加其能量来大大缩短，这就使电子束光刻具有极高的分辨率，由电子束曝光制作的特征尺寸可以达到10纳米。在制作各种临界尺寸小于10纳米的系统中，电子束直接写入是最为灵活的系统。

不过电子束光刻技术的缺点是它的曝光速度比较慢，生产效率比较低，并且难以实现高精度地对准和套刻，限制了电子束光刻技术的使用。

4. 聚焦离子束光刻技术

聚焦离子束的研究始于20世纪70年代。从本质上来说，聚焦离子束光刻技术与电子束光刻技术是一样的，都是带电粒子经过电磁场聚焦形成细束。离子束也可像电子束那样用来曝光，但离子的重质量可直接将固体表面的原子溅射剥离，因而聚焦离子束更广泛地作为一种直接加工技术。聚焦离子束具有离子刻蚀、离子注入和薄膜沉积功能。聚焦离子束光刻技术对材料几乎无选择性，定位准确，分辨率很高（可以达到数个纳米量级），且可实现无掩模加工。

聚焦离子束光刻技术通过把离子束聚焦试样表面，在不同束流及不同气体的辅助作用下，可分别实现图形刻蚀、薄膜材料沉积、纳米尺度结构制作和扫描离子成像等功能，能够进行材料的微纳尺度加工，还可以快速、高精度地为透射电子显微镜、扫描电子显微镜、X 射线探测器等分析手段进行制样。目前，国际上有几十家技术力量雄厚的公司、大学或研究所正在进行聚焦离子束系统开发，其中包括美国贝尔实验室、康奈尔大学、FEI公司、瓦里安公司，日本大阪大学、精工仪器、电子技术综合研究所、三菱电子，英国剑桥大学、VG

公司等。

不过，聚焦离子束光刻系统的主要缺点是加工速率低。随着液态金属离子源亮度和束斑稳定性的不断提高，聚焦离子束系统可能是未来微纳加工技术的主流工具，应用将更加广泛。

5. 扫描探针显微镜光刻技术

扫描探针技术出现于扫描隧道显微镜发明之后不久。除了扫描隧道显微镜之外，原子力显微镜和近场光学扫描显微镜也为扫描探针技术提供了新的加工平台。它们可以统称为扫描探针显微镜。扫描探针显微镜技术在形式上与扫描电子束或离子束是一样的。电子束和离子束是非固态探针，而扫描探针技术使用的是固态探针。因此，扫描探针技术又通常称为扫描探针光刻。

扫描隧道显微镜的纳米加工功能实际上是意外发现的。1981年，宾宁和罗雷尔发明扫描隧道显微镜后不久，人们就发现它除了成像功能以外，还可以诱使材料表面发生改性。当时研究人员发现，在长时间用扫描隧道显微镜观察硅试样后，试样表面留下了一些扫描线图形。这些扫描线图形其实是扫描隧道显微镜诱导的表面局部氧化现象。这一现象标志着扫描探针纳米加工的开始，意味着不用光子束和电子束也可以实现纳米量级的表面加工图形结构。扫描隧道显微镜成像技术的关键是精确地控制隧道电流。由于扫描隧道显微镜将隧道电子束空间位置的精确控制和低电流密度相结合，扫描隧道显微镜可以用于非常薄的光刻胶膜层的曝光。①

原子力显微镜由扫描隧道显微镜发展而来，人们也尝试将它应用于不同材料纳米尺度的改性。原子力显微镜技术与扫描隧道显微镜相比限制要少，因为原子力显微镜可以在一般的室内环境下工作，并且可以用于任何材料成像。此外，原子力显微镜也能安装导电的针尖，能够在典型的扫描隧道显微镜光刻方式下实现光刻胶的低能量曝光。通过在探针针尖上施加一定大小的力或者控制悬臂的偏转，原子力显微镜可以直接用于各种材料的机械修饰。

近场光学扫描显微镜操作的对象是探针针尖与试样交互作用的可见光，而扫描隧道显微镜和原子力显微镜分别为隧道电流和机械力。在近场光学扫描显

①此处内容参考了《微系统和纳米技术》一书第18章的相关内容。

微镜成像技术中，光纤尖既是照亮试样的光源，同时又激发局域光学响应，并且收集反射光。这种操作模式能够很容易地用于刻蚀材料。探针的针尖非常靠近试样表面，使得光刻分辨率远优于所用光的波长。

6. 纳米压印技术

纳米压印技术是由华裔科学家、美国明尼苏达大学周郁博士在1995年发明的。纳米压印技术在本质上是一种印刷复制技术，是将模板进行大量复制的技术。它的原理比较简单，是通过将刻有目标图形的掩模板压印到相应的衬底上——通常是很薄的一层聚合物膜，实现图形转移后，然后进行常规的刻蚀、剥离等加工，最终制成纳米结构和器件。

图6－2简单描述了纳米压印的过程：纳米模具被压印在热塑性塑料薄膜上，当塑料薄膜下的衬底被加温到玻璃化转变温度以上，塑料就会像黏稠的液体一样在压力下流动，从而变得与模具的形状一致。模具的材料可以是金属、陶瓷或者半导体的。在这张图里，模具是用生长在硅衬底上的二氧化硅制作成的。

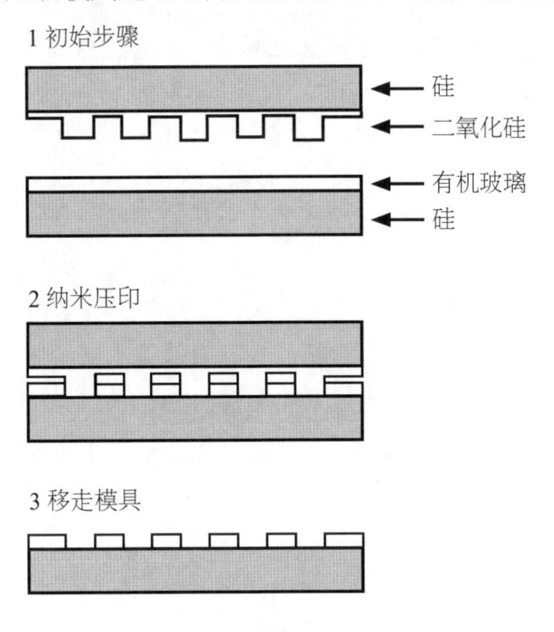

图6－2 ▸ 纳米压印的过程图

［图片来源：Stephen Y. Chou, Peter R. Krauss, and Preston J. Renstrom, Appl. Phys. Lett. 67, 3114 (1995)］

图6－3是用扫描电子显微镜拍摄的，用上述纳米模具在一种名为PMMA的有机玻璃上印出的直径为25纳米的孔阵列，孔与孔之间相距120纳米。

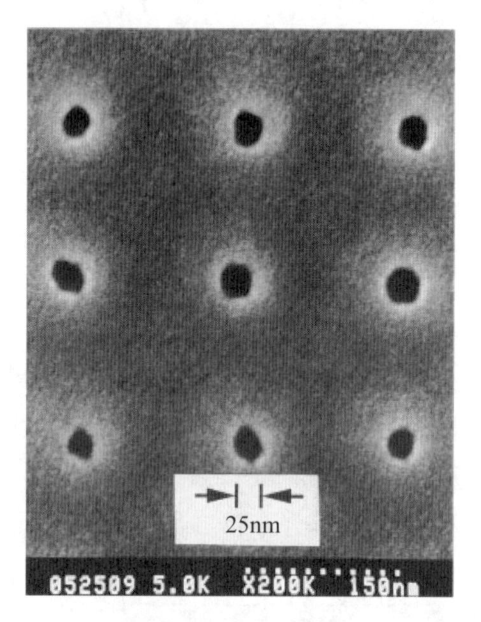

图6－3 ▸ 纳米孔阵列

［图片来源：Stephen Y. Chou, Peter R. Krauss, and Preston J. Renstrom, Appl. Phys. Lett. 67, 3114 (1995)］

纳米压印技术可以大批量重复性地大面积制备纳米图形结构，并且制出的高分辨率图案具有相当好的均匀性和重复性。这种方法的制作成本极低、简单易行、效率高，与极端紫外线光刻、X射线光刻、电子束刻印等工艺相比，纳米压印技术具有很强的竞争力和广阔的应用前景。在纳米压印中，相当昂贵的光刻只需被用一次，用来制造可靠的印章，印章就可以用于大量生产复制品。正因为此，纳米压印自从发明以来受到了各国科学家广泛的研究，成为纳米图案复制领域的一个热点。

二、刻蚀技术

光刻技术仅仅是将平面图形复制在光刻胶上，为得到实际的图形结构，还必须在光刻胶的掩蔽下腐蚀掉一定的薄膜或硅片。刻蚀工艺的基本内容就是把经过曝光、显影后光刻胶下的材料除去的过程。集成电路的生产可以说是图形的转移技术。刻蚀技术是实现图形转移的主要技术手段。刻蚀技术的优劣直接影响到后续工艺的进行，直接影响了产品的成败。刻蚀工艺要完整精确重现光刻胶上的图形，必须做到：① 图形转移过程中的高保真性；② 高选择比，这指某一腐蚀工艺只对特定的材料起作用，对于抗蚀剂与其他材料的腐蚀作用很小；③ 在整个硅片上的均匀性。

根据腐蚀剂的状态不同，可将腐蚀工艺分为湿法腐蚀和干法腐蚀两大类。湿法主要指利用化学溶液，通过化学反应将不需要的薄膜去除掉的图形转移方法。干法刻蚀则指利用具有一定能量的离子或原子通过离子的物理轰击或者化学腐蚀，或者两者的协同作用，以达到刻蚀的目的。干法刻蚀包括等离子体刻蚀、离子体喷射、电子束和X射线照射等。这两种方法在刻蚀速率、刻蚀的精细程度、操作的可控性和难易性等方面各有所长。

1. 湿法刻蚀技术

半导体材料与酸、碱等溶液进行相互作用而使材料自行分解的现象称为半导体的腐蚀，腐蚀的结果不是产生新相就是发生溶解，有时也可能是综合反应。利用腐蚀的方法在半导体表面上刻蚀出点、斑、线条、孔、槽以及各种图案的方法称为半导体的刻蚀。半导体的刻蚀早期采用化学腐蚀方法，它借助于半导体与电解液界面的反应达到刻蚀的目的。这也就是湿法刻蚀技术。

湿法刻蚀的特点在于：它的反应生成物是气态或可溶性物质，常用加热或搅拌等办法加速气体的排放，加快生成物的溶解，以加快反应速度。湿法刻蚀一般是各不相同性腐蚀，对于晶体结构的物质，会因存在晶向而产生不同的剖面结构。例如单晶硅在碱性溶液里的腐蚀会因晶向不同而形成不同的腐蚀剖面。湿法刻蚀的缺点是：反应可控制性差，工艺重复性差，废液会对环境造成污染。

2. 干法刻蚀技术

干法刻蚀是指利用具有一定能量的离子或原子通过离子的物理轰击或者化学腐蚀，或者两者的协同作用，达到刻蚀的目的。干法刻蚀有等离子体刻蚀、离子束刻蚀等。等离子体刻蚀是在等离子体存在的条件下，以平面曝光后得到的光刻图形作掩模，通过溅射、化学反应、辅助能量离子或电子与模式转换等方式，精确可控地除去衬底表面上一定深度的薄膜物质，而留下不受影响的沟槽边壁上的物质的一种加工过程。这一过程通常为各向异性且按直线进行，具有刻蚀速率高、均匀性和选择性好以及避免废液料污染环境等优点。在现代工艺水平的超大规模集成电路制造中，等离子体刻蚀已经成为了必不可少的加工技术手段。

知识加油站

等离子体

等离子体是大量带电粒子，是和固体、液体、气体同一层次的物质存在形式，对外不显电性。自然界等离子体只存在于远离地球表面的电离层及其以上空间，或者存在于闪电的短暂过程中，寿命极短。

等离子体和气体性质最相近，但气体是中性的，而等离子体由电子和带正电的离子组成，呈电中性，具有导电性，把气体电离即可得到等离子体，最早实验室中研究等离子体就是通过气体放电得到的，用于刻蚀的等离子体，其带电粒子数密度为$10^9 \sim 10^{12}$个/厘米^3，负粒子主要是电子，由于它的质量小，速度快，故能量转移小。电子温度一般为几个电子伏，远远大于离子温度和中性粒子温度。高温态的电子与室温态中性气体反应生成活化自由基，再与衬底上的材料结合生成易挥发的气体产物，同时刻蚀了基片。

第二节 “自下而上”的纳米自组装技术

“自上而下”的制作方法是光、电微系统技术得以持续发展的重要手段。然而，当接近其基本尺寸极限时，该制造技术总是面临许多障碍和挑战，需要新的制造方法将尺寸极限扩展至30纳米以下。“自下而上”的自组装方法为替代“自上而下”的制作方法提供了可行的途径，它是指基本结构单元（分子尺度材料或纳米材料）自发形成有序结构，从而构成纳米尺度装置的一种技术。

（1）自组装技术与光刻技术的结合。“自上而下”的光刻技术已经趋于物理尺寸的极限，而利用自组装技术，可以使有机复合材料、蛋白质、碳纳米管等非传统材料，在基底上形成具有精细纳米结构的掩模板或光刻胶，再利用光刻技术就可以实现具有相应纳米尺度图案的纳米器件。

例如，嵌段共聚物是两种或两种以上不同性质的聚合物连在一起形成的特殊聚合物。自组装的嵌段共聚物含有精细周期性的纳米结构，这种纳米聚合物的尺寸、形状和化学性质能够通过化学方法进行调整，而它的组装方向可以通过外加电场进行调整。此外，嵌段共聚物的薄膜可以被沉积在不同的基底上。人们可以在随后的组装过程中有选择地去除大部分或少量共聚物，从而在基底上形成所需要的岛状或多孔结构，进而用于下一步工序的模板或掩模。人们使用这种方法制造出的模板，已经被用于硅纳米晶的制造、砷化镓基量子点阵的生长、3D光子带隙结构的制造、金属点阵和纳米多孔金属膜的制造、增强硅电容器的制造等。

（2）利用生物分子自组装形成纳米结构的组装模板。利用DNA、病毒、蛋白质等纳米尺寸的生物分子作为“模板”，可以控制纳米结构的自组装生长。例如研究人员以DNA线作为骨架，利用金纳米颗粒阳离子和DNA阴离子之间的库仑力，吸引纳米颗粒在DNA的表面选择性地定位并自组装，然后采用化学方法减少阳离子数量，就形成了一条金纳米颗粒的一维阵列。类似的方法，人们已经制造出了二维的纳米网格，如图6－4。

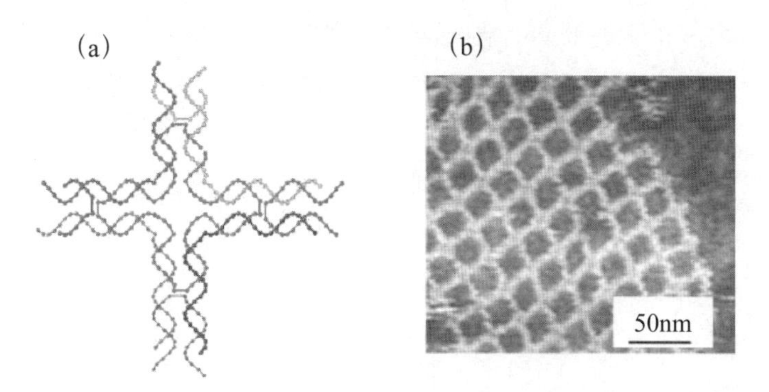

图6－4 ▸ 以4×4 DNA线（a）（见彩图18）**为骨架制作的自组装二维纳米网格（b）**
（图片来源：Thomas H. LaBean and Hao Yan http://en.wikipedia.org/wiki/File:DNA_nanostructures.png）

（3）利用外场控制实现纳米元件的自组装。纳米器件的制作需要人们能够准确地在特定部位形成特定的纳米结构，这就需要通过外部力场，如磁场或电场等，对自组装进行控制，实现对纳米尺度元部件的移动、配置和定位。利用外加磁场可以对磁性纳米丝或纳米颗粒进行操作，例如人们利用磁场自组装制备出了头尾相连长达上百微米的纳米丝。通过在特定部位施加静电荷，可以捕捉带有异性电荷的纳米颗粒，从而在该部位形成特定图案。

（4）原子操纵自组装。“自下而上”纳米组装的终极方式是精确地控制单个原子来构成纳米结构，所以也称之为原子操作。IBM公司的研究人员就曾在1989年用扫描隧道显微镜（扫描隧道显微镜）将35个氙原子排成了“IBM”三个字母。扫描隧道显微镜的针尖距离操作样品极近，通过控制针尖与样品之间的电流大小，针尖可以吸起材料样品表面的原子，再放置到其他位置。从IBM研究人员的实验可以看出，原子操纵的方式具有极高的精确度。

研究人员还可以利用原子力显微镜进行类似操作。其中一个例子就是蘸水笔刻蚀（Dip－pen Nanolithography, DPN）技术。这一技术是1999年美国西北大学的莫肯（Mrkin）等人发明的。他们将原子力显微镜的探针针尖包裹上一层墨水原子薄膜。当探针尖在高湿度空气中靠近基底材料表面时，原子力显微镜探针针尖和基底之间会凝结出少量水珠。在毛细力的作用下，水珠就成了墨水分子从探针针尖向基底迁移的桥梁，墨水分子通过化学吸附固定在基底表面，成为稳定的化学结构。就像蘸了墨水的笔尖在纸面上书写一样。在蘸水笔刻蚀技术中，可以通过外界环境包括温度、湿度、探针针尖与基底间的接触力、写入速度和两者的物理化学性质等控制墨水分子的写入。通过精确控制这些参数，可以得到尺寸为10～15纳米的点和线结构。

（执笔人：万勇　姜山）

第七章

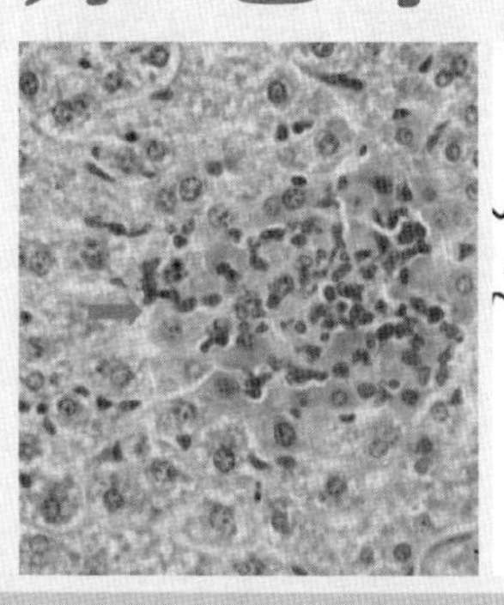

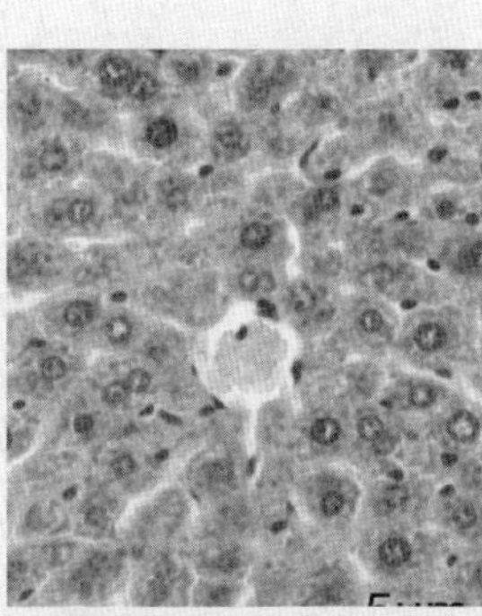

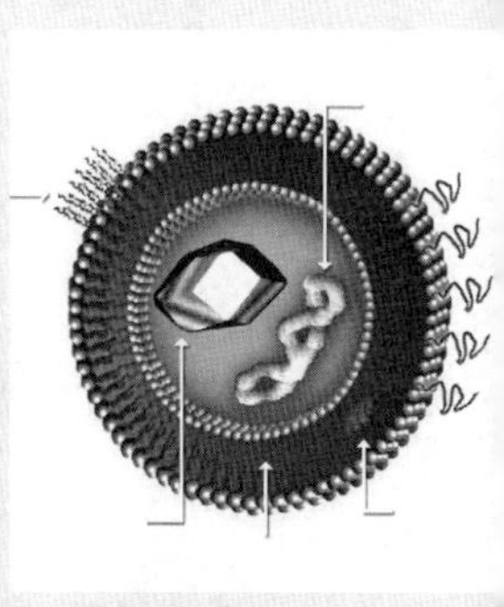

探索生命的奥秘：生物学和医学中的纳米技术

PART 7

生物体内的氨基酸、脱氧核糖核酸（DNA）等分子直径都为纳米尺寸，许多化学和生物反应的过程均可以在纳米尺度的层面上发生。而且物质进入纳米尺度后，会表现出独特的性能，适合在生物学与医学领域中广泛应用。纳米技术与生物学及医学结合，使得人们能在分子水平上利用分子工具增进对人体的认识，以便对疾病进行预防、诊断与治疗。

第一节 纳米生物学

由于研究手段的限制，过去的生物学研究中对生命的认识仅仅停留在对生物体形态的描述与分析。随着分子生物学与临床医学的发展，生命科学的研究从宏观描述进入了分子水平。1953年，詹姆斯·沃森（James Watson）和弗朗西斯·克里克（Francis Crick）对遗传物质DNA分子双螺旋结构的发现，为从分子水平上研究生命现象奠定了基础。

要从分子水平上了解生命现象，我们有必要先了解分子的自组装过程。很多生物体内的大分子体系都是通过分子的自组装形成的，生物体内的DNA合成，核糖核酸[①]转录以及蛋白质的合成与折叠等都是一个自组装过程。自组装的驱动力主要来自分子间弱相互作用力之间的协同，推动分子自组装的弱相互作用主要有氢键、范德华力、疏水作用以及静电作用等。自组装体系形成后，其稳定结构的维持也是依靠分子间的弱相互作用。

蛋白质与DNA的形成与空间结构在很大程度上是由于氢键的作用。在DNA分子中，碱基位于双螺旋内侧，腺嘌呤（adenine，A）和胸腺嘧啶（thymine，T）之间形成两个氢键，鸟嘌呤（guanine, G）和胞嘧啶（cytosine, C）之间形成三个氢键，从而维持DNA的右旋双螺旋结构（图7－1）。

①核糖核酸，英文是Ribonucleic Acid，缩写为RNA，是存在于生物细胞以及部分病毒、类病毒中的遗传信息载体，由至少几十个核糖核苷酸通过磷酸二酯键连接而成的一类核酸，因含核糖而得名。

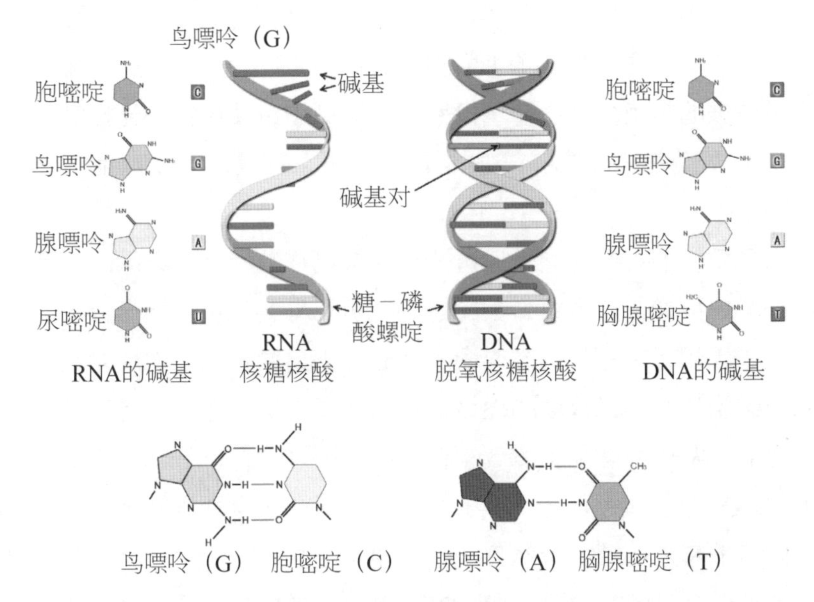

图7－1 ▸ DNA的双螺旋结构及氢键形成示意图（另见彩图19）

（图片来源：中国科学院科学传播研究中心）

利用DNA分子的二级结构互变能实现原子位置的改变，或者根据碱基互补配对的原则，可以进行DNA链的杂交或变性，从而实现不同状态之间的转变。

生命科学尤其是显微镜技术的发展使我们得以从分子水平来观测物质的表面形态，如原子力显微镜，能够观测到DNA分子、蛋白质、蛋白质－蛋白质复合物以及DNA－蛋白质复合物的结构与形态，这也使得对DNA和蛋白质之类大分子的操控成为可能。

人体细胞的直径（如红血球）一般在6～8微米之间，细胞器（如线粒体）的直径为0.5～1微米，而DNA的直径仅为2纳米左右，因此要操纵DNA、细胞器等分子，从分子水平上研究生命现象，必须应用纳米技术才能实现。人体细胞本身就是纳米技术大师，如DNA分子的形成与复制、蛋白质的合成等其实就是一个纳米自组装过程。

随着原子力显微镜以及磁镊、光镊等技术的发展，利用分子自组装的原理，目前已经可以对单个DNA、蛋白质等生物大分子进行操纵。对大分子的操纵为解开细胞骨架与遗传物质带来了希望，开辟了从分子水平上揭开生命现象的新途径。由于很多生物大分子能进行自组装，又可以进行改造。因此，利用现有的生物化学与合成技术，可以很方便地对生物大分子进行操纵。

单分子操纵的常用技术主要包括原子力显微镜以及磁镊、光镊等。单分子操纵技术具有两个基本要素：第一是施力或测力装置；第二是生物分子定位装置。

原子力显微镜的主要功能是通过控制并检测样品－针尖之间的相互作用力而实现高分辨率成像。全内反射荧光显微镜可用来实现单个荧光分子的直接探测，近年来广泛用于单分子荧光成像中。原子力显微镜与全内反射荧光显微镜连用可对单细胞进行纳米尺度的操纵，利用原子力显微镜针尖将荧光探针注入单个活细胞中，再利用全内反射荧光显微镜对荧光探针进行定位与追踪。

由于DNA分子的直径仅为 2 纳米左右，必须在DNA两端装上“手柄”才能在光学显微镜下有效地操纵DNA分子。DNA分子中的一个“手柄”是可以操控的小球或玻璃微针（图7－2）。利用DNA单分子操作技术可以对DNA分子进行拉升、旋转或解链的操作。

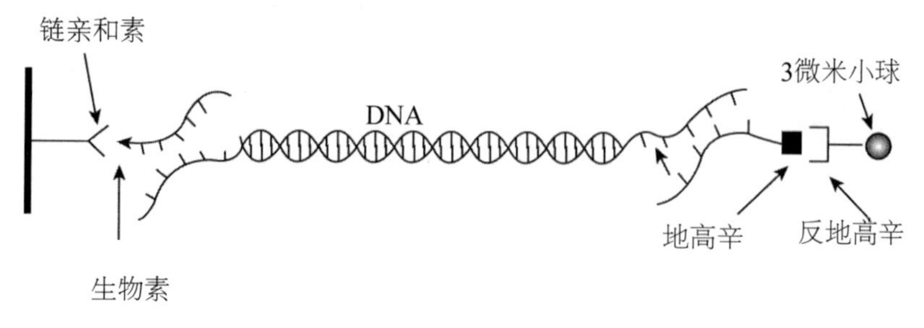

图7－2 ▸ 给DNA链装上“手柄”

（图片来源：中国科学院科学传播研究中心）

图7－3是磁镊的示意图，把DNA的一端连接在载玻片上，另一端连接一个超顺磁性小球，在外加磁场的作用下，顺磁小球可以平移或者转动，从而拉升或扭转DNA分子。

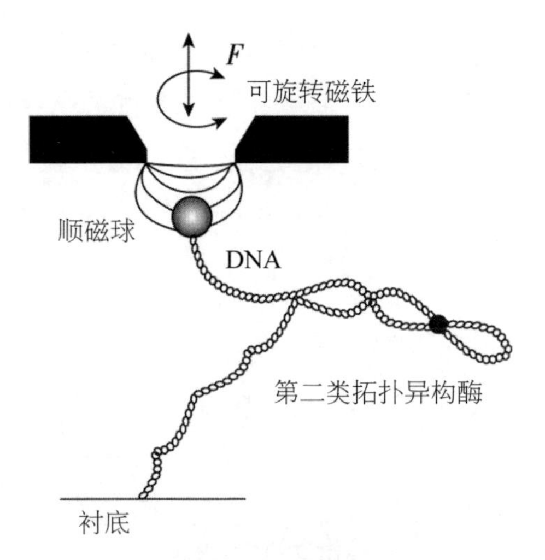

图7－3 ▸ 利用磁镊技术拉升或旋转DNA分子
（图片来源：中国科学院科学传播研究中心）

光镊技术首先通过激光束形成光学陷阱，微小物体因受到陷阱中的梯度场的作用而被钳住，然后可以通过移动激光光束来控制被俘微粒的运动。图7－4所示的是利用光镊技术研究DNA分子的实验构造，左边的小球通过液体负压被玻璃微针吸住，右边的小球被光镊捕获，通过控制激光光束，可以完成DNA的迁移与翻转。

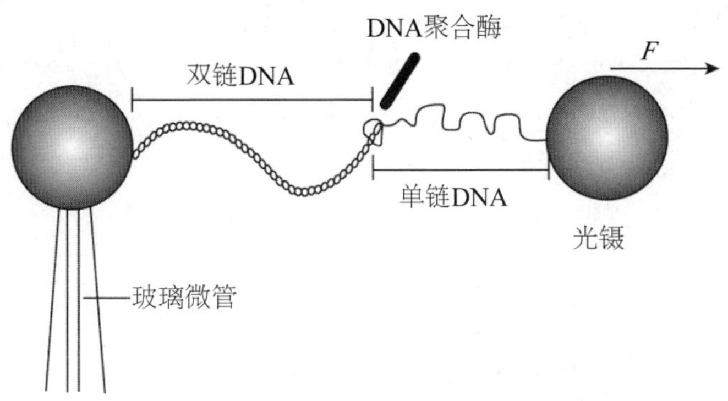

图7－4 ▸ 利用光镊技术研究DNA分子的实验构造
（图片来源：中国科学院科学传播研究中心）

DNA的双链结构会让人很自然地想知道，利用什么样的方法或者使用多大的力，才能把两条链分开，以实施对DNA分子的操作。利用玻璃微针可以对DNA实施解链的操作，如图7－5所示，将DNA的一端固定在玻璃表面，在双链的另一端连接一个玻璃小球，小球跟一根细长的玻璃微针相连接，当对样品台进行拉升时，DNA分子即可发生解链。由于不同DNA序列区域的结合力不一样，解链区存在解链概率的差异，这会导致DNA分子倾向于与不同种类的蛋白质相互作用。

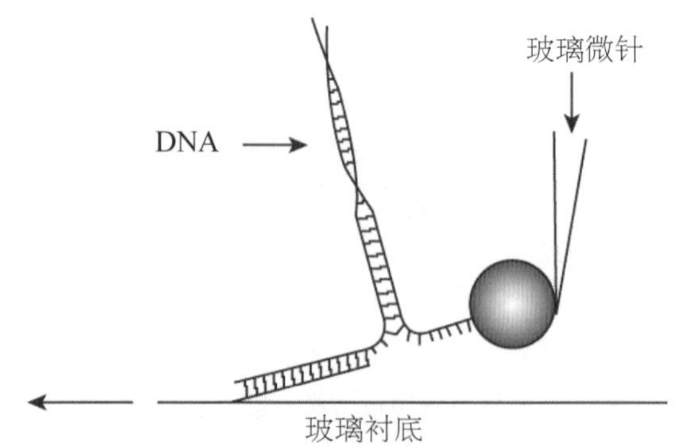

图7－5 ▸ 利用玻璃微针技术解链DNA分子
（图片来源：中国科学院科学传播研究中心）

单分子纳米操纵技术能避免集群研究的平均效应、捕获生化反应的瞬态中间产物、表征分子内部的非均一特点。该技术已经在生物学研究的许多领域取得重要突破。单分子研究的结果不仅是对集群平均研究方法的补充，而且单分子研究本身在许多方面已经成为生命科学研究的独一无二的方式。目前，科学家通过对DNA解链的研究，已经实现对基因表达过程的调控；利用生物体系的单分子研究，实现了对单分子活细胞生化反应的高特异性、毫秒时间分辨率的探测。

第二节　纳米医学

纳米技术与医学的结合，使得人们能在分子水平上利用分子工具和对人体的认识，从事疾病的诊断、预防与治疗。纳米技术在医学中的应用主要体现在以下两个方面：① 利用纳米颗粒作为药物载体，靶向输送药物；② 利用纳米技术对相关的疾病进行诊断。

一、药物载体

药物要发挥作用，首先要透过人体的生物屏障进入病灶区。生物屏障就像一个过滤器，让需要的物质通过，而阻止毒素与病毒等危害人体的物质通过。生物屏障的选择性过滤功能在阻止危害性物质通过的同时，也阻止了潜在治疗药物的通过。

生物体内的氨基酸、DNA等分子直径都在纳米尺寸，1纳米相当于4～5个原子排列起来的长度，许多化学和生物反应的过程均可以在纳米尺度的层面上发生。大部分的药物本身由于难以通过人体的生物屏障，在临床上的应用受到限制，而借助纳米药物载体，药物可以克服人体屏障的阻碍，进入病灶区，从而提高局部药物的浓度，实现对疾病的有效治疗，减少毒副作用。

知识加油站

生物屏障

在生物长期的进化中发展起来的一整套维持机体正常活动、阻止或抵御外来异物的机制。它在保护生物的生存和发展中起着非常重要的作用。

在单细胞生物中，细胞的空间界面就是一道最原始的生物屏障。在植物中，生物屏障表现为植物保护组织。在高等动物中，生物屏障发展成为更为完善的免疫屏障。

免疫屏障主要包括外屏障，即皮肤黏膜屏障和内屏障，即血脑屏障与胎盘屏障等。

皮肤黏膜屏障是指皮肤、呼吸道黏膜、消化道黏膜和泌尿生殖道黏膜等。

血脑屏障是由软脑膜、脉络丛的脑毛细血管壁和包在壁外的神经胶质细胞形成的胶质膜构成的，可有效地阻挡病原微生物及其他抗原异物通过血流进入脑组织或脑脊液，从而保护了机体的中枢神经系统。婴幼儿由于血脑屏障尚未发育完善，较易发生脑膜炎等中枢神经系统的感染。

胎盘屏障是由母体的子宫内膜的基蜕膜和胎儿绒毛膜共同组成的。此屏障可防止母体内的病原菌进入胎儿体内，使胎儿免受感染。在妊娠头3个月内，该屏障尚未发育完善。此时若母体患风疹等病毒性感染，则病原体可通过胎盘进入胎儿体内，常可造成胎儿畸形、流产或死亡。

作为药物载体的有机材料的尺寸通常为100～300纳米，这个尺寸一般比生物体内的细胞、红细胞小得多（比细胞小的细菌一般是几百纳米，病毒的尺寸为80～100纳米），特别适合分子水平操作，这就为生物学的研究提供了一个新的研究途径，即利用纳米微粒制成的特殊药物或新型抗体通过人体的生物屏障进入人体甚至是细胞内，它们在人体各处组织畅游或者进入细胞，通过操纵原子、分子或原子团、分子团，探测人体内化学成分的变化、跟踪病变细胞、捕捉进入人体的细菌和病毒、完成畸变的基因修复、适时地释放药物进行局部定向治疗、扼杀处于萌芽状态的病变细胞等。

纳米颗粒或者具有独特性能的纳米材料能提高药物分子的动力学特征，从而用于药物传输体系。纳米颗粒能高效、稳定、靶向地输送药物，同时能增强药物效应，延长药物作用时间，减轻毒副作用。

相对于传统的药物输送方法，纳米颗粒在药物输送中有独特的优势：① 能提高药物的靶向性与缓释性能，纳米载药系统可作为异物而被巨噬细胞吞噬，从而能够到达网状内皮细胞分布集中的肝脾；纳米颗粒也可连接抗体、配基等，而用于药物的靶向输送，药物的释放速率可通过调整纳米载体材料的种类及配比来控制；② 能提高药物的吸收与生物利用度，由于纳米颗粒表面积大，有利于增加药物与病变部位的接触程度；纳米颗粒表面可以通过连接不同的分子进行修饰，如聚乙二醇（Polyethylene Glycol，PEG）等，修饰后的分子容易穿过细胞表面的多层保护机制，增加在生物体内的滞留时间，以上作用能显著提高药物的吸收和生物利用度；③ 能运载多种目标配体，纳米颗粒可以装载多种目标配体，肿瘤细胞表面常常存在某些高表达的特定物质，称为生物标志物，目标配体通常是能识别特定生物标志物的抗体，目标配体通过纳米颗粒的装载与输送，可以与细胞表面生物标志物多价结合；同时纳米颗粒能通过内吞的方式进入细胞，大大提高了药物透过生物膜的效率。

纳米颗粒作为药物载体主要包括磁性纳米颗粒、高分子纳米药物载体、纳米脂质体等。

1. 磁性纳米颗粒

药物的溶解性与靶向性一直是医学领域研究的重要主题。磁性纳米颗粒不仅具有良好的生物相容性，还能在外磁场的作用下定向运动，能有效地提高药物输送的靶向性，促进药物的吸收。目前用得最为广泛的是顺磁性或超顺磁性的氧化铁和氧化硅纳米颗粒，磁性纳米颗粒具有一般纳米颗粒的小尺寸效应、量子尺寸效应以及良好的表面与界面效应等特点。因此具有良好的生物相容性；除此以外，磁性纳米颗粒还具有优异的磁学性能，通过外加磁场的作用，能够控制其运动轨迹，可用于药物的靶向输送。

磁性纳米颗粒一般可通过三种方式与药物结合，构成了磁性粒子载药系统：① 高分子材料先与药物结合，然后把磁性纳米颗粒吸附在其表面；② 以顺磁性或超顺磁性的氧化铁纳米颗粒为核心，表面涂覆高分子材料后，外面再包裹药物分子（图7－6）；③ 磁性纳米颗粒、高分子、药物一起混合均匀后再颗粒化。

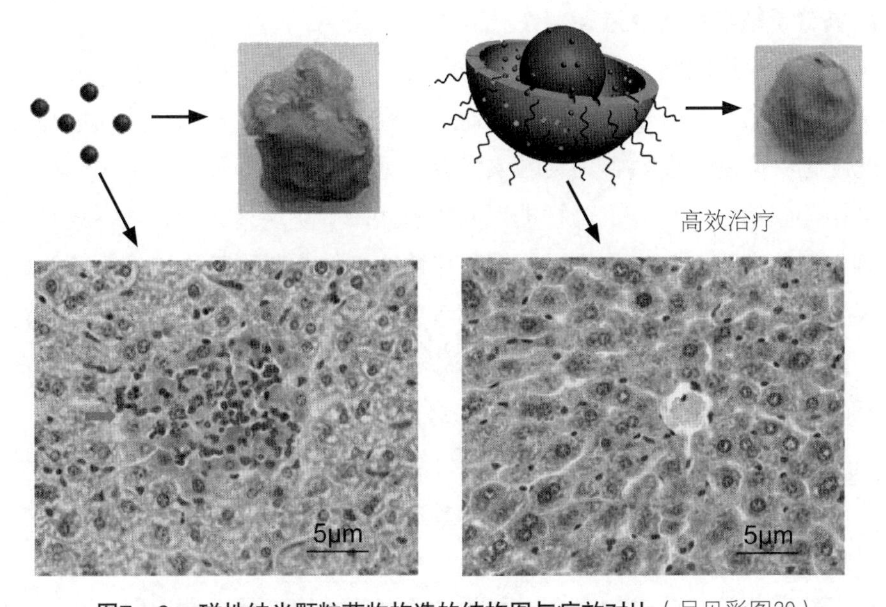

图7－6 ▸ 磁性纳米颗粒药物构造的结构图与疗效对比（另见彩图20）
（图片来源：中国科学院理化技术研究所纳米材料可控制备与应用研究室 唐芳琼 http://ysunews.ysu.edu.cn/jyzx/ShowArticle.asp?ArticleID=19764）

磁性粒子载药系统形成以后，把药物/载体的联合体注射到人体的血液中，然后施加一个外磁场，通过纳米颗粒的磁性导向使药物/载体的联合体渗透进入人体组织，汇集到病变部位，从而达到定向治疗的目的，减少对正常细胞的伤害。除了常规药物以外，这种载体还可携带抗体和核酸等，通过抗体－抗原的特异性结合，定向治疗病变细胞。如图7－6所示，左图是普通药物的治疗结果，图片显示由于普通药物的高系统毒性导致了细胞坏死，右图是高分子材料吸附了磁性纳米颗粒（内部蓝色大球，大球上的红色小球是磁性纳米颗粒），又包裹了一层高分子材料（外层绿色壳），使得药物的系统毒性较低，因而细胞没有坏死，治疗效果较好。

顺磁性氧化铁纳米颗粒还能在随时间变化的磁场中加热到40～45摄氏度，利用这种性质，磁性纳米颗粒汇集到目标点的时候，可有效地"烧死"肿瘤细胞（高温疗法）。利用磁性纳米颗粒还可以将癌细胞从骨髓中分离出来。由于纯金属镍、钴纳米颗粒具有致癌作用，磁性氧化铁纳米颗粒成为纳米微粒应用于这种技术的最有前途的载体。

2. 高分子纳米药物载体

我们目前使用的绝大多数是小分子药物，小分子药物具有使用方便、疗效高等特点。但由于小分子药物一般是通过口服或注射进入人体，给药后药物的释放速度无法控制，血液中药物的浓度会在短时间内迅速升高，从而引起过敏或轻度中毒。另外，小分子药物进入人体后，由于缺乏选择性，通常具有较大的毒副作用。由于某些高分子材料的独特性能，作为药物载体用于医药领域，可改善小分子药物。高分子材料可以以适当的方式与小分子药物结合而作为药物载体，在这个过程中，高分子材料本身不具备药理作用，也不会与药物发生化学反应。

高分子材料作为药物载体的关键是材料的选择，用于药物载体的高分子化合物必须具有良好的生物相容性，同时必须能在体内代谢、分解或易于排泄。目前已广泛研究的靶向药物载体的高分子材料主要包括合成的可生物降解聚合物以及天然高分子。合成的聚合物主要包括聚乙烯醇、聚乳酸、聚乙酸－乙醇酸共聚物等。天然高分子主要包括明胶、白蛋白、多糖等。

为了药物能穿过组织间隙及相关生物屏障并被细胞吸收，通常使用高分子纳米颗粒，并对高分子纳米颗粒进行表面修饰。表面修饰过的纳米颗粒药物输送系统在血液的循环时间更长，靶向性更好，更易于控制药物在体内的分布。由于高分子纳米载药体系在体内的循环时间很长，且病变部位的血管系统通常比正常部位的血管系统具有更高的通透性，药物易于在病变部位富集，从而提高药物输送的效果，降低药物的系统毒性。

利用表面修饰的高分子纳米药物载体，还可以实现对某些常规手段难以达到的部位的药物输送。另外，科学家还设计出基于多种协同效应（主要是利用高分子材料的静电作用、疏水性以及载体的大小和质量）的表面修饰高分子纳米载药体系，以提高药物靶向输送的效率。高分子药物载体与小分子药物的结合方式主要有两种：① 先将小分子药物连接在单体上，再进行聚合反应；② 直接在高分子载体上接枝小分子药物。就其导向机理而言，可分为被动靶向、主动靶向与物理靶向。

被动靶向是利用了高分子纳米材料的疏水性和静电作用以及载体的质量与大小等物理因素而实现靶向给药的。由于肿瘤组织血管的通透性较高，肿瘤细胞具有较强的吞噬能力，纳米载药系统进入循环系统以后，被网状内皮细胞分布集中的肝脾巨噬细胞吞噬，被动地分布在这些靶向部位。或者控制载药离子的直径，当离子直径大于某一个值时，能被最小的肺毛细血管机械地截留，并被白细胞摄取进入肺部病变部位，可用于抗肺癌药物的载体。

主动靶向是指通过配体－受体以及抗原－抗体等生物特异性反应来实现药物的靶向传递。比如，单克隆抗体可以通过吸附或共价交联与纳米颗粒结合而形成具有免疫活性的纳米颗粒，这种纳米颗粒进入循环系统以后，能通过人体的免疫应答而特异性作用于相关抗原细胞。如能生物降解的高分子材料纳米颗粒包裹药物，再结合含有精氨酸－甘氨酸－天冬氨酸[①]等的定向识别器。精氨酸－甘氨酸－天冬氨酸可与很多种整联蛋白如整合素αvβ3等特异性结合，由于肿瘤细胞的整合素αvβ3表达量大大高于正常的细胞，药物会选择性的靶向肿瘤细胞，进入靶向细胞以后，表层的载体被生物降解，而药物释放出来杀死肿瘤细胞或使肿瘤细胞发生基因转染，这样就可避免药物在其他组织中释放，提高药物的疗效。

物理靶向是指通过温度、磁场、pH值、电场等物理作用控制药物，把药物导向靶部位。

---

①精氨酸-甘氨酸-天冬氨酸，简称RGD，是由精氨酸、甘氨酸、天冬氨酸组成的序列，为细胞黏附分子（如整合素）的结合部位。其中精氨酸英文是arginine，简写为R，甘氨酸英文是glycine，简写为G，天冬氨酸英文是aspartic acid，简写为D。

综合起来，高分子纳米药物载体可以延长药物在肿瘤中的存留时间，减缓肿瘤的生长速度；由于纳米药物载体的尺寸小，可以实现肿瘤血管内给药，极大地减少了给药剂量以及对其他器官的毒副作用。高分子纳米药物载体不仅可以用于肿瘤药物，还可以用于疫苗的包裹，从而提高疫苗吸收和延长疫苗的作用时间。另外，纳米高分子药物载体可用于基因的输送，进行细胞的转染等。

3. 纳米脂质体

随着新技术在药物研发中的广泛应用，越来越多的具有活性的药物涌现出来，但很多此类药物难溶于水，大大地限制了其实际应用。脂质纳米载体以具有良好的生物相容性的类脂作为材料，能将药物溶解包裹于内脂核，或将药物吸附于纳米颗粒表面以提高药物的溶解性。

纳米脂质载体材料为合成或天然的类脂。包括液态类脂、固态类脂以及乳化剂。液态脂质主要包括油酸、大豆油、橄榄油等；固态类脂主要包括脂肪酸类、甘油酯类、蜡类以及甾体类（如胆固醇）等；乳化剂主要包括磷脂类、短链醇类以及非离子表面活性剂等。图7－7展示了药物输运中所使用的纳米脂质体结构图。

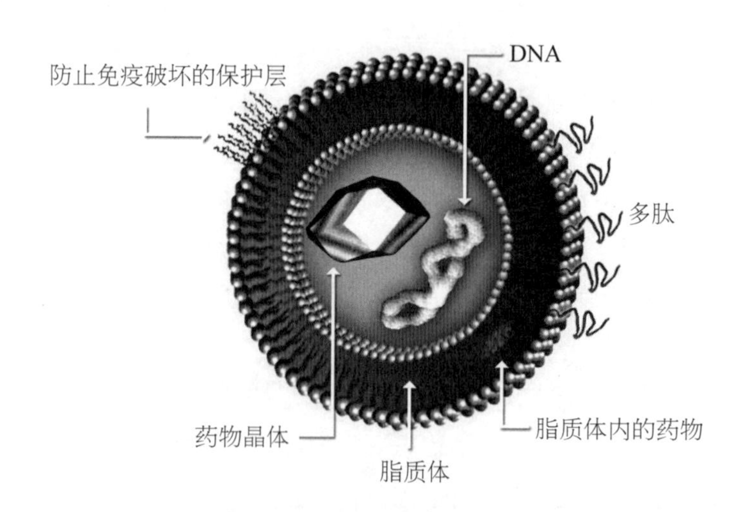

图7－7 ▶ 药物输运中所使用的纳米脂质体结构示意图

（图片来源：Kosi Gramatikoff http://en.wikipedia.org/wiki/File:Liposome.jpg）

纳米脂质体是目前较为理想的纳米药物载体模式，具有以下优点：① 提高难溶性药物的溶解能力：有些难溶性药物与类脂材料有天然的亲和性，制成纳米制剂后，粒子减小，药物的分散性提高，能显著增加药物的溶解能力，可以透过间隙较大的人体病灶部位的血管内皮细胞进入病灶部位；② 提高药物的跨膜转运能力：脂质体的主要组成部分为磷脂，磷脂本身是细胞膜成分，因此纳米脂质体作为药物载体生物相容性好，进入细胞可与细胞发生吸附、脂交换、吞噬、渗漏、扩散、酶消化等作用，提高药物的跨膜转运能力，改善药物的膜通透性，生物利用度高，且注入体内无毒，不易引起免疫反应；③ 磷脂在血液中的消除很慢，纳米脂质体作为药物载体能保护所载药物，防止药物被体液稀释或被体内酶分解破坏，增加药物在血液循环系统中的保留时间，使病灶部位得到充分的治疗；④ 多功能修饰：脂质纳米载体不但粒径可控，而且可以进行表面可修饰，如在类脂分子上连接亲水分子，实现主动给药，增加药物在病变部位的浓度，提高疗效、降低毒性。

利用脂质体的特点可以把高毒性的活性药物安全有效地输送到病灶区。其中有抗生素药、抗癌药、抗寄生虫药、蛋白质与多肽类药物等。目前医疗上也可以将单克隆抗体连接到脂质体上，借助于抗原与抗体的特异反应，将载药脂质体定向送入病灶区，从而实现对疾病的治疗。也可以将基因载入脂质体中，利用脂质体的运载功能，实现基因修补。

二、疾病诊断

癌症的早期检测对于癌症的预防和治疗具有重要作用，但由于癌症患者早期没有明显症状，早期肿瘤的生物标志分子在人群中的表达差异，作为癌症早期诊断标志的灵敏性和可靠性较低，临床上缺乏良好的早期诊断与治疗方法，使用传统诊断技术无法保证对早期癌症的有效诊断。

随着纳米技术的不断发展，利用纳米颗粒体积小以及其特殊的物理化学特性，纳米技术有望越来越广泛地应用到肿瘤的早期诊断。原子力显微镜和扫描隧道显微镜等显微镜技术以及纳米技术的快速发展，使得人们能够在纳米尺度上了解肿瘤细胞的形态与结构，通过寻找特异性的纳米结构改变来实现对肿瘤的早期诊断。

目前，许多新的肿瘤诊断方法被不断地提出来，这些技术从微米尺度到纳米尺度的转变，使我们获取信息的质量、数量和密度都大为提高。应用纳米技术制成的诊断仪器可以进入体内，随血液在体内运行，也可应用靶向原理，定位于体内不同部位。利用纳米颗粒诊断疾病有更好的灵敏度，对早期疾病如肿瘤的诊断有很大帮助。使用纳米技术的诊断仪器，主要是通过蛋白质和DNA，在分子水平上诊断出各种疾病。通常只需检测少量血液，就能通过其中的蛋白质和DNA的早期病变，判断出是否存在某些疾病。如用超顺磁性氧化铁纳米级超微颗粒脂质体，可以诊断直径在3毫米以下的肝肿瘤。

纳米颗粒在肿瘤诊断中的应用主要是将纳米颗粒独特的物理与化学性质用于药物的输送，或作为成像探针支架用于肿瘤的检测。几种不同的以纳米技术为基础的成像技术在肿瘤诊断中已经取得重大的进展，如量子点，核磁共振成像等。

1. 量子点

量子点（Qdots，QDs）是指由少量原子构成的半径小于或接近于激子波尔半径的半导体纳米晶粒。自从1984年第一次在实验中被成功制备以来，量子点的相关研究已经吸引了世界各国众多科研人员的广泛兴趣。研究人员普遍认为，量子点在光学、光电子学、生物医药、信息存储等领域有着不可估量的潜力。

量子点独特的性质基于它自身的量子效应，当颗粒尺寸进入纳米量级时，尺寸限域将引起尺寸效应、量子限域效应、宏观量子隧道效应和表面效应，从而展现出许多不同于宏观材料的物理化学性质。

由于光激发会导致有机荧光试剂发生不可逆的光氧化反应，而使其荧光迅速降低直至消失，因而难以用于长时间的跟踪观察。而量子点由无机物质组成，其荧光强度高而稳定，其亮度和持续时间是普通有机荧光染料的10～20倍，是很好的荧光探针之一，可以对量子点荧光标记的物体进行长时间的观察。这些特性可以很好地应用到生物分子的标记上，在肿瘤诊断领域有广泛的应用前景，为研究细胞中生物分子之间长期相互作用提供了有力的工具。

在生物体系中，量子点作为荧光探针比传统的荧光探针激发光谱宽且连续分布，而发射光谱呈对称分布且宽度窄，颜色可调。在单一波长光的激发下，通过改变量子点的尺寸和它的化学组成可以使量子点产生从紫外到近红外范围内任意点的发射光谱。这就可以用同一波长的光来激发不同大小的量子点，使其发射出不同波长和不同颜色的光，见彩图21。这也可以用于标识不同的细胞和骨架系统，并且光化学稳定性高，不易分解。

量子点的生物相容性好。量子点经过各种化学修饰之后，可以进行特异性连接，其细胞毒性低，对生物体危害小，可进行生物活体标记和检测。

量子点技术最早是为了解决能源危机而产生并发展起来的，但其真正的应用却始于生物学领域。在生命科学领域，荧光图像技术是一种重要的手段，然而有机染料易于淬灭，无法对标记物进行长期的追踪也就无法观察标记物的动力学过程。量子点的出现，以其独特的优点，吸引生命科学家的注意。

量子点可应用于医学成像。由于可见光最多只能穿透毫米级厚度的组织，而红外光则可穿透厘米级厚度的组织，因此可将某些在红外区发光的量子点标记到组织或细胞内的特异组分上，并用红外光激发，就可以通过成像检测的方法来研究组织内部的情况，达到诊断的目的。量子点还有可能成为筛选药物的有利工具。将不同颜色的量子点与药物的不同靶分子结合，可一次性检测药物的作用靶分子。假如一种药物上只展示出蓝色、浅绿色、绿色等药效所需作用的靶分子，同时不显示出橙色、黄色、红色这些代表副作用的靶分子，则说明已成功找到一种有效的药物。

量子点大小可变、非凡的耐光性以及良好的表面特性使它们广泛用于光学探头中。硒化镉、碲化镉、磷化铟和砷化铟是最常用于量子点的物质。根据粒子的大小，量子点可以吸收400～1350纳米之间不同波长的光。量子点用于肿瘤的诊断是通过与生物分子的结合形成生物分子荧光标记而实现的。量子点与生物分子的结合方式主要有被动吸附、多价螯合、共价键合以及交联反应等。由于量子点的表面带负电，而很多生物分子带正电，两者也可通过静电作用相结合。

由于量子点与生物分子的结合物能发出荧光，因而可用来进行细胞表面标记或细胞内标记，标记的生物分子可通过多种荧光显微镜来观察。如可用于显示肿瘤局部微细结构，也可用于显示生物标志物在组织中的浓度与位置分布情况。量子点也可作为药物载体携带核酸或蛋白质进入细胞，既可用于肿瘤的跟踪，也可杀死肿瘤细胞。目前，量子点技术已初步用于细胞的标记成像、蛋白质和DNA的检测、活细胞追踪、肿瘤的靶向治疗等。

量子点具有优良的光学特性，在细胞定位、信号转导以及临床诊断领域发挥了巨大的作用。随着量子点与生物大分子的偶联以及水溶性量子点的制备技术的不断完善，量子点在医学领域的应用将越来越广泛。

2. 磁共振成像

核磁共振成像是利用核磁共振原理，通过外加磁场与射频脉冲使人体组织内的氢核发生能态变化，射频过后，氢核返回到初始能态，期间产生的电磁波能被精确地检测，经计算机处理而得到描述物体内部的结构图像。在医学上，考虑到患者对“核”的恐惧心理，将核磁共振成像技术简称为磁共振成像。

磁共振成像（magnetic resonance imaging，MRI）是分子影像学研究的重要范畴之一，分子影像学的研究需要4个重要的前提条件：探针具有很高的亲和力、探针具有跨越生物屏障的能力、信号能有效地放大以及具有敏感快速的高成像技术。肿瘤的早期诊断是磁共振成像研究的主要内容。从临床角度来看，磁共振成像是一种无创、分辨率高、安全、快速、准确的临床诊断方法，是一种强大的非侵入性疾病诊断工具，在成像检测肿瘤的应用中具有良好的前景。

近年来，各种相关分子探针陆续开发使用。顺磁性物质或荧光类物质经过修饰后与靶目标结合，信息放大后可由磁共振成像技术收集，可用于分子探针。分子探针由成像部分与靶向部分连接而成，靶向部分一般为配体、抗体或受体，能与目标分子靶向结合；成像部分为显像物质，能被成像手段探测到。

近年来，研究人员致力于发展磁性纳米颗粒靶向给药系统，其中最常用的为氧化铁纳米颗粒，目前已在临床上取得一定的成功。然而，氧化铁纳米颗粒的疗效较低，极大地限制了其使用。而超顺磁性氧化铁纳米颗粒具有超高顺磁性，成为磁共振成像中的重要成像载体。由于超顺磁性氧化铁纳米颗粒的小尺寸效应及表面修饰物的性质，在体内会被吞噬细胞非特异性或特异性的吸附或吸收，在核磁共振成像中可用作分子探针。超顺磁性氧化铁纳米颗粒能以渗漏的方式通过血脑屏障，也能借助于血液中单核或巨噬细胞穿过血脑屏障，到达损伤部位。近年来，超顺磁性氧化铁纳米颗粒用于磁共振成像系统已取得显著进展。

超顺磁性氧化铁纳米颗粒用于各种肠道造影剂与肝/脾成像，这种新一代合成磁性纳米颗粒能显著地增强质子弛豫，从而改变磁共振成像的方式，提高成像的对比度。这些新型的磁共振成像对比剂由核心材料（如氧化铁）涂上合适的涂料构成，这些涂层材料能结合肿瘤的特异性基团，提高药物的定位功能，从而提高疗效。超顺磁性氧化铁纳米颗粒易于被位于肝部的巨噬细胞吸附，从而增加了与病变组织之间的对比，利用这种技术，可检测到2～3毫米大的肝肿瘤。

另外，超细超顺磁性氧化铁纳米颗粒能用作血管造影剂及细胞成像，可望用于诊断与治疗中枢神经系统的肿瘤。超细超顺磁性氧化铁是有效的磁共振成像造影剂，通常只需结合一个功能基团，就能提高与目标分子的结合率，提高诊断疗效。

钆类造影剂是另一种常用的磁共振成像造影剂，虽然这一方法广泛用于磁共振成像中，但本身的灵敏度较低，纳米技术的发展很好地克服了这个问题，利用二乙烯五胺乙酸钆（gadolinium diethylene triaminepenta acetate，Gd－DTPA）与大分子物质（如白蛋白、葡聚糖等）连接，形成分子量超过2000的大分子复合物。该对比剂有两个优点，一是在血管内停留时间延长，另一个是钆化合物能选择性地弛豫附近的水分子，因而弛豫时间T_1较短，能获得更好的磁共振图片。

如何使药物穿过血脑屏障是治疗神经性疾病如帕金森综合征、中风及恶性肿瘤中最需解决的课题之一。磁共振成像技术与纳米技术的结合，为这些疾病的研究提供了新的研究手段。从生物医学的角度来讲，目前最需要的是利用更先进的纳米制备技术获得不同尺寸的超顺磁性氧化铁纳米颗粒，并寻找具有不同功能的表面修饰有机分子，以更好地了解和诊断相关疾病。

（执笔人：王桂芳）

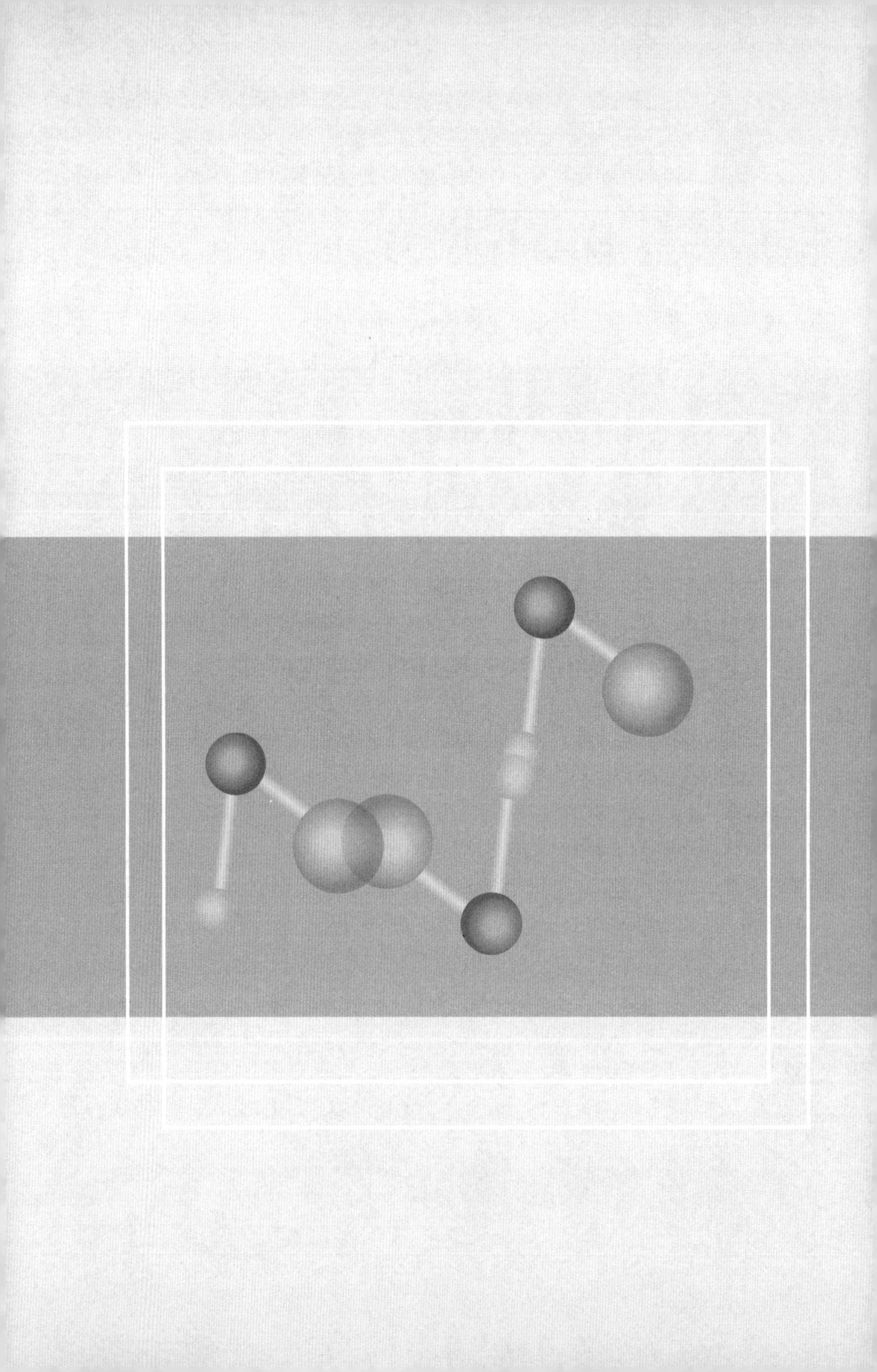

第八章

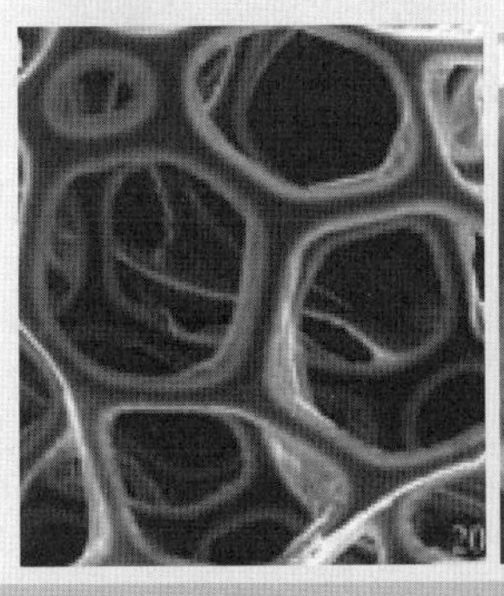

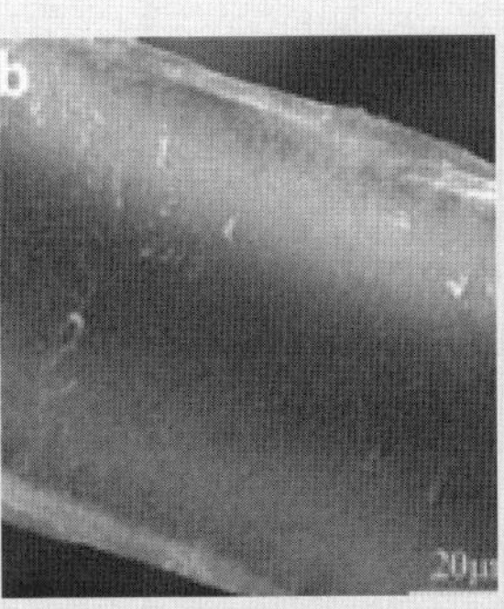

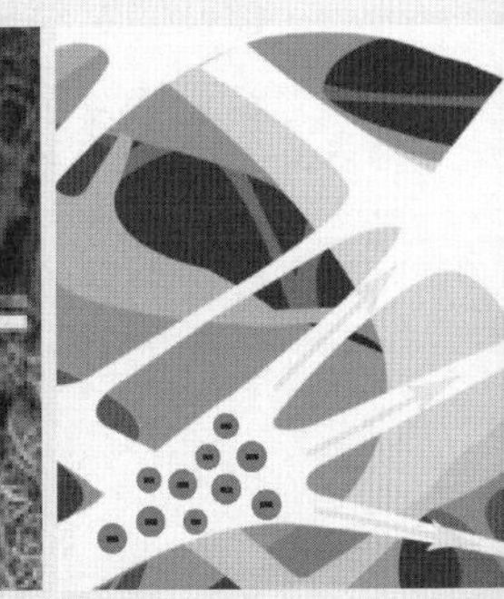

拓展新能源之路：能源中的纳米技术

PART 8

21世纪全球能源需求增长迅速，可持续能源技术的发展是人类面临的最大挑战，能源安全和独立性已经成为大多数国家政府的关键问题，对廉价和丰富的能源生产的需求促使人们日益重视更高效、更绿色的能源技术的发展。能源领域的发展依赖多种不同科技，不过，从能源物料、能源生产，到能源输送、能源储存至能源使用，在整条能源产业链的各个部分，纳米科技都不约而同地有着举足轻重的影响。纳米技术可以将太阳能、氢能转化为人们日常生活可以直接利用的能源；纳米技术能够提高燃料电池、锂离子电池等的性能；纳米催化技术可以使化石燃料、可再生及替代能源原料，变得更加绿色、环保，也更加廉价。

纳米科技在新能源领域正发挥着越来越大的作用，但也需要解决一些技术难题。其中关键之处在于解决纳米材料低成本、批量化的生产技术问题。现在各国的纳米技术大多是从基础研究领域出发，而不是集中在商业应用上。实际上，由于纳米技术在解决能源和气候危机方面的巨大潜力，终将逐渐实现大规模商业化，而纳米技术也将脱胎为一个崭新的行业。未来10～20年，用纳米技术为能源问题提供解决方案的梦想将成为现实。

第一节 太阳能电池

人类所需的能量绝大部分都直接或间接地来自太阳。正是各种植物通过光合作用把太阳能转换为化学能在植物体内储存下来。煤炭、石油、天然气等化石燃料也是由古代埋在地下的动植物经过漫长的地质年代形成的，其本质是由古代生物固定下来的太阳能，此外水能、风能等也是由太阳能转换来的。

太阳能一般是指太阳光的辐射能量，这种能源资源丰富而廉价。随着化石能源的日益短缺，社会对绿色、可再生能源需求的增长，太阳能的利用倍受重视。对于太阳能的利用主要分为两大类，一类是光热转换，就是通过一种太阳能集热器吸收太阳光，然后将光能转化为热能进行供热供暖；另一类是光电转换，就是通过太阳能电池吸收光能并将其转化为电能。

太阳能电池是一种大有前途的新型电源，具有永久性、清洁性和灵活性三大优点。太阳能电池寿命长，只要太阳存在，太阳能电池就可以通过一次投资而长期使用；与火力发电、核能发电相比，太阳能电池不会引起直接的环境污染；太阳能电池可以大中小并举，大到百万千瓦的中型电站，小到只供一户用的太阳能电池组，这是其他电源无法比拟的。

光电转换效率是开发太阳能电池的关键指标之一，而转换效率的提高取决于其使用的材料。目前太阳能电池使用的主要材料有非晶硅、单晶硅、多晶硅等半导体材料。考虑到效率和成本的问题，目前主流太阳能电池多采用单晶硅和多晶硅等晶体硅材料。

晶体硅材料是一种半导体材料，太阳能电池发电的原理主要就是利用半导体的光伏效应。原理图如图8－1所示，一种典型的晶体硅太阳能电池由前后电极、抗反射涂层、N型硅半导体层和P型硅半导体层构成，其中N、P型半导体层之间形成的PN结是将阳光转换为电能的关键。当太阳光照射晶体硅片后，阳光中的光子将硅原子中的电子激发出来，受到PN结内建电场的影响，N型半导体的空穴往P型区移动，而P型区中的电子往N型区移动，并聚集在PN结的两端从而形成电势差，当外部接通电路时，在该电压的作用下，将会有电流流过外部电路从而产生一定的输出功率。这个过程的实质是光子能量转换成电能的过程。

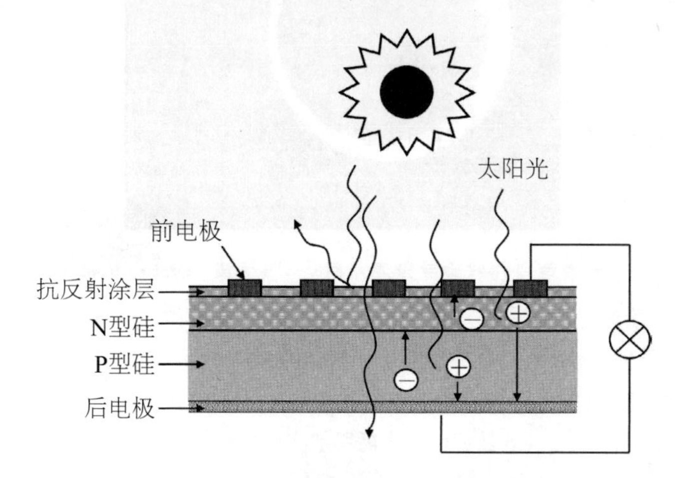

图8－1 ▸ 晶体硅太阳电池结构原理图

（图片来源：中国科学院科学传播研究中心）

由于半导体不是电的良导体，电子在通过PN结后如果在半导体中流动，电阻非常大，损耗也就非常大。一般用金属网格覆盖PN结（如梳状电极），在不改变入射光的面积的情况下可以增加电子和空穴等载流子的迁移速率。硅表面非常光亮，会反射掉大量的太阳光，不能被电池利用。为此，科学家们给它涂上了一层反射系数非常小的保护膜，如厚度为100纳米左右的氮化硅膜。一个电池所能提供的电流和电压毕竟有限，于是人们又将很多电池并联或串联起来使用，形成太阳能光电池板。

在太阳能电池特别是晶体硅材料制备过程中，物料和电力消耗大，制备成本高。随着近年来太阳能电池产量的显著增长，晶体硅材料开始出现短缺，并导致其价格不断上涨，严重制约了太阳能产业的发展。为了应对原材料短缺与价格不断上涨的压力，研究界与产业界一方面通过扩展设备和引入新的制备工艺来努力提高晶体硅材料的生产能力，另一方面积极开发能够大幅度减少硅材料使用量的薄膜硅技术。因此，降低硅材料的成本是太阳能电池发展的另一关键指标。

知识加油站

晶体硅太阳能电池生产流程

晶体硅的制备工艺是硅原料的提纯过程，一般通过石英砂制备出冶金级硅，然后提纯和精炼，得到单晶硅棒或多晶硅锭，再通过硅片切割等工艺形成晶体硅片，制成太阳能电池。

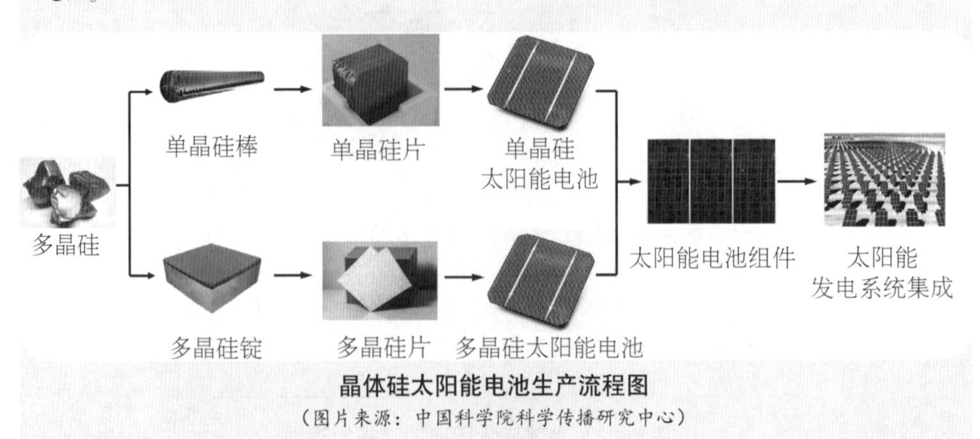

晶体硅太阳能电池生产流程图

（图片来源：中国科学院科学传播研究中心）

多晶硅提纯是一个高耗能的行业，而且如果没有严格的环保控制，也是一个高污染的行业。目前国际上主流的多晶硅生产方法是改良西门子法，采用此方法生产的多晶硅约占多晶硅全球总产量的85%。在采用改良西门子法制造多晶硅的过程中，会用到氯化氢等有毒原材料，同时生成四氯化硅、三氯氢硅等副产物。四氯化硅是多晶硅生产过程中产量最大的副产品，有统计显示，每提纯1吨多晶硅就会有10～15吨以上的四氯化硅产出。未经处理回收的四氯化硅是一种具有强腐蚀性的有毒有害液体，四氯化硅一遇潮湿空气即分解成硅酸和剧毒气体氯化氢，对人体眼睛、皮肤、呼吸道有强刺激性。因此多晶硅项目产生的污染问题也是太阳能电池面临的挑战之一。

人们一直在工艺、新材料、电池薄膜化等方面进行探索，随着新的基于纳米技术的太阳能电池的出现，价廉而大容量的太阳能制造技术的出现也将成为可能，最近发展的微晶硅薄膜太阳能电池、染料敏化纳米晶体太阳能电池有助于解决目前太阳能电池面临的挑战，提高光电转化效率，降低生产成本，减少环境污染。另外量子点太阳能电池、碳纳米管太阳能电池等新型概念电池未来有望取得突破。

一、微晶硅（纳米晶硅）薄膜太阳能电池

薄膜太阳能电池厚度一般为2～3微米，主要有多晶硅薄膜、非晶硅薄膜、微晶硅（又称纳米晶硅）薄膜、化合物半导体薄膜、新材料薄膜电池等，其中被寄予厚望可提高转换效率的材料是微晶硅薄膜。

微晶硅是介于非晶硅和单晶硅之间的一种混合相无序半导体材料。当微晶硅吸收光时，一个光子会产生2或3个电子；而其他半导体材料一个光子仅会产生一个电子，因此可提高太阳能电池的转换效率。微晶硅薄膜太阳能电池主要是将尺寸小于7纳米的纳米硅晶晶粒均匀地分布于二氧化硅或氮化硅的衬底中，利用纳米尺寸的量子效应，可吸收不同能带的太阳光谱，再将其与现有太阳能电池材料相堆叠而成。图8－2是一个典型的非晶/微晶硅高效薄膜太阳能电池分层图。

与非晶硅和单晶硅相比，微晶硅具有以下优点：① 微晶硅具有接近于单晶硅的低光学带隙，可吸收更低能量的太阳光子，因此可明显拓宽太阳能电池的

长波光谱响应范围，大幅提高光电转换效率；② 微晶硅的原子结构比非晶硅更加有序，长期光照或通电导致内部产生缺陷而使电池性能下降的光致衰退效应因此变得比较小，可明显提高电池稳定性，延长电池寿命；③ 具有与非晶硅相同的低温工艺，便于在廉价衬底材料上大面积生产。但微晶硅也有其缺点：由于它是间接带隙半导体，故在短波段的光吸收系数比非晶硅低。因此微晶硅常用作底电池，形成非晶硅/微晶硅叠层结构，这样可大幅度提高光电转换效率。

与晶体硅太阳能电池相比，薄膜硅太阳能电池可以使硅材料的使用量降低两个数量级，因此薄膜硅太阳能电池被视为适于未来大规模生产的低成本太阳能电池。但目前薄膜硅太阳能电池的光电转换效率还低于晶体硅太阳能电池，如果薄膜硅太阳能电池的光电转换效率能不断得到提升，那么它很可能是未来的主流技术。

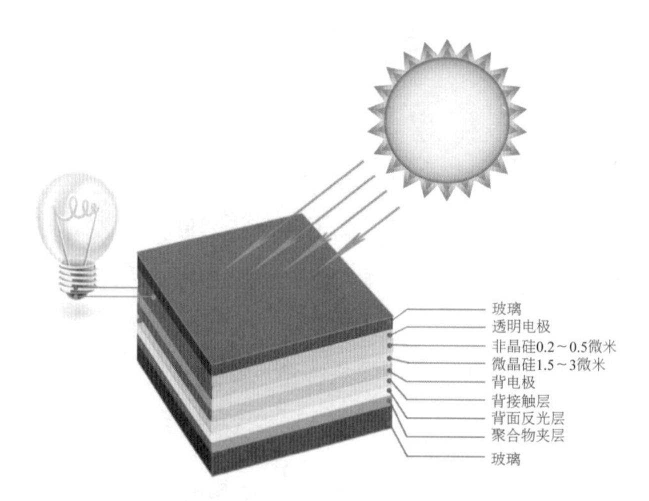

图8－2 ▸ 非晶/微晶硅高效薄膜太阳能电池分层图（另见彩图22）

（图片来源：中国科学院科学传播研究中心）

二、染料敏化纳米晶太阳能电池

染料敏化纳米晶太阳能电池主要是模仿自然界中的光合作用原理，研制出来的一种新型太阳能电池。如图8－3所示，典型的染料敏化太阳能电池主要由透明导电玻璃、纳米多孔二氧化钛膜、染料光敏化剂、电解质和反电极组成。

染料敏化太阳能电池具有类似三明治的结构，将纳米二氧化钛烧结在导电玻璃上，再将光敏染料镶嵌在多孔纳米二氧化钛表面形成工作电极，在工作电极和对电极之间填充含有氧化还原物质对的液体电解质，它浸入纳米二氧化钛的孔穴与光敏染料接触。在入射光的照射下，镶嵌在纳米二氧化钛表面的光敏染料吸收光子，跃迁到激发态，然后向二氧化钛的导带注入电子，染料成为二氧化钛的正离子，电子通过外电路形成电流到对电极，染料正离子接受电解质溶液中还原剂的电子，还原为最初染料，而电解质中的氧化剂扩散到对电极得到电子而使还原剂得到再生，形成一个完整的循环，在整个过程中，表观上化学物质没有发生变化，而光能转化成了电能。

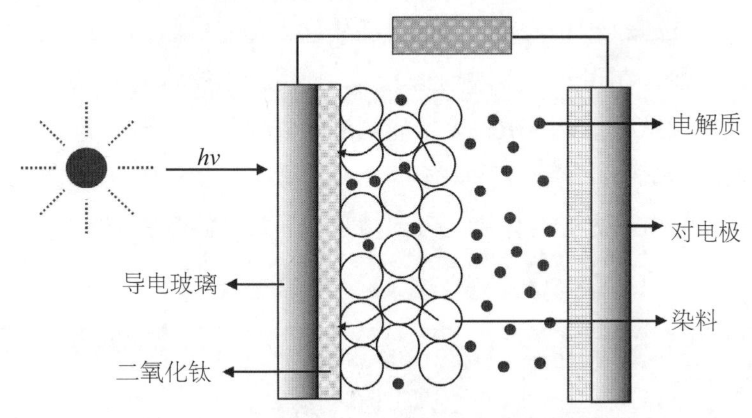

图8－3 ▸ 染料敏化纳米晶太阳能电池结构示意图
（图片来源：中国科学院科学传播研究中心）

染料敏化太阳能电池的优点在于廉价的成本、丰富的来源、简单的工艺以及稳定的性能。与传统的太阳能电池不同，染料敏化太阳能电池采用的是有机和无机的复合体系，其工作电极是纳米晶二氧化钛多孔膜。制备纳米晶二氧化钛薄膜通常采用溶胶－凝胶法、水热反应法、醇盐水解法、溅射沉积法、等离子喷涂法和丝网印刷法等，然后烧结。

染料敏化电池结构简单，具有材料成本低及制程简单的优点，而且还可以用印刷方式进行大量生产，形成柔性太阳能电池。与其他薄膜太阳能电池最大的不同在于其中间使用液态的电解液，其中电极材料以铂为主，电解液则以碘离子为主。并以纳米二氧化钛作为光触媒，利用染料吸收太阳光，达到太阳能发电的目的。

染料敏化太阳能电池被认为是21世纪可能取代化石能源的可再生、低能耗的关键能源技术之一。20世纪70－90年代，科学家研究了各种染料敏化剂与半导体纳米晶间光敏化作用，但研究主要集中在平板电极上，这类电极只有表面吸附单层染料，光电转换效率小于1%。1991年，瑞士科学家迈克尔·格莱才尔（Michael Grätzel）发表了以较低成本得到光电转化效率>7%的染料敏化太阳能电池的文章，开辟了太阳能电池发展史上一个崭新的时代，其后的研究表明光电转换效率在模拟日光照射下已达10%。近10年来，美国、德国等国家和中国台湾地区也相继持续投入染料敏化太阳能电池的研究，染料敏化太阳能电池的光电转化效率已能稳定在10%以上，据推算寿命能达15～20年，且其制造成本仅为硅太阳能电池的1/10～1/5。和传统晶体硅太阳能电池相比较，这种电池具有低照度的特性，在阴天、室内也能运作，捕捉太阳能将不再受时间及天气因素限制，未来如果能将染料敏化太阳能电池低成本化，其高效能、多色彩、可透视、可弯曲的优势，将会使它未来的商业化效率超越晶体硅电池。人类一直畅想研制出模仿自然界光合作用的人工树叶，届时能源问题或许就能得到根本性解决。

知识加油站

人工树叶

美国北卡罗来纳州立大学的研究团队展示了一种神奇的水凝胶太阳能电池——人工树叶，研究人员利用植物中的叶绿素作为感光因子，注入水凝胶制成的可弯曲电池中，并外加碳材料如石墨或碳纳米管包裹的电极，感光分子在太阳光照射下产生电流。尽管合成的感光分子可以用于太阳能电池，但研究人员一直努力寻找更加绿色的方式利用太阳能。由于来自自然界的物体如叶绿素等含有水凝胶基质，因此可以用于新型太阳能电池。这一研究的下一步便是模拟植物的自我再生机理，并提高新型电池的效率。尽管现阶段该新型电池的效率仍很低，还需要很长时间才能用于实际生活，但这种利用自然界物体产生电流的理念在未来可能取代现有的晶体管技术。可以想象未来的屋顶上都覆盖着一片片人工树叶的太阳能电池的美好景象。

人工树叶效果图（另见彩图23）
（图片来源：中国科学院科学传播研究中心）

人们在为这一发明兴奋的同时，还应该清醒地意识到，所谓的“人工树叶”其实还存在着较大的局限性。首先，“人工树叶”并未真正实现自然界早已运行上亿年的树叶的全部功能，它仅仅模仿了树叶中光系统的局部功能。其次，它的运行也要依赖太阳能电池和燃料电池来完成。再次，它还需要新型的廉价的压缩气体系统以储存所产生的氢气和氧气，然后用于发电。因此，这一发明真正走上规模化应用还有很长的路。

三、量子点太阳能电池

量子点是准零维的纳米材料，由少量的原子构成。通常是一种由II－VI族或III－V族元素组成的纳米颗粒，一般直径不超过 10纳米，具有明显的量子效应。与其他吸光材料相比，量子点具有独特的优势：量子尺寸效应。通过改变半导体量子点的大小，就可以使太阳能电池吸收特定波长的光线，即小量子点吸收短波长的光，而大量子点吸收长波长的光。量子点制备可采用简单、廉价的化学反应，在低成本太阳能电池方面很有前景。科学家们计算，量子点可用来制造薄膜太阳能电池，至少效率相当于常规硅电池，可能更有效率。量子点太阳能电池都还在试验阶段，所使用的材料并无特定，一般认为理论上光电转换率可高达63%。

美国圣母大学研究小组制备出世界上首例具有多种尺寸量子点的太阳能电池，在二氧化钛纳米薄膜表面以及纳米管上组装硒化镉量子点，吸收光线以后，硒化镉向二氧化钛放射电子，再在传导电极上收集，进而产生光电流（图8－4）。长度为800纳米的纳米管内外表面均可组装量子点，其传输电子的效率较薄膜高。研究发现，小的量子点能以更快的速度将光子转换为电子，而大的量子点则可以吸收更多的入射光子，3纳米的量子点具有最佳的折中效果。这有望提高电池的效率至30%以上，而传统的硅电池仅为15%～20%。

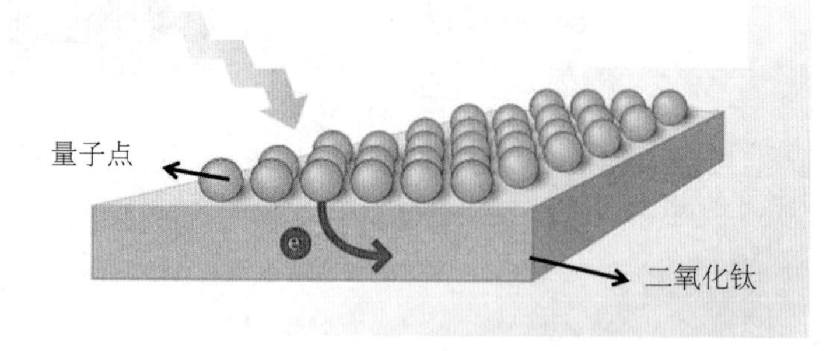

图8－4 ▸ 量子点太阳能电池

（图片来源：中国科学院科学传播研究中心）

加拿大多伦多大学研制出第一款以胶体量子点为基础的高效串联太阳能电池。这款设备将两个吸光层堆叠，一层捕捉可见光线，另一层采集红外光。目前最好的单结太阳能电池的效率最高局限于31%，而串联胶体量子点太阳能电池原则上可以达到高达42%的效率。

四、碳纳米管太阳能电池

碳纳米管一直被认为可能在构建下一代太阳能电池中发挥重要影响。半导体性质的单壁碳管具有独特的能带结构，以及很好地从紫外到近红外的宽谱光吸收特性，可以充分地吸收利用太阳光。美国康奈尔大学研究人员用由石墨烯薄片卷制成单壁碳纳米管，并将其制作成了太阳能电池的一种基本元件——光电二极管。这种单壁碳纳米管的尺寸与DNA分子的尺寸相当，碳纳米管连接起两个电接触点，并且靠近一正一负两个电栅。研究人员发现，利用不同颜色的激光照射纳米管，在将光能转化成电能的过程中，更高能量的光子产生的电流具有放大效应。进一步的研究发现，狭长、圆柱形的碳纳米管使得电子能平滑地逐个挤过纳米管。电子穿过纳米管后受激发，并产生新的电子继续移动。由于增加了载流子的通过数量，这种器件能非常高效地将光能转化为电能。

在传统的太阳能电池里，无法被电池转换的多余能量往往以热量的形式流失，而且电池还不断需要外部冷却，而碳纳米管可利用多余光能量，使电子再创造出更多的电子（这种效应被称为“光生载流子倍增效应”），是一种非常理想的太阳能电池。利用这种效应构建的太阳能电池可能超越理论上预计的单个太阳能电池效率的极限。但是大多数典型半导体碳纳米管器件的光电压一般小于0.2伏，对于实际应用而言小得难以满足需要。如何非常高效地级联碳纳米管太阳能电池以获得高的光电压输出，就成为碳管光伏器件领域富有挑战性的工作之一。北京大学的研究人员提出采用虚电极对接触方法，无须传统的掺杂工艺即可有效地使器件的光电压产生倍增，具体说来，就是在一根10微米长的碳管上级联5个电池单元，就可以获得大于1伏的光电压（图8－5）。

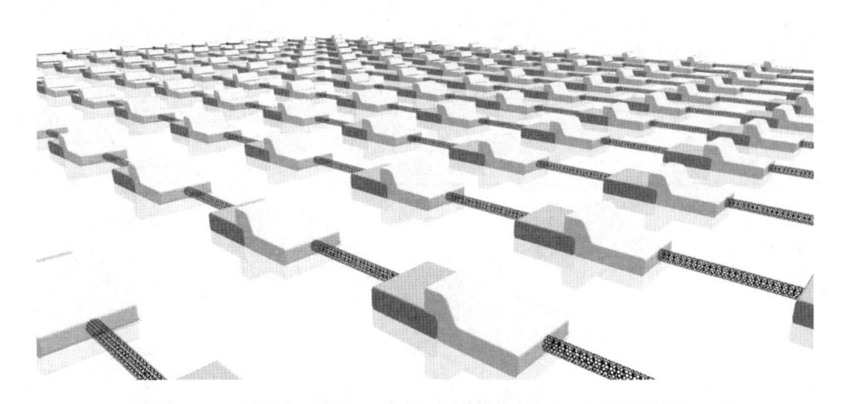

图8－5 ▸ 碳管级联太阳能电池模块示意图（另见彩图24）
（图片来源：中国科学院科学传播研究中心）

第二节 燃料电池

燃料电池是利用物质发生化学反应时释放的能量直接将其变换为电能的一种能量转换装置，工作时需要连续不断地向其供给燃料与氧化剂。因为是将燃料通过氧化还原反应释放出能量变为电能输出，所以被称为“燃料电池”。燃料电池根据工作温度可分为低温型、中温型和高温型。根据电解质的种类可分为：质子交换膜燃料电池、碱性燃料电池、磷酸燃料电池、熔融碳酸盐燃料电池、固体氧化物燃料电池等。表8－1为各种燃料电池技术比较。

表8－1 各种燃料电池技术比较

	质子交换膜（PEM）	碱性（AFC）	磷酸型（PAFC）	熔融碳酸盐（MCFC）	固体氧化物（SOFC）
电解质	固态 有机聚合物 聚全氟磺酸膜	氢氧化钾溶液	磷酸水溶液	碳酸锂、碳酸钠或碳酸钾溶液	高温下具有导电性的固体氧化物如氧化锆
工作温度	50～100℃	90～100℃	150～200℃	600～700℃	650～1000℃
燃料	氢气、 重整气	纯氢	重整氢	净化煤气、天然气、重整氢	净化煤气、 天然气
系统产出	<1kW～250kW	10kW～100kW	50kW～1MW（模块类型：250kW）	<1kW～1MW（模块类型：250kW）	5kW～3MW
效率	50%～60%的电力	60%～70%的电力	80%～85%的热电联产总效率（36%～42%的电力）	85%的热电联产总效率（60%的电力）	85%的热电联产总效率（60%的电力）
应用	·补充电力 ·便捷电力 ·小型分布式发电 ·交通	·军用 ·空间	·分布式发电	·电力公共事业 ·大型分布式发电	·补充电力 ·电力公共事业 ·大型分布式发电

续表

	质子交换膜（PEM）	碱性（AFC）	磷酸型（PAFC）	熔融碳酸盐（MCFC）	固体氧化物（SOFC）
优点	·固态电解质减少腐蚀和电解质管理问题 ·低温 ·快速启动	·碱性电解质中阴极反应更快，性能更强	·高效 ·增强不纯氢的耐性 ·适合热电联产	·高效 ·燃料弹性 ·能利用不同的催化剂 ·适合热电联产	·高效 ·燃料弹性 ·能利用不同的催化剂 ·固态电解质减少电解质管理问题 ·适合热电联产
缺点	·催化剂成本高 ·对燃料混杂物敏感性强 ·低温致使热量浪费	·燃料和气流中一氧化碳移除成本高	·需要铂催化剂 ·电流和电力弱 ·尺寸/重量大	·高温加速腐蚀、破坏电池组件 ·电解质管理复杂 ·启动慢	·高温加速腐蚀、破坏电池组件 ·启动慢

图8－6展示了燃料电池的基本工作原理。燃料电池由阳极、阴极和夹在中间的电解质构成。燃料，如氢气、碳、甲醇、硼氢化物、煤气或天然气等在阳极上氧化成为带正电的离子和带负电的电子。电解液是专门设计为离子可以通过但电子却不能通过的物质，离子通过电解液前往阴极，电子则通过负载流向阴极构成电回路，产生电流。氧化剂则在阴极还原。在这一系列反应中，催化剂在其中发挥了关键作用，其催化活性、寿命等直接关系到燃料电池的能量转换效率。

普通电池的活性物质是预先放入的，而燃料电池的活性物质（燃料和氧化剂）是在反应时源源不断地输入的，电池容量取决于储存的活性物质的量。因此，燃料电池具有转换效率高、容量大、比能量高、功率范围广、不用充电、零污染、无噪声等优点。世界各国都把它视为高新技术领域首要攻关项目之一。不过，燃料电池发展至今也面临着许多挑战。

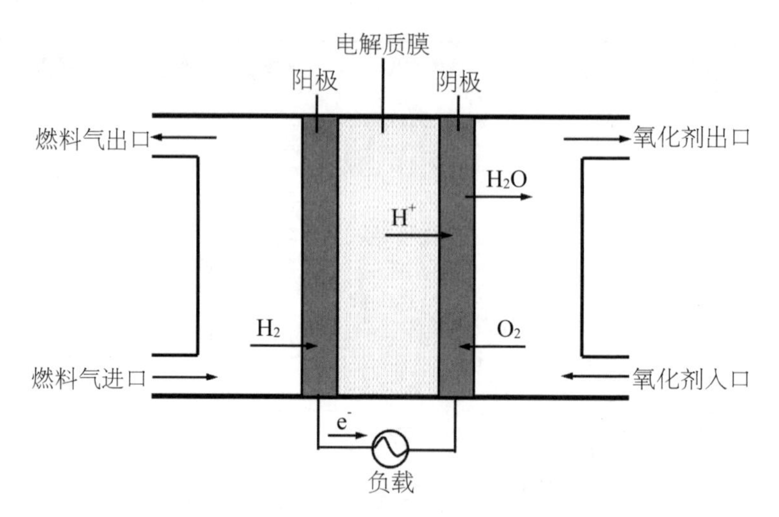

图8－6 ▸ 燃料电池基本原理

（图片来源：中国科学院科学传播研究中心）

（1）成本高。为使燃料电池电化学过程快速和高效，需要使用催化剂，贵金属铂是催化剂的活性成分，而铂是稀有资源，价格昂贵，使得燃料电池制造成本高。

（2）寿命短。由于燃料电池工作条件苛刻，催化剂易发生一氧化碳中毒，寿命短，需要不断更换，又会造成环境污染。

（3）系统尺寸大。燃料电池体积大，影响应用，必须要进一步减小燃料电池系统的尺寸和重量来满足汽车等应用方面的需要。

（4）空气、热量和水处理。燃料电池系统中的空气处理是目前所面临的一个挑战，因为目前的压缩技术不适于汽车燃料电池的应用。另外，燃料电池的热量和水处理也是问题。

因此，燃料电池尽管已经发明了近100年，却由于制造成本高、寿命短等原因，仅限于一些特殊用途，如飞船、潜艇、军事、电视中转站、灯塔和浮标等方面，但随着新技术的发展，有望应用于电动车、小型发电厂等领域。

纳米技术在发展低成本、长寿命燃料电池中发挥着重要的作用。减少铂使用量和替代铂等贵金属的高效纳米催化剂、碳纳米管催化剂载体、纳米修饰电极等技术都有助于解决这些问题。在燃料电池新型催化剂的开发方面，主要有合金催化剂、金属氧化物催化剂、有机螯合物催化剂等。

工业上氢气主要来源于烃类重整，所获得的氢源中含有微量一氧化碳。当用作燃料电池原料气时，微量一氧化碳会严重毒化燃料电池的电极催化剂（如铂催化剂），降低燃料电池工作效率。富氢气氛下一氧化碳选择氧化是消除微量一氧化碳最有效的方法之一。而纳米铂钌合金催化剂是目前研究最为成熟、应用最为广泛的抗一氧化碳催化剂。

纳米铂钌合金催化剂（图8－7）由被一层或两层铂原子包围的钌纳米颗粒组成，是一种高效的室温催化剂，可显著改善关键的氢纯化反应，从而获取更多的氢用于燃料电池的供能。传统的铂钌催化剂结合必须达到70摄氏度才能发生选择氧化反应，但相同的元素以核壳结构与纳米颗粒结合后，能够使反应在室温下就发生。催化剂活化反应物以及得到产物的温度越低，节省的能量就越多。产生这种室温反应的原因有两个，首先是催化剂的核壳结构，与单纯的铂催化剂相比，这种特别的结构核成分能够使表面吸收较少的一氧化碳，给氧进入并发生反应留下空间。另一个原因是新的反应机理，利用氢原子结合氧分子并生成氢过氧基，很容易生成氧原子。氧原子与一氧化碳结合生成二氧化碳，这样留下更多的氢分子供给燃料电池。

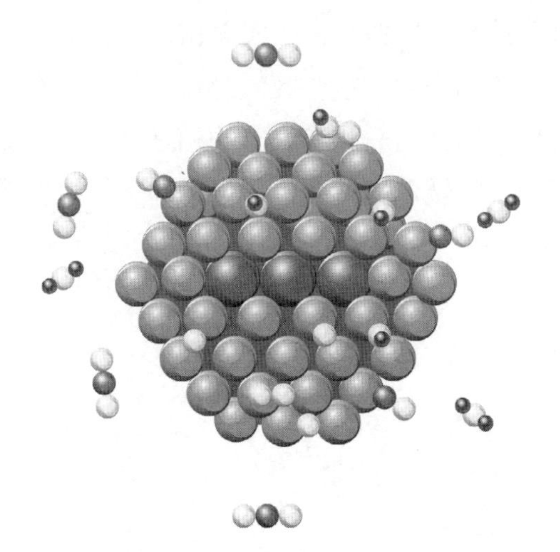

图8－7 ▸ 铂钌合金催化剂（另见彩图25）
（图片来源：中国科学院科学传播研究中心）

在质子交换膜燃料电池中，通过利用多孔碳电极进行发电，电极中含有被固体聚合物分开的铂催化剂。氢燃料进入电池的一极，氧进入另一极，纳米铂钌合金催化剂促使氢分子中产生质子，这些质子穿过膜与另一极的氧发生反应，结果产生电以及副产品水和热。

科学家研究发现在垂直排列的碳纳米管阵列中，有一些碳原子被氮原子所替换，这种碳纳米管阵列能够还原碱性溶液中的氧，且比燃料电池中所采用的铂催化剂更为有效。这种氮掺杂纳米管催化剂的高活性归因于氮原子俘获电子的能力，这使得与其邻近的碳原子带有净正电荷，从而易于从阳极吸引电子并促进氧化还原反应。此外，这种纳米管催化剂对于能够使铂催化剂中毒的一氧化碳并不敏感。因此氮掺杂碳纳米管的发现具有重要意义，能用于设计和开发各种其他无金属、高效的氧还原催化剂，将有可能替代燃料电池中价格昂贵的铂催化剂。这一发现将有可能降低燃料电池的成本，对燃料电池技术的商业发展具有重大影响。

在质子交换膜燃料电池和直接甲醇燃料电池中，一般使用碳载铂基复合催化剂。碳载体对催化剂的性能有很大的影响。过去一般是用活性炭或碳黑做载体，但有不少铂粒子沉积在活性炭的微孔中而不能充分利用，铂的利用率只有约20%。碳纳米管还具有结构独特、比表面积合适、电阻低等特点，碳纳米管表面包括管外表面和管内表面，这些区域都可以为催化剂活性组分的负载提供适宜的位置，还可促进活性组分和载体间的相互作用，出现一些意想不到的催化现象。因此用碳纳米管做催化剂载体，使铂的利用率更高。铂碳纳米管催化剂透射电镜图像见图8－8。

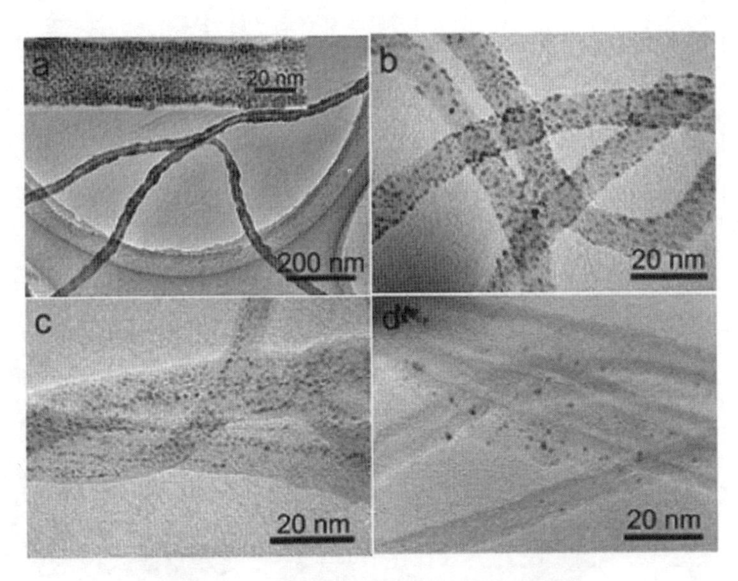

图8－8 ▸ 铂碳纳米管催化剂透射电镜图像

[图片来源：Yongyan Mu, Hanpu Liang, Jinsong Hu et al. Controllable Pt Nanoparticle Deposition on Carbon Nanotubes as an Anode Catalyst for Direct Methanol Fuel Cells. J. Phys. Chem. B 2005, 109（47）：22212－22216]

第三节 锂离子电池

锂离子电池是一种充电电池，是一类由锂金属或锂合金为负极材料，使用非水电解质溶液的电池。锂离子电池于1990年前后发明，于1991年实现商品化。1995年聚合物锂离子电池诞生并于1999年开始商品化。锂离子电池具有优良的放电特性，非常高的能量密度，并且其制造材料绿色环保，其发展前景很好，应用越来越多。

锂离子电池基本结构主要包括正极、负极、导电剂、电解质、隔膜等。目前锂离子电池的负极一般采用石墨或其他碳材料，正极为氧化钴锂等过渡金属氧化物。石墨和氧化钴锂都具有层状结构，在特定电压下锂离子能够嵌入或脱出这种层状结构，而材料结构不会发生不可逆变化。图8－9为锂离子电池工作原理图，充电时，正极中的锂原子电离成锂离子和电子。锂离子在外加电场作用下，在电解液中由正极迁移到负极，还原成锂原子，插入负极石墨的层状结构中。放电时，锂原子在负极表面电离生成锂离子和电子，分别通过电解液和负载流向正极，在正极重新复合成锂原子然后插入正极的氧化钴锂的层状结构中。锂离子靠在正负极之间的转移来完成电池充放电工作，其过程像一个左右不停摇摆的摇椅，也因此形象地被称为“摇椅式电池”。

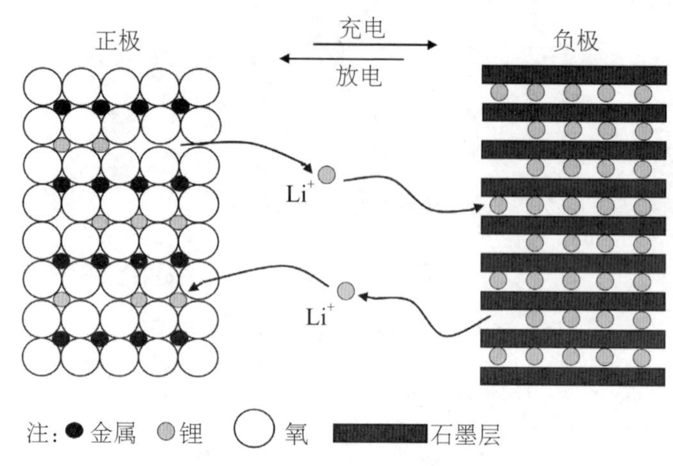

图8－9 ▸ 锂离子电池工作原理图

（图片来源：中国科学院科学传播研究中心）

锂离子电池若以正极材料来区分，主要包括锂钴、锂镍钴、锂镍及锂锰四大类型。虽然锂镍电容量最高，但安全性差，目前无法使用；锂钴材料价格最贵，且电容量适中，已经到达材料应用极限；锂锰材料最便宜，但电容量偏低且高温循环寿命差，只有少量商品化电池使用；而锂镍钴材料价格适中，电容量高，不过出于安全性顾虑，目前只有少量商品化电池使用此类正极材料。

传统锂电池虽然质量较轻且效率较高，但被应用在电动车上则容易出现过热情况，发生爆炸的风险也较高。锂电池正极材料不但影响电池性能，也是决定电池安全性的重要因素。好的锂离子电池正极材料，要求材料热稳定性好，即有较高的材料安全性。

虽然锂离子电池已被成功商业化，但现有的电极和电解液材料已达到了性能的极限。在消费电子、清洁能源、混合电动交通工具的使用中，新一代锂离子电池的研制迫切需要材料技术的进一步突破。高容量、高功率、长寿命的电极材料是当前锂离子电池研究的重点。

高容量锂电池的发展很大程度上受制于电极材料性能的提高。电极材料的纳米化有利于增大锂离子的扩散速率，改善电极材料与电解质溶液的浸润性，从而显著提高材料的电化学性能。通过纳米化表面处理的正极材料，不但可获得高电容量，而且可大幅提高材料的安全性。

美国麻省理工学院的研究人员发现在锂电池正极中使用含碳纳米管材料，获得的充电效率及蓄电能力远比目前最高端的锂电池更优良。该电池电极组装采用层叠技术，正极由无添加剂、高密度和功能化多壁碳纳米管组成，负极为锂钛氧化物，电池电极厚度仅为几个微米。该锂电池单位重量的能量输出比传统的电化学电容器要高出5倍，功率输出比传统的锂离子电池高出10倍，循环使用寿命超过数千次。该新型锂电池对于使用智能手机等便携式电子产品的用户来说，无疑是个好消息，但目前这种含碳纳米管电池仍处于实验室研发阶段。

斯坦福大学用一种薄膜碳纳米管涂在另一张表层含有金属的锂化合物纳米管上，然后将这些双层薄膜固定在普通纸张的两面，便携性纸张既是电池的支撑结构，同时也起到分离电极的作用。在该电池中，锂作为电极，而碳纳米管层则是电流集合管。纸质锂电池仅有300微米厚，而且节能效果比其他电池更好。经过300多次循环充电测试，性能仍然令人满意。这种电池生产难度不高，比其他瘦身电池的方法更容易投入商用化。虽然目前这种电池技术还不太成熟，也可能并非是所有移动设备的最理想配件，但在智能化包装、能源存储装置、电子标签以及电子纸产品等领域将具有广泛的应用。

第四节 储能

在能源的开发、转换、运输和利用过程中，能量的供应和需求之间，往往存在着数量、形态和时间上的差异。为了弥补这些差异、有效地利用能源，常常采取储存和释放能量的人为过程或技术手段，称为储能技术。良好的储能技术与新能源发电技术合作，可解决风能、太阳能发电的随机性、波动性问题，稳定可靠地并入电网，因此需要加快开发高效而实用的储能电池和装置。

氢气来源丰富、成本低且效率高，燃烧后得到的副产品只有水，而其他碳氢化合物燃料燃烧后会释放出温室气体和有害污染物；同汽油相比，氢气的质量更轻，能量密度更大。因此，氢是一种很好的储能载体，人们将它看成化石燃料的替代品并寄予厚望。

不过，氢在自然界基本上以水的形式存在，必须分解制得。虽然目前制氢技术已经十分完善，但大规模的氢能使用还没有达到现实要求；储氢方式和储氢材料的滞后，是制约氢能应用方向和使用方式的关键。氢气要想作为燃料替代汽油，必须解决两大难题：如何安全且密集地存储和运输，以及如何更容易地获得。最近几年，科学家一直尝试解决这两个问题。他们试着将氢气“锁”在固体中；试着在更小的空间内存储更多氢气，同时让氢气这种易扩散的物质保持稳定。然而，大多数固体只能吸收少量氢气，同时，还需要对整个系统进行极度地加热或冷却来提升其能效。

吸附储氢被认为是解决该问题的最有效途径。世界各国的研究小组都在寻找和试验能可逆吸放高容量氢气的材料。就目前的储氢方法来说，主要有压缩气体、液氢、金属氢化物和最新的碳纳米储氢等四种，各有其优缺点。单壁碳纳米管、多壁碳纳米管、纳米碳纤维等碳基材料理论上具有优良的储氢性能，虽然在保存、运输中需要低温或高压环境，但它在室温下就能达到较高能量密度，成为有效的储氢介质。

美国国家可再生能源实验室1997年在《自然》杂志上发表了世界上第一篇碳纳米管储氢的报道，根据实验结果推测单壁碳纳米管的储氢量（质量含量）为5%～10%。美国能源部设定的目标是现有的储氢材料系统应该在室温下提供6%的储氢质量密度。碳基材料储氢研究在过去10多年中已受到研究人员的广泛重视。纯氢气分子的物理吸附已得到清楚的科学证实，但仅在超低温时有用（可达到6%），并且要求极高表面积的碳。此外，科学家证实纯原子氢的化学吸附储氢能力可达8%，但共价氢只有在高温（400摄氏度以上）时才能释放出来。

应当指出的是，碳纳米管虽然具有较高的储氢量，但工业化应用还不成熟。主要原因是：储氢机理尚不清楚，有待进一步研究；对其循环性能的研究较少，而这是工业化必须面对的问题；价格昂贵。因此，纯碳纳米管的氢气储存受到质疑，人们认为目前它还不能满足储氢的条件，于是人们开始转向研究掺杂金属原子的单壁碳纳米管、硅纳米管等存储介质。

北京化工大学的研究人员采用第一性原理计算方法和巨正则蒙特卡罗模拟相结合的多尺度理论方法，预测了硅纳米管在298开尔文（K）、压力范围在1～10兆帕下的储氢能力。与碳原子相比，硅材料有更多的核外电子，具有更高的极化率和更强的色散力。图8－10为硅纳米管模型和储氢能力的模拟研究图。理论研究表明，硅纳米管能够比同结构的碳纳米管具有更高效的储氢率。这将可能让硅在引发微电子革命后，成为氢能源领域的关键材料。

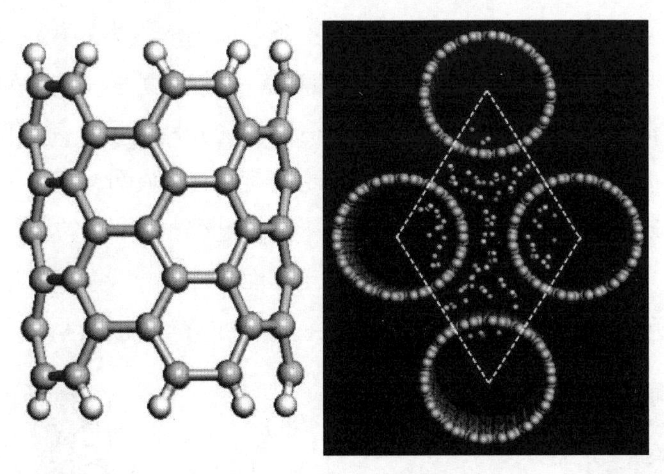

图8－10 ▸ 硅纳米管模型（左）和储氢能力的模拟研究图（右）（另见彩图26）
［图片来源：Jianhui Lan, Daojian Cheng, Dapeng Cao, and Wenchuan Wang. Li—Doped and Nondoped Covalent Organic Borosilicate Framework for Hydrogen Storage. The Journal of Physical Chemistry C, 2008, 112 （14）, 5598—5604］

第五节 超级电容器

超级电容器是一种新型的储能元件，性能介于传统电容器和化学电池之间。与传统电容器相比，超级电容器具有更高的能量密度，电容量提高了三四个数量级；与化学电池相比，超级电容器具有更大的功率密度；还具有和静电电容器一样的非常高的放电功率，所以仍然称之为“电容”。但是，超级电容器已经不再是一般意义上的电路元件，而是一种新型储能元件。超级电容器的特点在于充电速度快、使用寿命长、功率密度高、工作温度范围宽、环保节能等。

超级电容器主要由电极、电解质和隔膜组成（图8－11）。其中电极包括电极活性材料和集电极两部分。超级电容器属于双电层电容器，是在电极/溶液界面通过电子或离子的定向排列造成电荷的对峙而产生的。对一个电极/溶液体系，会在电子导电的电极和离子导电的电解质溶液界面上形成双电层。当在两个电极上施加电场后，溶液中的阴、阳离子分别向正、负电极迁移，在电极表面形成双电层；撤销电场后，电极上的正负电荷与溶液中的相反电荷离子相吸引而使双电层稳定，在正负极间产生相对稳定的电位差。这时对某一电极而言，会在一定距离内产生与电极上的电荷等量的异性离子电荷，使其保持电中性；当将两极与外电路连通时，电极上的电荷迁移而在外电路中产生电流，溶液中的离子迁移到溶液中呈电中性，这便是双电层电容的充放电原理。能量存储机制中基本无化学反应的发生或仅涉及界面层的化学反应，因此具有很高的可逆性，它可以保证电容器进行高达成百上千次的充放电循环。

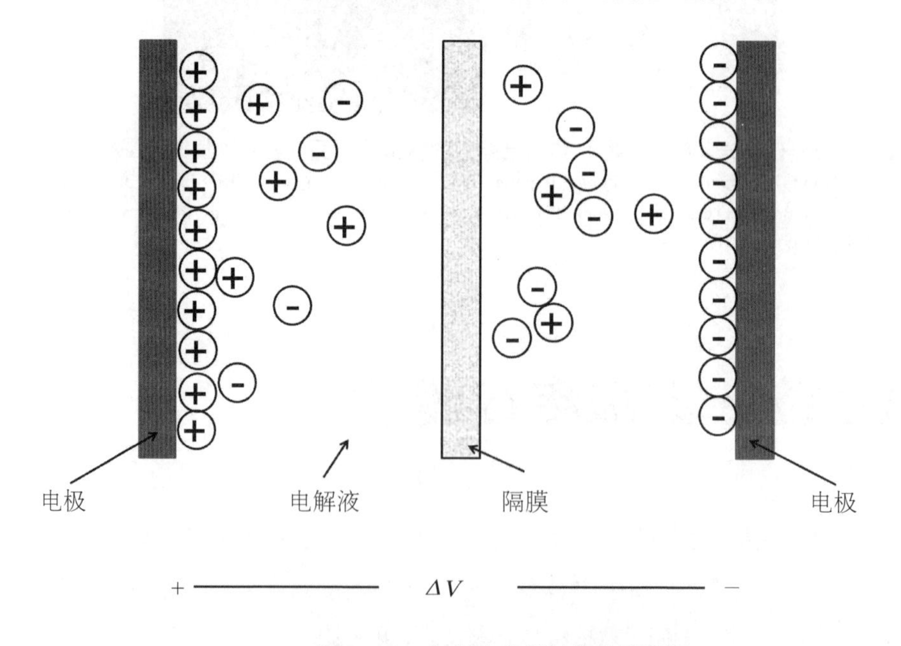

图8－11 ▸ 超级电容器结构与原理图
（图片来源：中国科学院科学传播研究中心）

超级电容器可大电流充放电，几乎没有充放电过电压，循环寿命可达上万次，工作温度范围很宽。超级电容电极材料要求材料结晶度高、导电性好、比表面积大，微孔大小集中在一定的范围内。碳是最早被用于制作超级电容器的电极材料，目前一般用多孔碳作电极材料。但多孔碳材料不但微孔分布宽，而且结晶度低、导电性差、导致容量小。因此合适的电极材料是超级电容研发的重点方向。

超级电容器如果使用纳米材料，在用量很少时就可以达到特定的电容量；利用很薄的材料层就可以实现较高的电容量，因为较小的粒子意味着较大的活性比表面积；较薄的层意味着微型化在较大程度上是可行的。因此纳米材料用作电容器电极材料，将为电容器打开新的潜在市场。

超级电容器可应用于许多领域，如电动车辆、激光微波武器、移动通信装置、便携式仪器设备、数据记忆存储系统、应急后备电源以及作为燃料电池的启动电源等，特别是在电动汽车上的应用具有非常明显的优势。最近，在电动车实用化的过程中，发现车辆在启动、爬坡和加速时急需供应大电流脉冲电能，在刹车时，需大电流储存电能，这些是蓄电池难以做到的。超级电容器的使用可以大大延长蓄电池的循环使用寿命，提高电动车的实用性，于是人们对超级电容器更加感兴趣。

虽然超级电容器在应用中越来越显示出其强大的生命力，但是也要看到，目前的超级电容器在电能储存方面与电池相比还有一定的差距，因此怎样提高单位体积内的储能密度是目前超级电容器领域的一个研究重点与难点。应该说制作工艺与技术的改进是提高超级电容器储能能力的一个行之有效的方法。但从长远来看，寻找新的电极活性材料才是根本之所在，但同时这也是难点之所在。超级电容器越来越轻、供电能力越来越强的目标的实现可能需要借助于一些高新技术的开发与应用，如纳米技术。碳纳米管、石墨烯、性能更佳的活性炭等不仅具有更大的表面积，还可以经受更高的电压，它们的使用令超级电容器的前景越来越光明。

美国莱斯大学的研究人员宣布已经开发出一种比细菌直径还要窄6倍的电池，这种超微型的电池仅有150纳米宽度，是人类头发丝宽度的1/100，如果换算成干电池的“AAA”，那么这A有6万多个。这种电池实际上是一种纳米线构成的超级电容器（图8－12），可用于植入式医疗设备、化学和生物传感器和无线网络，这种超微型的电池还可以与能量收集装置集合，驱动各种“智能”小型设备，例如智能牙刷等。

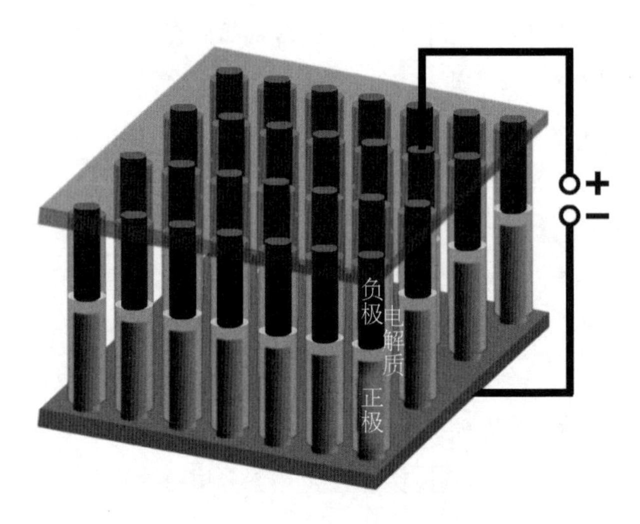

图8－12 ▸ 纳米线超级电容器
（图片来源：中国科学院科学传播研究中心）

美国德克萨斯大学奥斯汀分校的研究人员使用氢氧化钾重组化学改进的石墨烯薄片，创造出纳米尺度结构的多孔形态碳，其中的原子排列为瓦状环，平铺形成单原子厚的薄片，这种新材料可称为活性石墨烯。活性石墨烯具有孔隙，可增加表面积，用于超级电容器、过滤器等。布鲁克海文国家实验室的科学家使用强大的电子显微镜表征这种新材料，协助揭示了新材料吸纳电荷时就像超级吸水的海绵。这种材料也可用于“超级”储能设备，具有非常高的存储容量或能量密度，接近铅酸电池，同时保留多种优良属性，如超高速能量释放，快速充电时间，使用寿命至少有1万个充/放电周期。有专家称石墨烯的这种处理技术可用来创造新形态的碳，并且很容易应用于工业生产。

知识加油站

蛋壳膜超级电容器

加拿大阿尔伯塔大学利用鸡蛋壳膜转换成高性能碳材料，用于超级电容器。碳化的蛋壳膜是一种三维多孔碳薄膜，包含交织相连的碳纤维，这些碳纤维直径为50纳米~2微米，大纤维和细小纤维天然连接在一起。其中含有约10%的净重氧和8%的净重氮。尽管有相对较低的比表面积，但是，基本电解质和酸性电解质有特殊的具体电容。这种独特的结构有利于电子和电解质转移，这就使这种材料可以理想地进行高功率应用，如用于驱动电动汽车。这种电极还表现出良好的循环稳定性：1万次循环后，只观察到3%的电容衰落，电流密度为4 安/克。全球每年消耗1万亿颗鸡蛋，一颗鸡蛋可以提炼30～40毫克成品碳，蛋壳膜确实是一种可靠的可持续资源，可用于清洁能源存储。

碳化鸡蛋壳膜的综合框架结构（另见彩图27）

（图片来源：中国科学院科学传播研究中心）

知识加油站

海绵超级电容器

沙特阿卜杜拉国王科技大学制造出基于海绵的超级电容器。他们的制造过程包括四个简单的步骤：首先，用水和丙酮清洁一块市售海绵；干燥后，将海绵切成小丝带；在丝带上涂上碳纳米管油墨；最后，研究人员采用电解沉积，使二氧化锰纳米颗粒沉积到涂有碳纳米管的海绵上。这样制成的超级电容器海绵远比刚性金属或其他柔性基板轻，但具有同样的面积：一块海绵面积2平方厘米，厚度1毫米，重量大约只有10毫克。

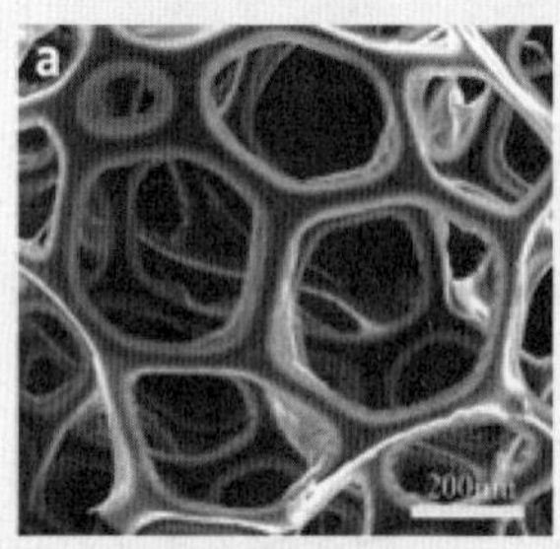

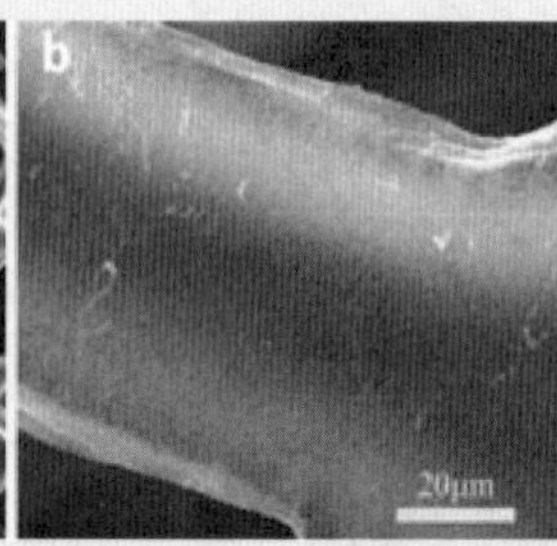

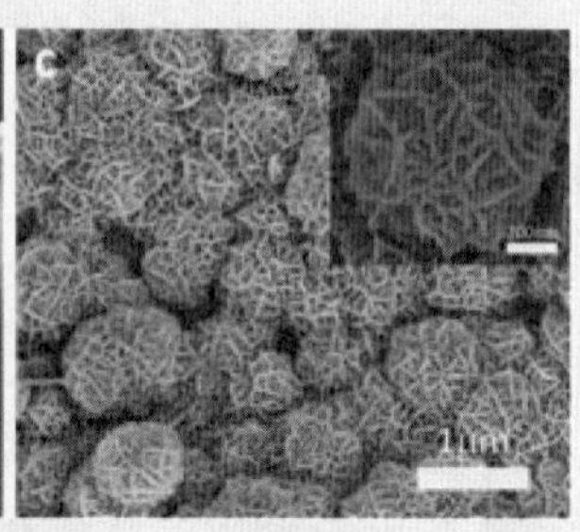

二氧化锰－碳纳米管－海绵电极的特征：图a是透视图下的三维大孔分层二氧化锰－碳纳米管－海绵电极；图b是二氧化锰均匀沉积在碳纳米管海绵结构上；图c是高倍放大的多孔二氧化锰纳米颗粒在碳纳米管海绵上的情况，插图显示的形态是单个二氧化锰花状粒子。

［图片来源：Wei Chen , R. B. Rakhi, Liangbing Hu, Xing Xie, Yi Cui, and H. N. Alshareef, Nano Lett., 2011, 11 (12), pp 5165－5172］

（执笔人：冯瑞华）

第九章

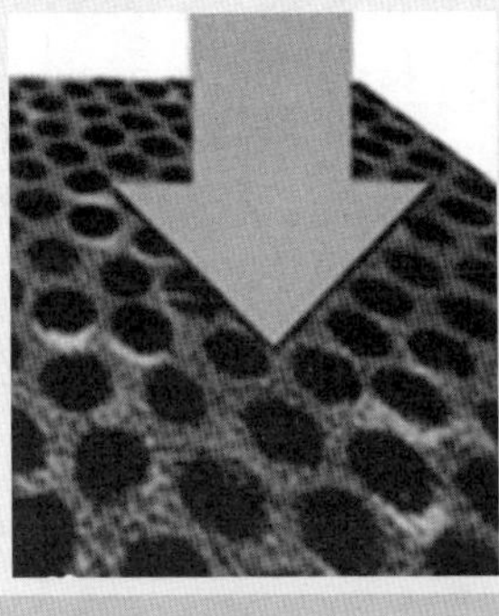

迷你绿色防火墙：环保中的纳米技术

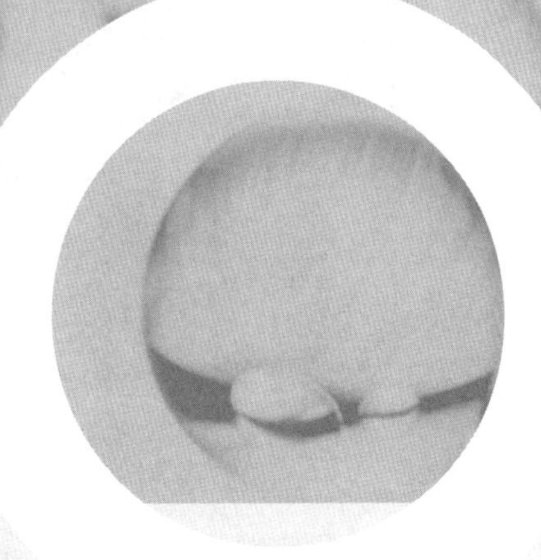

PART 9

持续增长的化石燃料消耗引起二氧化碳排放量日益增长，对经济的潜在影响非常显著。水资源短缺、空气和水质的恶化与全球变暖的关系很复杂，是全世界面临的两个重要的有关环境问题的挑战。空气污染源控制和空气净化，水处理、净化和再利用以及脱盐处理都需要能够提供低成本高效率解决方案的新技术。纳米科技的发展发挥了重要作用，如纳米催化剂改善环境污染，将有害物质分解为危害性较小的物质；纳米传感器提高监测环境的灵敏度；纳米机器人处理核废料；纳米过滤器分离核燃料中的同位素等。作为21世纪前沿科学的纳米技术将对环境保护产生深远影响，并有广泛的应用前景，甚至会改变人们的传统环保观念，利用纳米技术解决污染问题将成为未来环境保护发展的必然趋势。

第一节 水处理

传统上对印染废水、农药废水的处理难度大，效益不明显。利用纳米科技可以对废水、空气中污染物、重金属等有害物质进行催化氧化和还原，起到净化水体和空气的作用。纳米技术的发展和应用将会给环境污染治理技术的发展开创新的领域，特别是纳米二氧化钛光催化氧化技术和纳滤膜技术的原理及其在水处理中的作用及应用方法将得到发展，并对解决全球性的水荒和水体污染问题起到十分重要的作用，可以认为崭新的纳米水处理技术的应用已为期不远。

一、净水处理

日常饮用的自来水经过了多种清洁、杀菌消毒环节，经出厂水质检测能够达到国家卫生标准，再经过漫长的管道和二次加压的水箱，流入千家万户。流入住户前，漫长的管道经过了复杂地形和道路，有些管道年久失修，有些水管与污水管交叉，楼里的一些水管甚至先要经过厕所，才能够到达厨房。因为水管四周的渗漏和二次加压水箱很少清理消毒，水箱里不可能一尘不染，以及水管中的铁锈等诸多原因会造成对水质的二次污染，铁锈、铅、酚等致病微生物、农药都有不同程度出现。

纳米技术（如纳米银）可用于原水的处理、自来水的深度净化、污水处理以及再生回水的生产等。与传统的水处理方法相比，纳米水处理工艺占地小，人力和能源消耗少，具有常规方法无法比拟的优势。由于纳米材料所具有的表面效应，纳米材料具有高的表面活性、高表面能和高的比表面积，所以纳米材料在制备高性能吸附方面表现出巨大的潜力。如一种新发明的纳米级净水剂具有很强的吸附能力和絮凝能力，是普通净水剂三氯化铝的10～20倍，能将悬浮物完全吸附并沉淀下来，然后采用纳米磁性物质、纤维和活性炭净化装置，有效地去除水中的铁锈、泥沙及异味等。经前两道净化工序后，水体清澈，没有异味。最后经过带有纳米孔径的特殊水处理膜和带有不同纳米孔径的陶瓷小球组装的处理装置后，可以100%除去水中的细菌、病毒，得到高质量的饮用纯净水。

运用于水处理的纳米技术主要有三种：一是使用纳米材料吸附水中的有害物质。具有代表性的是碳纳米管。在水处理中，用作吸附材料的碳纳米管均以粉末状投入水中，由于其巨大的表面效应，能够强力吸附水中的污染物，能够实现对污染物的高效去除。这种方法主要适用于对低浓度污染的清除；二是使用纳滤膜对水进行过滤。纳滤膜技术是进行大规模污水处理的一种重要手段；三是纳米光催化技术，这是近年来环保领域中研究最多、最具发展前景的高新技术之一。

知识加油站

银的净水作用

银的净水作用可以追溯到古希腊和古罗马时期，当时的人们就使用银壶存放生活用水。尽管银在去除细菌上一直发挥着各种作用，比如应用在绷带、防细菌袜子上等，但迄今为止还未使用过银来对水进行净化。加拿大麦吉尔大学开发银纳米颗粒水过滤技术。这种水过滤技术不能够用作日常的水净化系统，但可以作为应急状态下小规模水处理。在实验室里这种技术表现不错，但投入实际应用还需要做进一步的改进。

二、污水处理

污水主要包括工业废水、农业废水和生活废水，其中含有大量的有机污染物，如表面活性剂、防腐剂、含氮有机物、除草剂、染料等。研究表明，纳米二氧化钛能处理多种有毒化合物，迄今为止，已经发现有3000多种难降解的有机化合物可以在紫外线的照射下通过纳米二氧化钛迅速降解，特别是当水中有机污染物浓度很高或用其他方法很难降解时，这种技术有着明显的优势，是其他传统方法无法比拟的。目前，有些国家已尝试把纳米二氧化钛光催化氧化技术用于水处理的实验室研究，有待尽快实现工程化。

纳米二氧化钛氧化作用原理是：在紫外光照射下，纳米二氧化钛表面会产生氧化能力极强的羟基自由基，使水中的有机污染物氧化降解为无害的二氧化碳和水。纳米二氧化钛光催化氧化技术的优点是：降解速度快，一般只需几十分钟到几小时即可取得良好的废水处理效果；降解无选择性，尤其适合于氯代有机物、多环芳烃等；氧化反应条件温和，投资少，能耗低，用紫外光照射或暴露在阳光下即可发生光催化氧化反应；无二次污染，有机物彻底被氧化降解为二氧化碳和水；应用范围广，几乎所有的污水都可以采用。

1. 油污废水处理

油田采出油的含水率高达90%以上，通过沉降、混凝、斜板除油、粗粒化除油、过滤除油后可将油、水分离。但水中的油含量尚未达到国家颁布的排放水水质标准要求，若直接排放将对环境造成污染，因此还需对其做进一步深度处理。目前清除油污主要采用机械法、吸附法、油层分散法、生物法以及膜技术等，但这些处理技术一般效率不高、操作时间长，且费用高，容易造成二次污染。采用纳米二氧化钛光催化技术处理油污废水，最终分解产物为二氧化碳、水及无害有机物，无二次污染。

2. 农药废水处理

农药的大面积使用在造福于人类的同时，也给人类赖以生存的环境带来危害。由于农药在环境中停留时间长、危害范围广，因此降解难度较大。采用纳米二氧化钛负载型复合光催化剂，利用其光催化活性及高效吸附性，能使有机磷农药在其表面迅速富集，随光照时间的延长，有机磷农药的光解率逐渐升高。

3. 染料废水处理

随着染料和印染工业的发展，其生产的废水已成为当前最主要的水体污染源之一。由于这类废水成分复杂，往往含多种有机染料及其中间体，色度深、毒性强、难降解、pH值波动大、组分变化大且浓度高、水量大，所以一直是工业废水处理的难点。目前常用的处理方法如生化法、混凝沉降法、电解法等均难以满足排放标准要求。而纳米二氧化钛光催化技术能使许多结构稳定、很难被微生物分解的有机染料转化为无毒无害的可生物降解的低分子物质，反应最终产物大部分为二氧化碳、水和无机离子等。

4. 重金属废水处理

重金属离子（主要为铬、银和汞）具有不可生物降解性，进入环境后只能发生迁移和形态的转换，不会从环境中消失，从而能够长期存在于环境中，因此人们一直致力于寻找去除重金属离子的方法。较为常用的有中和法、电解法、化学氧化还原法等，这些技术均能达到一定的去除净化效果，但对于低浓度的重金属废水处理效果不佳，甚至毫无作用。纳米二氧化钛光催化技术处理重金属废水可在常温常压下进行，兼具氧化和还原特性，不产生二次污染。

三、纳滤膜技术

纳滤膜的研究始于20世纪70年代，是由反渗透膜发展起来的，早期称为“疏松的反渗透膜”，直到20世纪90年代，才统一称为纳滤膜，具有纳米级孔径，是介于超滤与反渗透之间的一种膜分离技术，其截留分子量在100～1000范围内。纳滤膜分离是一种绿色水处理技术，允许小分子有机物和单价离子透过；可在高温、酸、碱等苛刻条件下运行，耐污染；运行压力低，膜通量高，装置运行费用低；可以和其他污水处理过程相结合以进一步降低费用和提高处理效果。

纳滤膜技术运用的是溶解－扩散原理（图9－1），即渗透物溶解在膜中，并沿着它的推动力梯度扩散传递，在膜的表面形成物相之间的化学平衡，物质通过膜的时候必须克服渗透压力。纳滤膜与电解质离子间形成静电作用，电解质盐离子的电荷强度不同，造成膜对离子的截留率有差异，在含有不同价态离子的多元体系中，膜对不同离子的选择性不一样，不同的离子通过膜的比例也不相同。

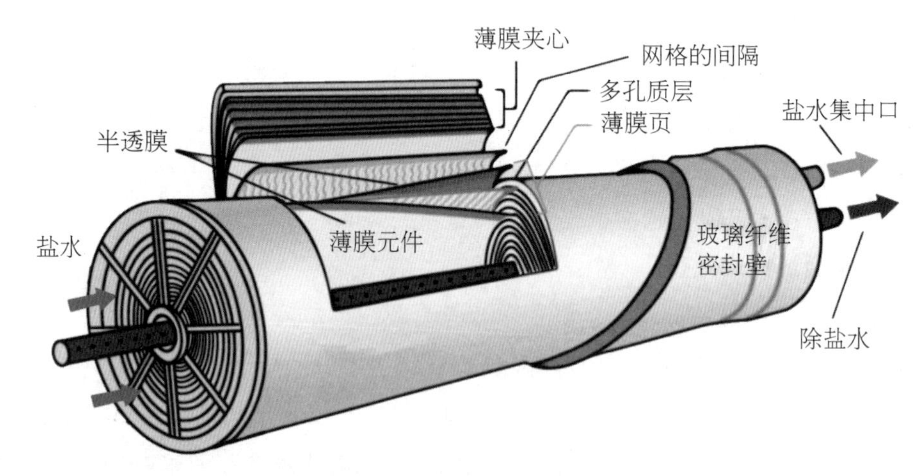

图9－1 ▶ 纳滤膜技术原理图

（图片来源：MAIRIN B. BRENNAN, C&EN WASHINGTON. SCIENCE & TECHNOLOGY http://pubs.acs.org/cen/topstory/7915/7915sci1.html）

国际上先后开发了多种纳滤膜商品，其中绝大多数是复合膜，且其表面大多带负电荷。常见的纳滤膜有芳香聚酰胺类复合纳滤膜：该类纳滤膜主要是美国Film Tec公司生产的NF－50和NF－70两种纳滤膜；聚哌嗪酰胺类复合纳滤膜：该类纳滤膜主要是美国Film Tec公司生产的NF－40和NF－40HF、日本东丽公司的UTC－20HF和UTC－60以及美国AMT公司的ATF－30和ATF－50纳滤膜；磺化聚砜类复合纳滤膜：该类膜主要是日本日东电工公司的NTR－7410和NTR－7450纳滤膜。美国研究人员生产出迄今为止最薄的纳米过滤薄膜（图9－2），约30纳米厚，只用4层纳米颗粒制成，图9－2中左图为该薄膜的透射电子显微镜照片，右图为色氨酸通过薄膜孔输送的原子模拟图。

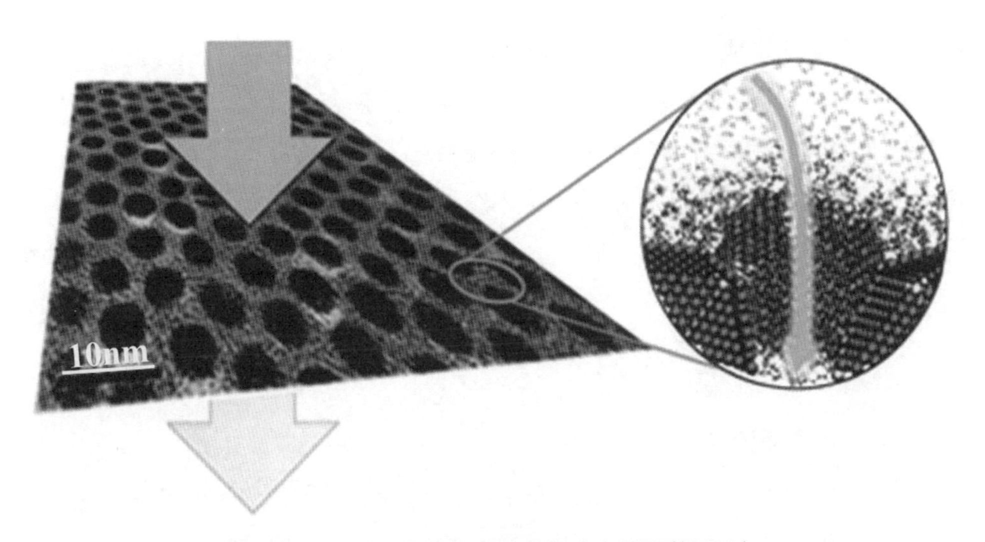

图9－2 ▶ 世界最薄的纳米过滤薄膜（另见彩图28）
[图片来源：http://nano.anl.gov/news/highlights/2011_thinnest_membrane.html. J. Heet al., “Diffusion and Filtration Properties of Gold Nanoparticle Membranes,” Nano Letters, 11, 243,（2011）（online）]

纳滤膜对低分子质量有机物和盐的分离有很好的效果，并具有不影响分离物质生物活性、节能、无公害等特点，在食品工业、发酵工业、制药工业、乳品工业等行业得到越来越广泛的运用。但纳滤膜的应用同时也存在一些问题，如膜污染等，并且食品与医药行业对卫生要求极严，膜需要经常进行杀菌、清洗等处理，使得该技术的广泛使用受到一定的影响，因此如何推广及进行膜清洗等大量问题尚待研究。

第二节 空气污染控制

随着国民经济的高速发展、人民生活水平的迅速提高和环保意识的增强，对环境的要求也越来越高。人们已不再仅满足于拥有住房，而是要求有一个集舒适性、美观性、功能性和安全性于一体的生活环境。而空气是人类生存环境的重要组成部分，因此空气污染就变为人们非常关心的重要事情，控制空气污染的技术和手段也成为环境保护事业必不可少的科学技术的一部分。

空气污染以围护结构为界可分为室外大气污染和室内空气污染。尽管空气污染物主要存在于室外，但是人们长期生活在室内，因此人们受到的空气污染主要来源于室内空气污染。近年来室内空气污染越来越引起人们的重视，其污染浓度有时甚至高出室外几十倍、上百倍，而人类80%～90%以上的时间是在室内度过的。专家认为，继“煤烟型”、“光化学烟雾型”污染后，现代人正进入以“室内空气污染”为标志的第三污染时期。

一、汽车尾气净化

汽车工业的发展在给人类带来便利的同时也带来了环境污染问题，每年向大气排放大量的有害气体。为了消除这一严重的社会公害，美、欧、日等国家和地区相继制定了严格的排放法规，并且采用了各种治理和控制汽车尾气排放的措施。目前，安装汽车尾气净化催化器是治理尾气污染最为有效的方式。用于汽车排气净化的催化剂有许多种，而主流是以贵金属铂、钯、铑作为三元催化剂，其对汽车排放废气中的一氧化碳、碳氢化合物、氮化物具有很高的催化剂转化效率。但贵金属资源稀少、价格昂贵，易发生铅、硫、磷中毒而使催化剂失效。因此在保持良好转化效果的前提下，部分或全部取代贵金属，寻找其他高性能催化剂材料已成为必然趋势。

采用纳米技术制造的汽车尾气催化器能够提高催化效率，减少贵金属消耗，降低生产成本。纳米技术在汽车尾气污染治理中的应用主要是利用纳米材料的高催化活性和吸附性能去除汽车尾气中的有害成分。汽车尾气净化催化器中应用的纳米材料主要有纳米氧化铝、纳米稀土催化剂、纳米碱金属催化剂、纳米贵金属催化剂等。

以纳米级稀土材料取代贵金属作为催化剂，是目前发展趋势之一。稀土元素功能独特，原子结构特殊、活性，几乎可与所有元素发生作用，因而具有独特的催化剂作用和性质。将其加入贵金属催化剂中可大幅提高贵金属催化剂的抗毒性能、高温稳定性，同时可降低贵金属用量，因此稀土元素可说是相当理想的汽车排气催化剂或其助剂。另外，由于材料制成纳米颗粒后具有大表面和小尺寸等效应使材料性能发生突变，从而产生更为优异的性能，因此将稀土材料制成纳米颗粒，应用于汽车催化转化器将有着其他材料无法比拟的效果。而除了纳米级稀土材料之外，其他纳米金属材料，如纳米级过渡金属材料钴及锆的氧化物，对一氧化碳及氮化物等污染物，也有相当不错的转换效率。

2009年，马自达汽车公司利用单一纳米催化技术使尾气催化器中的贵金属含量降低70%，这项技术率先在2010款新马自达3上使用。不仅可以使车用催化剂里的铂与钯使用量减少70%～90%，而且不会降低催化剂净化废气中有毒物质的能力，并拥有比传统催化剂更长的使用寿命，马自达3催化器中贵金属的使用将从原来的0.55克/升削减到0.15克/升。

二、室内空气净化

随着建筑材料中各种添加物的使用，室内装饰材料和各种家用化学物质的使用，室内空气污染的程度越来越严重。室内有害气体主要有装饰材料等释放的甲醛及生活环境中产生的甲硫醇、硫化氢、氨气以及各类臭气等。室内空气污染物浓度高于室外，甚至高于工业区。据有关部门测试，现代居室内空气中挥发性有机化合物高达300多种，其中对人体容易造成伤害甚至致癌的就有20多种，极大地威胁着人类的健康生活。随着人们健康意识和环保意识的增强，人们对具有光催化净化室内空气、抗菌杀毒等功能性绿色环保材料的需求日益迫切，纳米二氧化钛光触媒的出现为环境净化材料的发展开辟了一片新天地，也为人们对健康环境需求的解决提供了有效的途径。

世界上能作为光触媒的材料众多，包括二氧化钛、氧化锌、氧化锡、二氧化锆、硫化镉等多种氧化物硫化物半导体，其中二氧化钛因其氧化能力强，化学性质稳定无毒，成为世界上最当红的纳米光触媒材料。二氧化钛的禁带宽度约为3.0电子伏（eV），属于紫外光激发范围。因此在应用上须以紫外光为光源，才能具有光催化作用。二氧化钛的粒径大小亦会影响光触媒功能，二氧化钛粒径大小须在5～30纳米范围内，才具有较好的光催化活性，最佳的粒径大小约为7纳米左右。

纳米光触媒在光照下，自身不发生化学变化，却可以促进化学反应的物质，其功能就像光合作用中的叶绿素。当其吸收太阳光或其他光源中的能量后，粒子表面的电子被激活，逸离原来的轨道，同时表面生成带正电的空穴。逸出的电子具有强还原性，空穴则具有强氧化性，两者与空气中的水汽反应后会生成活性氧和氢氧自由基。活性氧、氢氧自由基能将大部分有机物、污染物、臭气、细菌等氧化分解成无害的二氧化碳和水。纳米光触媒既可应用于去除空气中或废水中的污染物，亦可应用于抑制或灭除附着于表面的细菌，达到抗菌效果。图9－3为纳米光触媒净化空气示意图。

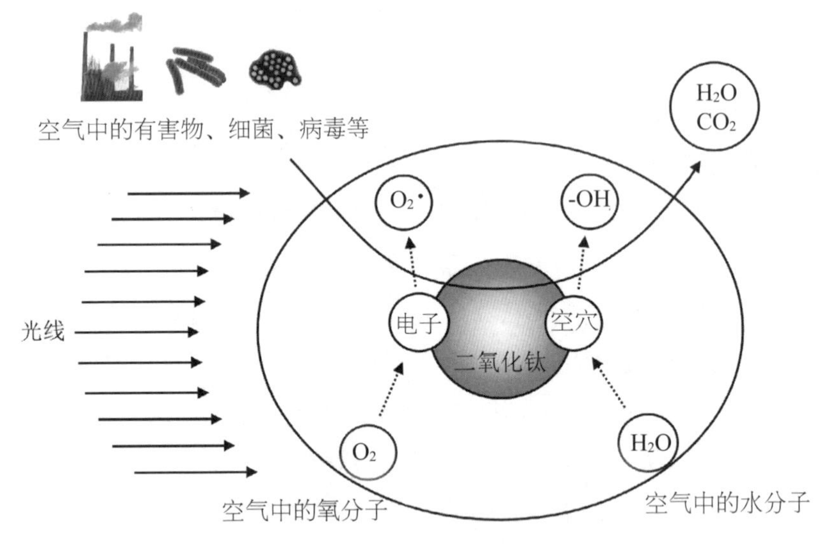

图9－3 ▸ 纳米光触媒净化空气

（图片来源：中国科学院科学传播研究中心）

第三节 纳米与环境检测

环境监测在环境保护中的作用是容易理解的，因为只有准确监测，才能知道环境质量的好坏程度。纳米材料的特性使得它能够帮助人们建立起新一代的环境监测系统。如精巧的传感器阵列网络可用来适时地系统分析生态系统的空间以及化学和生物动力学；安放在公共场所、家庭或个人身上的小型低功率且廉价的多功能传感器阵列可用来警示污染和其他环境危险；可监测环境中自然的和人造的纳米颗粒经生物圈循环后的特性和对人类健康的影响。

有毒的氮氧化物和氨气可导致酸雨和温室效应，因此其在大气中的含量必须适时监测。现有监测技术成本高，不便移动作业，所需温度高。碳纳米管可以用于探测有毒的二氧化氮和氨气，利用纳米技术研制的探测器由两端连接金属导线的纳米碳管组成。该探测器可以在室温下用于监测氮氧化物和氨气浓度，造价低廉，并且体积微小，只有3微米长，仿佛是用微芯片进行化学分析的“芯片实验室”。

生物传感器是对生物物质敏感并将其浓度转换为电信号进行检测的仪器，是由固定化的生物敏感材料作识别元件（包括酶、抗体、抗原、微生物、细胞、组织、核酸等生物活性物质）与适当的理化换能器（如氧电极、光敏管、场效应管、压电晶体等）及信号放大装置构成的分析工具或系统。纳米技术是用单个原子、分子制造物质的科学技术，将纳米技术引入生物传感器领域后，提高了生物传感器的检测性能，并促发了新型的生物传感器。纳米生物传感器是纳米科技与生物传感器的融合，其研究涉及生物技术、信息技术、纳米科学、界面科学等多个重要领域，因而成为国际上的研究前沿和热点。

印度中央食品技术研究所的研究人员利用碲化镉量子点制备出的生物荧光探针传感器，可用于食品、环境等目标分析物的高灵敏检测。美国坦普尔大学研究人员利用基因工程技术研制出生物传感器，利用基因工程技术先将哺乳动物的嗅觉信号系统引入一种酵母菌株中，然后再将一嗅觉信号系统与绿色荧光蛋白的表达联系起来。一旦发现爆炸物，传感器会发出绿色荧光。将来这种生物传感器还可用于探测地雷和沙林毒气等致命物质。美国圣地亚国家实验室将自组装纳米晶导入薄膜内，通过控制纳米晶架构，使之自动组合以包围活细胞，经过基因处理后，能够在感应到特殊毒素时生出荧光。通过最近一次太空试验，研究人员研制出了可以利用活细胞检测到有害化学物和毒素的生物传感器。如果生物传感器能继续有效，就将利用它来开发能用于战场勘测的感应技术。

美国通用电气公司的科学家在2007年发布的一项研究显示，凝聚气体会改变蝴蝶翅膀结构与光线的相互作用，从而改变翅膀的颜色（图9－4）。通用电气公司希望能制造出类似的结构，经化学吸附剂处理后，用于气体传感器。来自英国埃克塞特大学、美国纽约州立大学奥尔巴尼分校、美国空军研究实验室的研究人员与通用电气公司的工程师一起，通过一个经费为630万美元、为期4年的项目，旨在开发出一种探测器件，一旦出现某种气体泄漏，就能够对用户发出警告。研究团队正着眼通过基于光刻的技术构建简单的有机结构，并逐步优化。利用与气体分子形状匹配的化学品涂覆这些结构体，进而开发出各种传感器和探测器。尽管是为军用而开发用于检测化学武器和炸药等，这种传感器还可用来监测电厂排放、水体污染、食品安全以及用于疾病诊断的呼吸分析等。

图9－4 ▸ 蝴蝶（左）与蝴蝶翅膀的微观结构（右）（另见彩图29）

（图片来源：左图：Notafly http://zh.wikipedia.org/wiki/File:Papilioandrogeusgynandromorph.jpg；右图：SecretDisc http://zh.wikipedia.org/wiki/File:SEM_image_of_a_Peacock_wing,_slant_view_4.JPG）

知识加油站

DNA纳米管传感器

麻省理工学院研究人员研发出一种超级灵敏的新型探测仪，将检测爆炸物的能力推进到一个分子的最高极限，比目前机场用的爆炸检测仪灵敏很多。

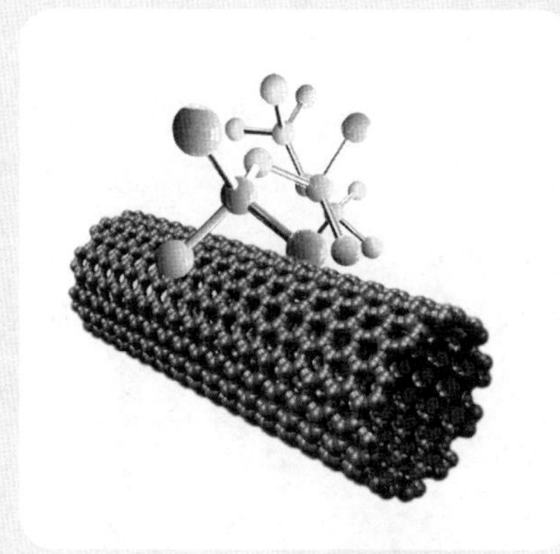

蛋白质片段涂在碳纳米管上（另见彩图31）

（图片来源：中国科学院科学传播研究中心）

该技术利用了蜜蜂毒液中一种蛋白质片段。研究人员将这种蛋白质片段涂在碳纳米管上后发现，这些肽类会对包括TNT在内的硝基芳香族化合物等爆炸物起反应。新纳米传感器将探测能力提高到了极限，能在室温室压下检测到单个爆炸物分子。研究证实，该传感器还能检测出属于硝基化合物的两种杀虫剂，因此有作为环境检测器的潜力，将来甚至能检测出飘在空气中的任何分子。此外，该技术还在商业和军事上具有很大应用前景。

环境保护

公共环境关乎每个人的工作和生活，随着人们生活水平的提高，公共环境的优化和健康发展日益受到重视，但目前公共环境问题仍然是困扰社会的难题之一。纳米技术的发展，如无须人工清洁的纳米自清洁玻璃、可杀菌的纳米银、防腐防锈纳米涂层、吸附温室气体的纳米粉末的研发等，有望突破这一难题，在诸多公共环境领域保护中起到重要的作用。

一、纳米自清洁材料与技术

纳米二氧化钛在紫外光照射条件下，表面结构发生变化而具有超亲水性，停止紫外光照射后，数小时或7天后又回到疏水性状态，再用紫外光照射，又表现出超亲水性。采用间隙紫外光照射，可使表面始终保持超亲水性状态。此特性可用于表面防雾及自清洁等方面。纳米二氧化钛的表面因为其超亲水性，使油污不易附着，即使有所附着，也是和外层水膜结合，在外部风力、水淋冲及自重作用下能自动从涂层表面剥离，从而达到防污和自清洁的目的。将纳米二氧化钛的光催化性能和超亲水性结合可应用于玻璃、陶瓷等建筑材料，在医院、宾馆和家庭中具有广阔的应用前景。

二、纳米杀菌

纳米二氧化钛经光催化产生的空穴和形成于表面的活性氧类能与细菌细胞或细胞内的组成成分进行生化反应，使细菌头单元失活而导致细胞死亡，并且使细菌死亡后产生的内毒素分解。实验结果表明，将二氧化钛涂覆在玻璃、陶瓷表面，经室内荧光灯照射1小时后可将其表面99%的大肠杆菌、绿脓杆菌、金色葡萄球菌杀死。这种瓷砖若用于医院，则覆着于墙面上的细菌数和空气中的浮游细菌数明显下降；若用于卫生间，则可明显降低氨气浓度。日本最近开发出用二氧化钛覆被的抗菌陶瓷，在光照下可完全杀死其表面的细菌。最近福州大学也研制出坚固的掺杂二氧化钛膜的陶瓷材料，对大肠杆菌和空气中的浮游细菌具有稳定的杀灭作用和抑制细菌生长的能力。近年来不断研究开发出含有超细二氧化钛、氧化锌等微粉的抗菌除臭纤维，不仅用于医疗，而且还可制成抑菌防臭的高级纺织品、衣服、围裙及鞋袜等。

新加坡科技研究局纳米压印工业联盟的研究人员受海豚和巨头鲸等海洋动物的抗菌防污皮肤启发，利用纳米压印技术创造出不含化学物质的抗菌合成塑料表皮。这种表皮能够减少由病原体导致的感染，还能应用于普通塑料制品、医学设备、镜片甚至船体领域等。作为纳米压印工业联盟的主要成员，新加坡材料研究与工程研究所的纳米压印技术可以让人工材料具备光泽、黏性、防水和不反光等“天然”性质。抗菌表皮项目将展示出纳米压印技术的多种用途及其对于许多行业的益处。如生物医学装置中的化学添加剂会通过不同方式给不同用户造成负面影响，而源自纳米压印技术的抗菌表皮无需化学添加剂和涂料，可以提供解决这个问题的其他途径。

三、防腐防锈纳米涂层

金属生锈和腐蚀是一个非常严重的全球性问题，科学家一直在寻找减慢或防止其生锈或腐蚀的方式。腐蚀源于金属的表面同空气、水或其他物质接触并发生氧化反应，目前普遍采用的防腐蚀方法是用某些材料包裹金属从而将其表面隐藏起来，但这些包裹材料都有其自身限制。

美国能源部布鲁克海文国家实验室的研究者开发了一种新型金属表面超薄薄膜涂层，可有效防止金属的腐蚀。这种新型薄膜涂层厚度小于10 纳米，即使处在海水中，也可保护金属不受腐蚀。由于涂层厚度越薄，所需材料越少，成本就越低。该材料适用于铝、铁、镍、锌、铜等金属，可应用于阀门、泵以及其他器件上。该薄膜涂层材料可根据具体情况的不同，采用不同方法制造。例如，它可以是一种液体溶液，可喷洒在金属表面，或者将金属浸泡在溶液中。然后对金属进行进一步的处理，如加热一段时间，以激活金属表面上各成分相互作用，形成抗腐蚀保护膜，如环境友好的基于铈的氧化物等。

神奇材料石墨烯真是一个“多面娇娃”，除了是目前已知的最坚硬材料外，还是目前最纤薄的涂层，能够保护铜、镍等金属不被腐蚀。不管是将石墨烯直接放在铜、镍表面上还是通过其他方法转换到其他金属表面，都能让金属免遭腐蚀。在实验中，让单层石墨烯通过化学气相沉积在铜上生长从而包裹住铜，结果表明，其腐蚀速度是光秃秃的铜的1/7；通过让多层石墨烯在镍上生长从而包裹住镍，其腐蚀速度是光秃秃的镍的1/20以下。另外，令人惊奇的是，单层石墨烯与传统有机涂层的抗腐蚀能力一样，但有机涂层的厚度是石墨烯的5倍。石墨烯涂层可能是理想的抗腐蚀涂层，可以应用于很多方面，尤其是需要纤薄涂层的领域，比如用来包裹连接设备和航空航天设备以及用于移植设备中的微电子元件等。

四、污染场地修复

目前纳米材料在污染场地修复中显示出巨大前景。主要热点包括：检测化学和生物制剂的纳米传感器；高效过滤器；可清除金属的纳米颗粒；可去除烟囱金属排放物的纳米复合材料；可分解有机污染物的纳米光触媒，纳米零价铁和高分子纳米颗粒等。图9－5为使用纳米铁离子修复地下水的示意图。为解决有机污染物的现状，美国环境保护局研究人员在《环境卫生展望》期刊上发表利用纳米材料进行环境修复研究的综述文章，并首次公开提供全球在线纳米修复数字地图，其地图包括利用纳米材料进行土壤及地下水原位修复45个污染场地，涉及7个国家和美国12个州。

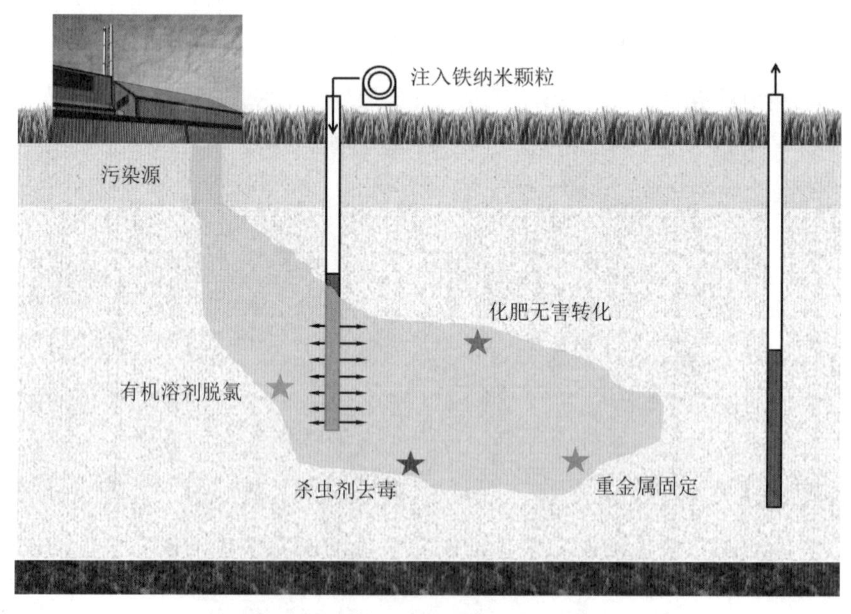

图9－5 ▸ 纳米材料修复地下水示意图（另见彩图30）
（图片来源：中国科学院科学传播研究中心）

五、二氧化碳吸附

法国国家科研中心研制出一种能够大量吸附二氧化碳气体的新型纳米粉末材料，有望提升人类对抗全球变暖的能力。这种新型纳米粉末名为MIL－101，是由法国国家科研中心拉瓦锡研究所（位于凡尔赛）的科学家杰拉德·费瑞（Gerard Ferey）领导的研究小组用铬元素和对苯二甲酸合成的一种孔径约为3.5纳米的多孔复合纳米材料，吸附二氧化碳的能力十分强大：在25摄氏度下，1立方米的MIL－101可以吸附400立方米的二氧化碳；而现在的商业纳米粉末最大孔径只有2.2纳米，同等条件下的MIL－101吸附量仅为200立方米（图9－6）。

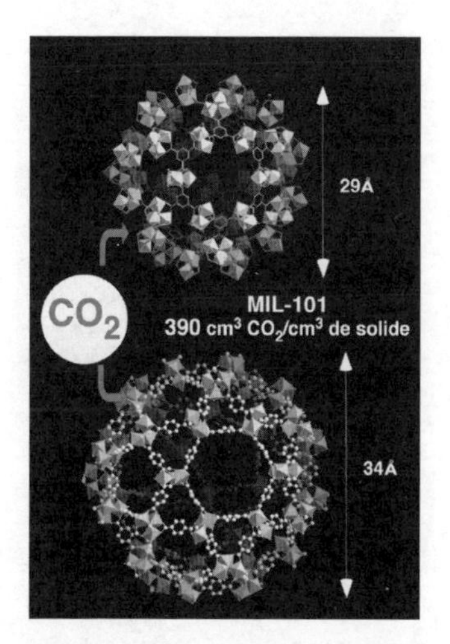

图9－6 ▸ MIL－101两种笼形结构是优良的二氧化碳捕获体（另见彩图36）

（图片来源：CNRS. Le meilleur piège à CO_2. http://www2.cnrs.fr/presse/communique/1334.htm, 2008-5-5. the image comes from the collaboration of three CNRS laboratories:Institut Lavoisien,Institut Charles Gerhardt,Laboratorie chimie Provence）

目前全球二氧化碳的排放量还在持续增长，全球变暖的速度不断加快。捕捉和储存二氧化碳已成为应对全球气候变暖领域中的一个研究热点。基本思路是：吸收发电站、工厂、交通工具等产生的二氧化碳，不让其排入大气加剧温室效应。不久有望用MIL－101制成一种可安装在公路交通工具上的过滤器，用于吸收它们排放出的二氧化碳气体。该材料为温室气体的减排提供了一种新的思路，能源领域、可持续发展和医疗保健领域都是这种材料的潜在应用范围。

（执笔人：冯瑞华）

第十章

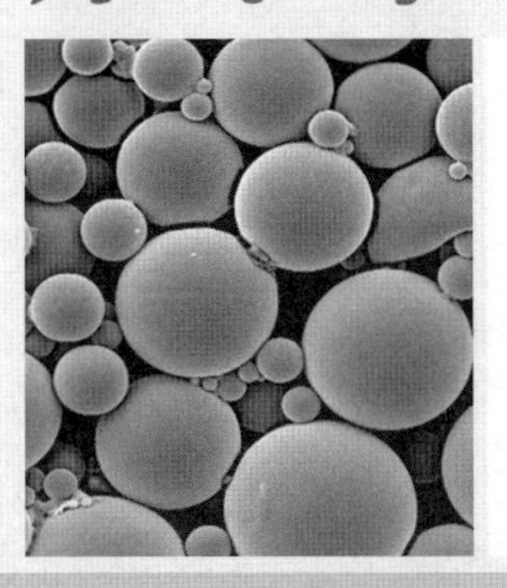

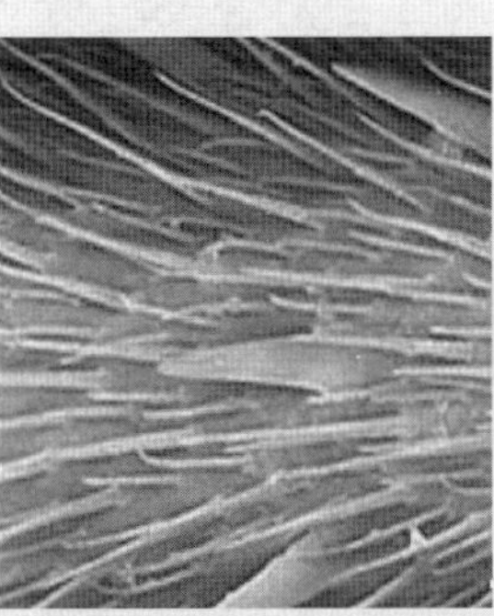
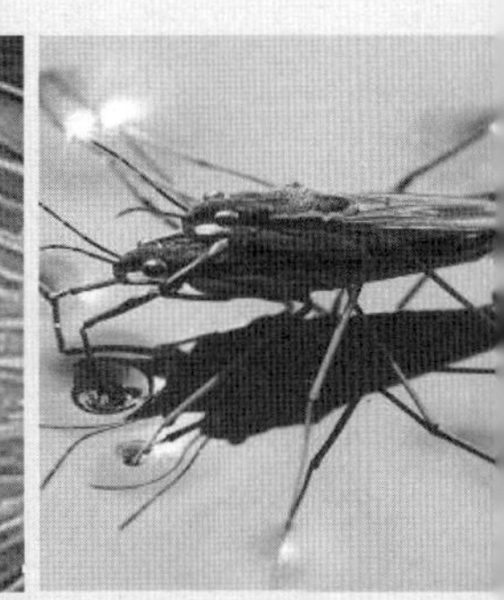

衣食住行小革命：日常生活中的纳米技术

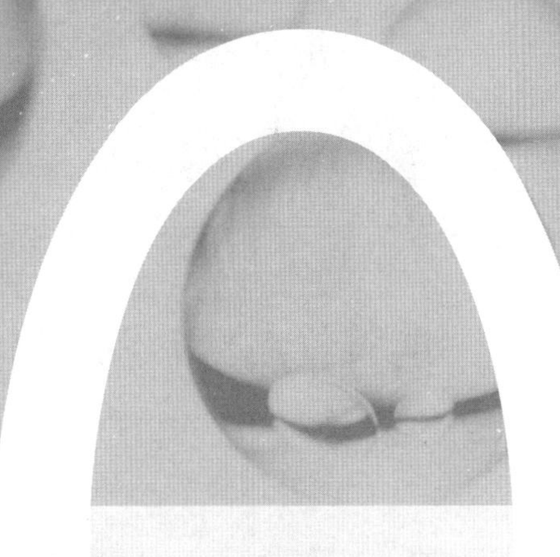

PART 10

科技的发展总是迎合和改善人类基本生活的需求，任何一种新技术最后都是为改善人类生活质量而服务的。纳米技术发展至今，部分产品已经投入生产，随着纳米科技的不断进步，更多的纳米产品将充斥人们的生活，一场改变人们生活的纳米革命正悄然到来。

第一节 纳米技术与食品

古人云，“民以食为天”。纳米技术在食品产业有巨大的发展潜力，它的出现为食品工业的发展提供了一个崭新的平台，食品工业也正在努力将纳米技术用于从农庄到餐桌的全过程。纳米技术使基因工程变得更加可控，人们可根据自己的需要，制造多种多样、便于人体吸收的纳米生物“产品”，农、林、牧、副、渔业也可能因此发生深刻变革，人类的食品结构也将随之发生变化。用纳米生物工程、化学工程合成的“食品”将极大地丰富食品的数量和种类，与之相适应的包装与食品机械也将应运而生。

一、食品加工

近年来，纳米技术在食品产业链中取得了快速的发展。在食品加工过程中，添加的纳米颗粒以其尺寸小、比表面积大和表面活性高的特点，可有效提高食品的口味，改善食品的质地和颜色，提高食品中营养成分被吸收的概率，为人们的健康带来益处。

纳米技术在食品加工领域的应用目前比较成功的例子是纳米微化技术（包括微胶囊、乳化等技术）和纳米膜分离技术。纳米微化技术可广泛用于保健食品领域，通过将营养补充剂颗粒纳米化，改善它们的应用性能，提高其利用率，还可以降低保健食品的毒副作用。纳米微胶囊（图10－1）技术以安全无毒的天然材料为基础（如酪蛋白），经一定处理，在其自组或重组过程中形成微胶囊（10～150纳米），并将人体必需的微量元素或营养功能因子包裹其中。经处理后，不但可以改变这些营养功能因子的溶解性质，扩大其应用范围，同时由于保护作用，它们在生物体中的利用率也得以提高。并且，这种纳米微胶囊可以经酸碱度和温度等达到控制释放。目前，巴斯夫公司［Badische Anilin－und－Soda－Fabrik（巴登苯胺苏打厂），简称BASF，是一家德国的化学公司］已成功研发多种纳米胶囊化的类胡萝卜素，使其在果汁饮料和人造黄油的生产中得以广泛使用。芬兰保利希食品公司采用纳米技术，将植物固醇制成纳米微粒，并在一定的温度下将纳米微粒均匀地加入人造黄油中，从而解决纯植物固醇的溶解性难题，扩展了其应用领域。

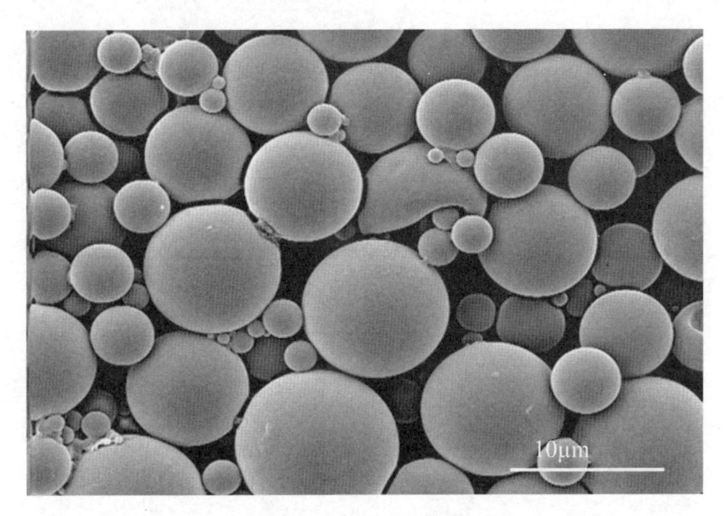

图10－1 ▸ 纳米微胶囊

（图片来源：Steenblock and Fahmy, Yale University http://www.nature.com/pr/journal/v63/n5/fig_tab/pr2008103f3.html#figure—title）

通过控制温度和乳化剂的种类和浓度，可以形成稳定的不同尺寸的纳米油/水乳化体系，以此大大提高油相在水体中的溶解度，扩展其应用范围。此外，纳米乳化剂在食品工业中还具有良好的去污效果。如人们开发出尺寸在400～800纳米的纳米乳化剂，它除了乳化去污外，还可以促进不同种类病原体细胞膜的溶解，比如细菌、孢子和霉菌孢子的溶解，从而达到抑菌效果。图10－2为纳米乳化剂原理示意图。

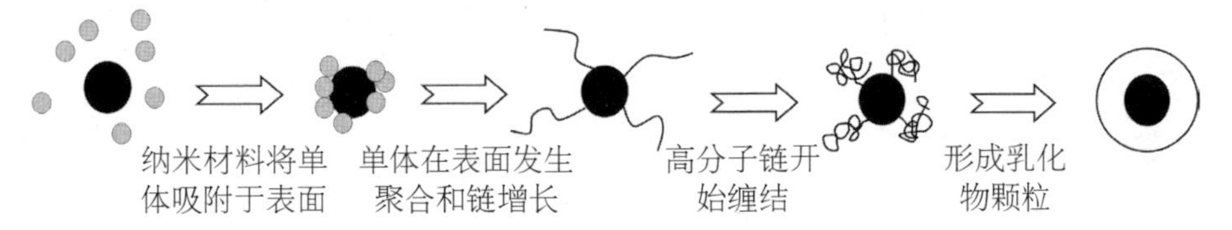

图10－2 ▸ 纳米乳化剂原理示意图

（图片来源：中国科学院科学传播研究中心）

知识加油站

乳 化

乳化是一种液体以极微小液滴均匀地分散在互不相溶的另一种液体中的作用。乳化是液-液界面现象，两种不相溶的液体，如油与水，在容器中分成两层，密度小的油在上层，密度大的水在下层。若加入适当的表面活性剂在强烈的搅拌下，油被分散在水中，形成乳状液，该过程叫乳化。乳化体系包括油/水乳化体系（O/W型），和水/油乳化体系（W/O型）。

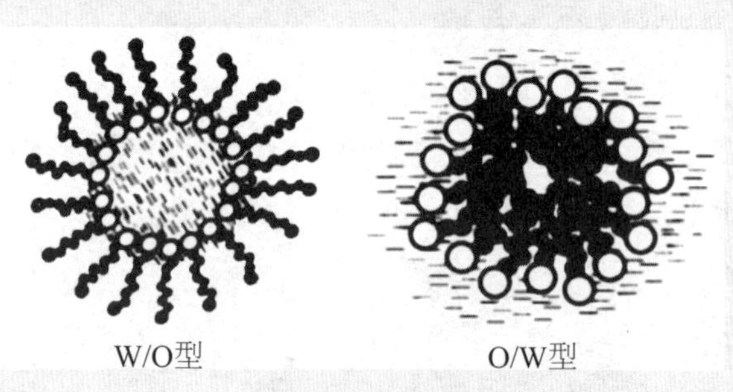

乳化体系图

（图片来源：中国科学院科学传播研究中心）

为了对食品功能成分进行分离，研究人员开发出了纳米管膜。通过修整纳米管膜，使其功能化，可以根据尺寸和化学特性上的差异有效分离食物成分，解决一般性膜的选择性差和效率低的问题。将来对于某些高生理活性的蛋白质、肽、维生素和矿物质等的精细化加工，具有广阔的应用前景。美国已经研发出一种纳米过滤器，牛奶经过该过滤器，可以滤出其中的细菌等有害物质，与传统的加热杀菌相比，这种牛奶的口感和营养成分更佳。

二、食品保鲜和包装

咨询公司Helmut Kaiser在2007年公布的一份市场调研报告中指出，全球纳米复合食品包装材料的种类已经从2003年的不足40种发展到2006年的400余种，预计在未来的10年内，纳米复合包装材料将会占到整个食品包装产值的1/4，销售额将达到1000亿美元。

运用纳米技术研发的包装系统可以修复小的裂口和破损，可以适应环境的变化，并且能在食品变质的时候提醒消费者。此外纳米技术可以改进包装的渗透性，提高阻隔性，改进抗损和耐热，形成抗菌表面，防止食物发生变质。在食品包装领域，近几年来，国内外研究最多的纳米材料是聚合物基纳米复合材料（polymeric nano－metered composites，PNMC），即将纳米材料以分子水平（10纳米数量级）或超微粒子的形式分散在柔性高分子聚合物中而形成的复合材料。常用的聚合物有聚酰胺（polyamide，PA）、聚乙烯（polyethylene，PE）、聚丙烯（polypropylene，PP）、聚氯乙烯（polyvinyl chloride，PVC）、聚对苯二甲酸乙二醇酯（polyethylene terephthalate，PET）、液晶聚合物（Liquid Crystal Polyester，LCP）等；常用的纳米材料有金属、金属氧化物、无机聚合物等三大类。目前根据不同食品的包装需求，已有多种用于食品包装的聚合物基纳米复合材料面市，如纳米银/PE类、纳米二氧化钛/PP类、纳米蒙脱石粉/PA类等，其某些物理、化学、生物学性能有大幅度提高，如可塑性、稳定性、阻隔性、抗菌性、保鲜性等，在啤酒、饮料、果蔬、肉类、奶制品等食品包装工业中已开始大规模应用，并取得了较好的包装效果。

从目前研究方向和市场应用来看，纳米复合食品包装材料出现了以纳米增强型食品包装材料，“智能”和“活性”包装材料以及纳米复合可降解包装材料为基础的新型包装材料，下面就这3种新技术的应用进展进行介绍。

1. 纳米复合增强型包装材料

高的比表面积使得纳米颗粒在包装材料中只需要很小（约5%，重量比）的比例就可以显著提高包装材料的物理机械性能，如塑料包装的柔韧性、气体阻隔性、温度和湿度稳定性、纸质包装的抗紫外线辐照、防火性能和抗拉伸性等。各种功能各异的新型包装材料的开发引发了人们对纳米增强型高分子材料的研究热潮，使得包装技术成为纳米材料应用领域中开展最早，应用最为成熟的一个领域。

除在原有基础上进行功能增强以外，纳米颗粒还可以给食品包装材料带来新的功能，如抗菌活性等。其中，应用最多的就是银纳米颗粒。由于银具有抗菌和杀菌作用，因此国际上许多知名企业和公司开发和生产了含银纳米颗粒的食品包装产品。表10－1列出了目前已经商品化的含银纳米颗粒的几种产品。

表10－1 ▶抗菌食品包装/接触材料的商业化应用实例

生产企业/公司	应用
Sharper Image和Blue Moon Goods公司	食品塑料包装袋和容器含纳米银复合膜
大宇，三星、LG和美的	冰箱中含纳米银涂层
梦宝宝公司*	婴儿用水杯中含纳米银涂层
A－DO Global公司	烹饪菜板含纳米银涂层
Nanocor公司产品	PET与纳米颗粒复合，阻隔碳酸饮料中CO_2的逸出和外界空气中的O_2进入，以延长食品的保质期
霍尼韦尔公司	PET与纳米颗粒复合，阻隔碳酸饮料中CO_2的逸出和外界空气中的O_2进入，在啤酒、果汁和饮料包装中应用
德国拜耳公司	PA与MMT纳米颗粒复合，增强包装材料的阻隔特性、光泽度和硬度，在果汁饮料的外包装中应用

*梦宝宝公司，商标为Dreambaby®，澳大利亚企业。

纳米银复合食品包装/接触材料可以通过抑制细菌和微生物生长来保证食品安全，延长食品的保质期。纳米银的杀菌原理是根据大部分细菌的细胞膜带有负电荷的特性，将阳离子正电荷接到其表面，利用电荷正负相吸作用，使细菌窒息、死亡，达到杀菌目的。而氧化锌和二氧化钛在光照下能生成电子－空穴对，由于带正电的空穴具有很强的氧化能力，能够使有机物氧化分解为二氧化碳和水，而有机物初始含有的卤素（X）、硫、磷和氮原子也被分别转化为X^-、SO_4^{2-}、PO_4^{3-}和NO_3^-等无机盐从而消除原有的危害性。因此，这样的纳米复合保鲜膜材在保持原有的气调性的同时，也具有防腐性能，从而可以取得更好的保鲜效果。也有少量直接在加工过程中引入纳米颗粒进行保鲜的研究，如将准纳米银溶液作为防腐剂或制成复合防腐剂添加到食品中，可以减弱加工工艺中的杀菌强度，避免了长时间高温杀菌对食品造成的破坏。

另外一种广泛应用的纳米材料是蒙脱土（Montmorillonite，MMT）纳米复合包装材料（图10－3）。由于蒙脱土具有类似石墨的层状结构，因此以蒙脱土复合聚合物为基础的包装材料表现出良好的气体阻隔性。目前，与蒙脱土复合的高分子材料有聚酰亚胺、尼龙、聚苯乙烯－聚甲基丙烯酸甲酯，聚对苯二甲酸乙二醇酯和聚苯胺等，这些复合材料几乎在所有的食品内外包装中都得到了应用。例如，美国Miller Brewing和韩国Hite Brewery公司均报道了在啤酒和碳酸饮料包装中使用了蒙脱土－多层聚合物塑料薄膜复合包装，以此来阻隔啤酒和碳酸饮料中气体的外逸和外界空气中氧气的侵入，保证了包装食品的感官指标，延长了食品的保质期。

图10－3 ▸ 纳米蒙脱土塑料膜

（图片来源：中国科学院科学传播研究中心）

2. “智能”和“活性”包装材料

“智能”和“活性”食品包装是近年来广泛应用的一类新型包装技术。所谓“活性”，是指包装材料具有去除异味和氧气，增加食品色泽和感官指标的功能。例如，在食品包装材料中加入碳黑和多壁碳纳米管等具有表面积大和吸附气体能力强的纳米颗粒以后，包装袋内释放的异味气体能被吸附；若在多壁碳纳米管中添加一定的香料，还可以有效保持包装食品的色泽和感官指标。

“智能”包装的概念和应用较“活性”包装要广泛很多。例如，利用纳米颗粒合成得到的纳米微球或囊泡可以携带食品防腐剂，在食品运输和存储过程中通过缓慢释放起到防腐功效，这种包装材料的开发是建立在纳米生物开关的基础之上，以达到“按需释放”的目的；另外，利用纳米颗粒研制的阵列传感器，是一种基于“电子舌头”的传感技术，可以用于监控，追溯和显示包装袋内食品的基本安全情况。这种监控和溯源技术在食品加工、运输、存储、销售、质量监管等领域都有巨大的应用价值。表10－2列出了目前国际知名食品企业和公司开发的智能和活性食品包装产品的实例。

表10－2 ▸ 活性和智能食品包装材料应用实例

生产企业/公司	纳米成分	作用
CSP科技	聚合物包装在外界刺激下会释放出其中的功能纳米成分	对包装袋内的湿度、氧气、细菌、气味和食品本身的味道进行控制
卡夫食品	基于“电子舌”概念的纳米传感器能够“尝”出包装袋内的气味含量并引导化学物质释放	根据个人消费需求向包装袋内控制释放气味和营养保健物质
美国Georgin科技	基于多壁碳纳米管的生物传感器	能够监测食品中的微生物、有毒的蛋白质和腐烂成分食品发生变质时包装袋会改变颜色
英国南安普敦大学	50纳米的CB“Opal”薄膜	
德国马普学会高分子研究所	50纳米的CB“Opal”薄膜	
苏格兰斯特莱斯克莱德大学	含二氧化钛纳米颗粒的包装袋和O_2传感印刷油墨	抗紫外线；防伪标签印刷
澳大利亚MiniFAB公司	纳米生物传感器	监测食品的微生物污染物

3. 纳米复合可降解包装材料

纳米复合生物可降解材料是利用纳米颗粒与聚乳酸（Poly Lactic Acid，PLA）复合而成的一种新型食品包装材料，这种材料可有效解决食品包装回收再利用和环境污染问题。目前，与聚乳酸复合的纳米材料主要是蒙脱土。蒙脱土－聚乳酸复合材料已在肉制品、乳制品、糖果、谷物以及速食袋装煮沸食品的包装中得到了广泛的应用。表10－3列出了已经市场化的和某些正处于研究阶段的纳米复合可降解包装材料实例。

表10－3 ▸ 可降解纳米复合生物塑料薄膜

生产企业/公司	纳米成分	作用
澳洲Plantic科技	纳米添加剂	生产生物可降解塑料，并提供澳大利亚80%的巧克力包装市场，包括Cadbury牌巧克力

续表

生产企业/公司	纳米成分	作用
美国Rohm和Haas	Paraloid BPM－500添加剂	增强生物可降解高分子材料聚乳酸的强度
欧盟13个国家的研究机构，大学和公司联合开发的“可持续包装”	蒙脱土纳米颗粒	增强聚合物纤维强度，并具防水功能
澳洲科技和工业研究组织	纳米添加剂	用于生产可燃烧的，废弃后可用作肥料的再生包装材料

第二节 纳米技术与化妆品

随着科学技术的发展以及人们自我保护意识的增强，对于具有防晒等特殊功效的化妆品的需求量不断增加，所以利用纳米技术开发新型化妆品将是化妆品行业的一大发展方向。根据2010年汤姆森路透知识产权分析对2003－2009年的相关纳米专利统计显示，防晒和抗衰老是目前最主要的化妆品应用领域，而美国、韩国、日本和西欧地区等是主要的专利申请国家和地区。

传统工艺乳化得到的化妆品膏体内部结构为胶团状或胶束状，其直径为微米级，对皮肤渗透能力很弱，不易被表皮细胞吸收。皮肤最外层具有疏水性角质层，因而水溶性物质和大分子量的物质通过表皮吸收和毛囊皮脂腺吸收相当不易。而将纳米技术用到化妆品制造业中，得到的化妆品膏体微粒可以达到纳米级，这种纳米级膏体对皮肤渗透性大大增加，能对传统工艺乳化得到的化妆品缺陷进行很好的弥补。

在化妆品与防晒产品方面，使用纳米技术主要有以下优点。首先是容易吸收，利用纳米技术可减小化妆品中功效成分的粒子粒径，使各种纳米级化妆品功效成分颗粒能够顺利渗透到皮肤深层，并通过其产生的表面效应和尺寸效应最大限度地发挥护肤、疗肤效果。其次是抗菌作用，纳米尺度的材料自身有抑菌作用，如研究发现，银在纳米状态下，由于大大增加了银离子与外界的接触面，其杀菌能力更是产生了质的飞跃，只用极少量的纳米银即可产生强力的杀菌作用，可在数分钟内杀死650多种细菌。纳米材料用在化妆品防晒剂中，最大的优点是其属于无机惰性原料，应用非常安全。不像有机防晒剂其活性和刺激性较强，会对皮肤产生毒副作用。化妆品中常用的纳米材料有如下几种。

一、纳米氧化锌和二氧化钛

太阳光中的紫外线按其波长可分为UVA（320～400纳米）、UVB（290～320纳米）和UVC（200～290纳米）。UVB是导致灼伤、间接色素沉积和皮肤癌的主要根源，灼伤主要表现皮肤出现红斑，严重者还可能伴有水肿、水疱、脱皮、发烧和恶心的症状。目前，防晒化妆品中的防晒指数就是针对UVB的防护。UVC虽绝大部分被大气平流层中的臭氧层所吸收，但由于其波长短、能量高和臭氧层破坏的日益加剧，对人类造成的伤害也不能忽视。随着全球紫外线辐射强度的不断增加和皮肤科学的发展，UVA对人体的伤害逐渐引起人们的关注。UVA的穿透能力强且具有累积性，长期作用于皮肤可造成皮肤弹性降低、皮肤粗糙和皱纹增多等光老化现象，UVA还能加剧UVB造成的伤害。纳米氧化锌能够有效屏蔽UVA，近年来在防晒化妆品中得到广泛应用。纳米氧化锌、二氧化钛无机粒子的悬浮分散液具有以下特点：① 无毒，高浓度时对皮肤也无刺激，高效、长效屏蔽紫外线；② 分散稳定剂具有抗水成膜性，使有效成分保持在90%以上；③ 极佳的粒径尺寸保证了极佳的防晒效果，同时也避免了涂抹时的泛白现象；④ 高分散度的悬浮分散液无须再分散即可使用，十分方便。但为满足上述要求，需要对纳米颗粒的原始粒径大小及分布进行严格的控制，并进行特殊的表面处理。

二、维生素E

维生素E是人类皮肤细胞需要的营养物质，同时具有抗氧化抗衰老作用，但常态的维生素E很难透过表皮被细胞吸收。当维生素E被纳米化后，很容易被皮肤细胞吸收。北京大学人民医院的临床试用对比实验报告表明，这种纳米维生素E化妆品的祛斑功能比一般含氢醌类化合物的祛斑霜效果快且安全无毒副作用。

三、壳聚糖（聚脱乙酰氨基葡萄糖）

由于壳聚糖的组成单元成分氨基葡萄糖和人体表皮脂膜层重要成分神经酰胺的结构非常相似，因此它可与表皮脂膜层相互作用，形成一层天然仿生皮肤，具有保湿、刺激细胞再生及修饰皮肤的功能，且可阻断或减弱紫外线和病菌等对皮肤的侵害。如果将壳聚糖纳米化后，可渗透进入皮肤毛囊孔，抑制并杀死毛囊中藏匿的霉菌、细菌等有害微生物，从而消除由于微生物侵害而引起的粉刺、皮炎，同时也可消除由于微生物积累而引起的黑色素、色斑等。

四、其他原料

纳米银是一种强效抗菌剂，与阴离子表面活性剂进行复配形成纳米银悬浮液，可制成具有更高杀菌活性并对皮肤有着深层保洁效果的美容产品，例如具有杀菌、去痘、洁面功效的面膜、高档净洗液、湿纸巾等产品，是去痘、洁面、皮肤护理的极佳选择。

化妆品中其他常用的固体类原料有硬脂酸、滑石粉、碳酸钙、碳酸镁和硼砂等。这些原料应具有良好的滑爽性、吸附性、吸收性，无毒、无害等性能。谷胱肽和肌肽这两种天然活性肽已经进入化妆品配方中，尤其是在防晒、抗皱和皮肤亮白产品中。使用不同性能的化妆品除取决于成分外，均与所添加固体类原料的粗细有关。

第三节 纳米技术与衣物

一、纳米抑菌衣物

如前面提到的，纳米银等纳米材料具有抑菌特性，将纳米银等纳米抑菌材料添加至衣物面料上，可以起到很好的抑菌效果。例如美国康奈尔大学举办的一场时装展上，研究学者向外界展出了这种具金属色泽的外套和裙子。它的“闪光点”并非其设计多么前卫时髦，而是它的防菌本领。这款衣服看上去就是由普通的棉料制成，但是在它的布料里添加了一种纳米微粒，能够侦测并且

“抓住”飘浮在空气中的病毒和病菌。衣服的兜帽、衣袖和口袋里还添加有独特的钯微粒，其功能与微型的排气净化器相似，能够分解有害的空气成分。图10－4所示为模特们在展示神奇的预防感冒的外套。

图10－4 ▸ 模特们在展示神奇的预防感冒的外套（另见彩图32）

（图片来源：the caption of the states our URL http://nanotextiles.human.cornell.edu and Courtesy of Professor Hinestroza at Cornell University）

二、纳米防水衣物

润湿性是材料的一种特性，它取决于材料表面的化学组成和形态结构。由于某些服装存在防水要求（例如防水服、防护服、运动服等），就必须开发出超疏水织物。研究人员从自然界中荷叶的疏水表面获得灵感，在织物表面附着一层纳米材料，这些纳米粗糙表面形成一层永久性的空气层（一些昆虫和蜘蛛体表也存在类似的结构，如水黾中脚和后脚特别细长，长着许多直径为纳米量级的细毛，能在水面上自由行走、快速滑移和跳跃），从而实现了疏水的目的。纳米材料的疏水原理见图10－5。

知识加油站

水黾凌波微步的奥秘

水黾在水上稳定站立、快速行走归功于腿部特殊的微纳结合的结构效应。在高倍显微镜下观察发现，水黾腿部有数千根按同一方向排列的多层直径不足3 微米的刚毛，这些刚毛表面形成螺旋状的纳米沟槽，吸附在沟槽中的气泡形成气垫，从而让水黾能够在水面上自由地穿梭。

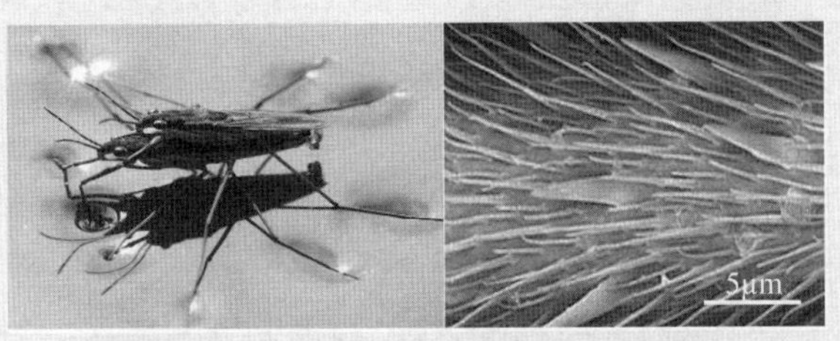

高倍显微镜下水黾腿部微米结构的纤毛

（图片来源：左图：Markus Gayda http://en.wikipedia.org/wiki/File:Wasserl%C3%A4ufer_bei_der_Paarung_crop.jpg；右图：Don DeYoung http://www.answersingenesis.org/articles/am/v5/n3/walking-water）

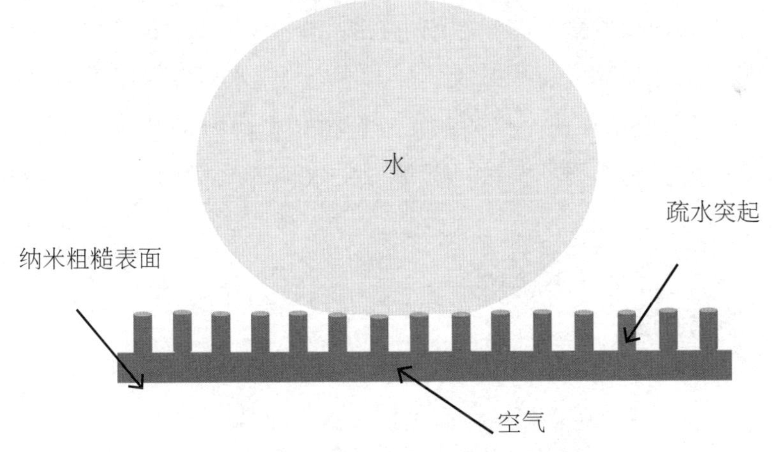

图10－5 ▸ 纳米材料疏水原理示意图

（图片来源：中国科学院科学传播研究中心）

同传统衣物相比，这种疏水衣物不沾水且易于清洗，但是纳米防水衣物如果出现磨损，会导致防水功能下降。

第四节 纳米技术与文体用具

一、办公用品

纳米技术已经深入到生活的各个角落，办公领域也不例外，喷墨打印机的墨水就是应用较为成功的例子。高性能的喷墨打印机墨水是喷墨打印技术的关键问题，好的墨水应该具备彩色还原准确、图像边缘清晰锐利、色彩饱和度高、防水防晒性能良好以及可靠的存储稳定性等优点。传统染料分子在各种相互作用力（范德华力、氢键力和静电力等）的影响下具有团聚的趋势，因此不能长期保持稳定的分散状态，染料颗粒会逐步从液体中沉淀下来，堵塞打印机喷嘴（一般情况下，喷墨打印机喷嘴直径只有50～100微米，而且随着打印机分辨率越高其喷嘴直径越小）。纳米微胶囊技术能很好地解决这个问题。

使用微胶囊技术生产的墨水同传统墨水相比，具有以下优点：① 微胶囊技术可将树脂紧紧包裹在染料颗粒上，其结合力比传统的分散剂与染料颗粒间的结合力大得多，即使最新型高分子分散剂也无法与微胶囊技术相比；② 高度的稳定性，使用其他技术生产的染料墨水在打印机停止工作后数分钟到数小时墨水就会干枯，堵塞喷嘴，使用微胶囊技术生产的墨水可以保证墨盒放置30天后仍然可以正常工作；③ 由于染料颗粒外有树脂聚合物包覆，所以墨水的保色性、防止紫外线性能得到了极大的提高；④ 微胶囊技术生产的墨水只需要很少的有机溶剂，十分环保。

二、体育用品

看着体坛明星在运动场上耀眼的表现，谁能想到这背后纳米技术的功劳呢？让我们来看看这些体育明星所使用的“神兵利器”吧。

1. 李娜的网球拍

2011年6月，李娜在法国网球公开赛夺冠，书写了中国网球灿烂的辉煌时刻，李娜手中的碳纤维网球拍对她的夺冠功不可没。由于碳纤维具有优越的物理性质，因此，碳纤维制成的网球拍具有重量轻、力学性能好、抗冲击性能好、击球手感好、阻尼性好、震动小不伤手腕等优点（图10－6）。

图10－6 ▸ 碳纤维网球拍

（图片来源：http://en.wikipedia.org/wiki/File:Tennis_Racket_and_Balls.jpg）

2. 菲尔普斯的泳衣

保持着200米蝶泳、400米混合泳和100米蝶泳世界纪录的泳坛名将菲尔普斯在其职业生涯中取得了巨大的成功，他身上神奇的泳衣功不可没。这种泳衣使用了一种新型的纤维材料（每平方米才104克），其上还涂覆了纳米涂层保证其疏水性。由于这种神奇泳衣的防水性能，使得泳衣与水之间的摩擦阻力非常小且不会因为泳衣沾水而导致重量变重影响运动员的成绩（图10－7）。

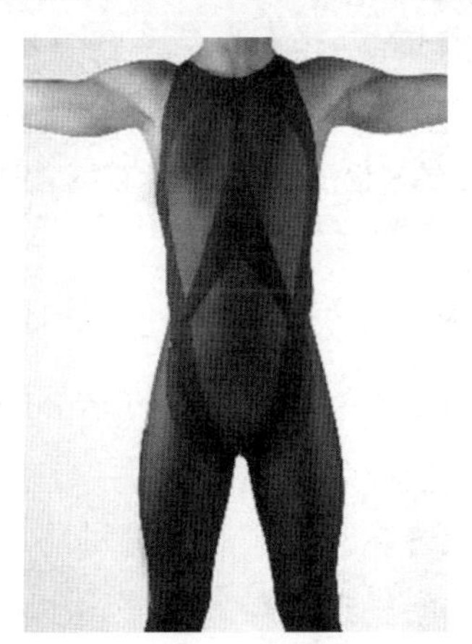

图10－7 ▸ 神奇的泳衣

（图片来源：http://spinoff.nasa.gov/Spinoff2008/ch_4.html）

第五节 纳米技术与家用电器

纳米技术在家用电器领域应用十分广泛，在洗衣机、空调、电饭煲、电热水壶等家用电器外壳及内胆上使用纳米银，抗菌率可达99.99%，在冰箱、空调内置除味器、空调预滤器使用纳米铜或纳米银，不但可以抗菌，还能去除异味，消除空气中有机化合物等功能。图10－8为采用了纳米银技术冰箱的概念图。

图10－8 ▸ 采用了纳米银技术的抗菌冰箱概念图（另见彩图35）
（图片来源：中国科学院科学传播研究中心）

在家电领域纳米技术除了能杀菌除味外，还有许多其他方面的应用。如日本旭硝子玻璃股份有限公司在太平洋横滨国际会展中心举行（2011年10月26日至10月28日）的2011国际平板显示展览会上，参考展出了正在开发的防反射膜。适用于智能手机、平板终端及电视等。这种防反射膜是一种直接在基板上成形的多层膜，通过改进表面构造，较之该公司生产的单层膜大幅降低了反射率。旭硝子还参考展出了可在该防反射膜上成形的耐指纹膜。据该公司介绍，这种耐指纹膜与其他公司的原产品相比，具有耐久性高的特点。在用布擦拭后测量与水的接触角度的耐久性测试中，擦拭10万次以后，其他公司的产品与水的接触角降低到了90多度，而旭硝子正在开发的耐指纹膜与水的接触角却可保持在100度以上。目前已开始面向智能手机及平板终端等采用触摸面板的终端样品供货。图10－9为防反射膜涂抹前后对照图。

图10－9 ▸ 防反射膜涂抹前后对照

左图为未涂覆防反射膜玻璃，右图为涂覆防反射膜玻璃（另见彩图33）

（图片来源：http://china.nikkeibp.com.cn/news/flat/58505－20111028.html）

第六节 纳米技术与印刷

激光照排技术的应用，让中国的印刷业告别了铅与火，迎来了光和电。而纳米材料应用于印刷制版技术中，则有可能让印刷技术“弃暗投明”。

中国科学院化学研究所自主研发了纳米材料绿色印刷制版技术，该技术利用化学所近年来在纳米界面材料制备、超亲水/超疏水性能控制等方面取得的研究成果，将纳米复合转印材料直接打印在超亲水的板材上，并通过纳米尺度界面性质的调控在非打印区和打印区形成浸润性相反的纳米微区，该技术的技术路线见彩图34所示。

该技术克服了传统感光成像需暗箱操作的特点，同时简化了制版流程，大大降低了印刷成本，从根本上消除了对环境的污染，并且图文质量大大提高。

2009年9月，该技术的中试线正式建成，化学所与四家企业签署了《纳米材料绿色印刷制版产业技术创新战略联盟》意向书，为这一低成本、绿色印刷制版技术产业化拉开了序幕。

（执笔人：梁慧刚　黄健）

第十一章

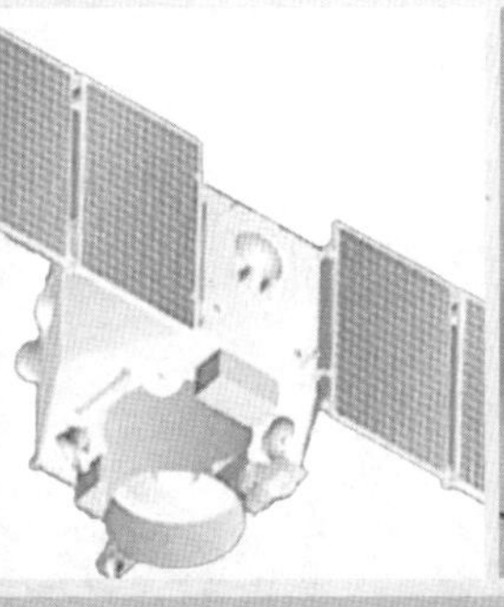

“看不见”的情报高手：微缩的纳米武器装备

PART 11

在人类发展的历史上，大凡先进的科学技术，往往都率先用于军事领域，纳米技术也是如此。美国国防部在十几年以前就认识到了纳米技术的重要性，投入了大量的人力与经费支持纳米技术的研究。纳米技术的突破与发展为研制质量轻、功耗低、作战效能高的武器装备奠定了技术基础，将对未来的国防与战争形态产生深远的影响。纳米技术将提高武器的隐身性能与安全性能，提高武器装备的信息化程度，使武器装备向小型化、智能化方向发展，并将为未来战争提供新的威慑手段。

第一节 纳米隐身涂料

隐身涂料是固定涂覆在武器系统结构上的一种特殊涂料，能够使得该武器装备无法被雷达探测到，按其功能可分为雷达隐身涂料、红外隐身涂料、可见光隐身涂料、激光隐身涂料、声呐隐身涂料和多功能隐身涂料。隐身涂层要求材料具有以下特点：较宽温度的化学稳定性；较好的频带特性；面密度小，重量轻；黏结强度高，耐一定的温度和不同环境变化。

知识加油站

隐身的原理

隐身的原理还得从雷达的工作原理说起。蝙蝠可以发出人耳听不见的超声波，当超声波遇到物体时，会像回声一样返回来，由此蝙蝠就能辨别出这个物体是移动的还是静止的，以及离它有多远。但是如果物体不反射雷达发出的探测电磁波（或者说对电磁波的吸收率很高），那么雷达就探测不到这个物体，该物体也就对雷达实现了隐身。

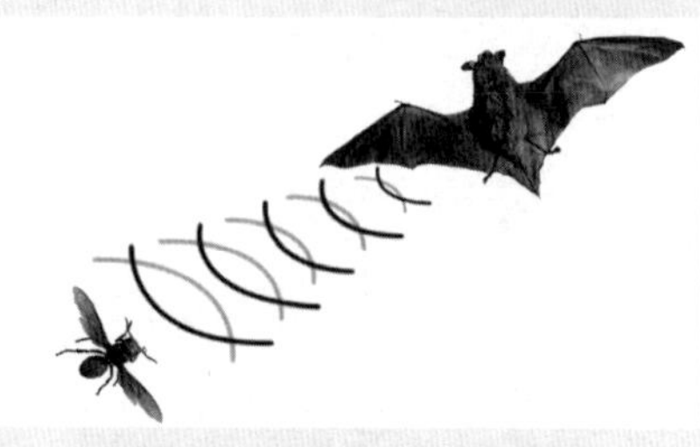

蝙蝠发出超声波辨别物体

（图片来源：中国科学院科学传播研究中心）

纳米隐身涂料由于其独特的物理特性，已经成为各国争相研究的热点。①纳米颗粒尺寸远小于红外及雷达波波长，因此纳米材料对这些范围的波的透过率比常规材料要强得多，这大大减少了波的反射率，使得红外探测器和雷达接收到的反射信号变得很微弱；②纳米颗粒的比表面积比常规粉体大三四个数量级，对红外光和电磁波的吸收率也比常规材料大得多，这样入射到涂料内部的电磁波与隐身涂料相互发生电导损耗、高频介质损耗、磁滞损耗，并将电磁能转化成热能导致电磁波能量衰减，这就使得探测器得到的信号强度大大降低，因此很难被探测器发现。

美国在隐身技术的研究上处于前列，海湾战争中，F－117A隐身攻击机的成功出击很大程度上是由于其机身外表涂覆了含有多种超微离子尤其是纳米颗粒的隐身材料，该材料是可吸收红外线和微波的超微粒吸波材料。美国1999年研制出的第四代纳米磁性吸波材料“超黑粉”，涂层厚度只有微米级，对雷达波的吸收率就已经达到99%，并能对抗光学探测。

法国研制成功一种宽频纳米微波吸收涂层，由黏结剂和纳米级微屑填充材料构成，具有超薄电子电磁吸收夹层结构，有很好的磁导率和吸波性能。

第二节 纳米信息装备

纳米信息装备是指以纳米技术为核心制造的各种军用信息系统设备。目前主要研制的有卫星侦察系统、飞行侦察系统、传感器等。

一、纳米卫星侦察系统

纳米卫星的概念是美国Aerospace公司于1993年在第44届国际宇航大会上提出的。纳米卫星是利用纳米原件、按纳米技术加工而成的，体积小、质量轻（质量为0.1～10千克）、生存能力强，被称作“麻雀”卫星，是一种尺寸小到了目前最低限度的航天器（图11－1）。这种卫星研制费用低，不需要大型的实验设施和大型的生产基地，并且具有超强的计算能力。由于重量轻，这种卫星易于发射，一颗小型运载火箭一次就能发射数百颗纳米卫星，几十颗或几百颗纳米卫星连接在一起可以组成纳米卫星侦察系统，彼此间通过遥测、遥控的方法互相连接，具有一颗常规卫星的完整功能，能进行全球地毯式高空侦察。在这种系统中，卫星与卫星之间相对独立，即使少数卫星系统失灵，也不会影响整个系统的工作，因此具有很高的军事价值。

美国、俄罗斯等航天大国以及许多中小国家都在竞相开展纳米卫星的研究工作。

图11－1▶ “麻雀虽小，五脏俱全”的纳米卫星（另见彩图37）
（图片来源：http://www.nasa.gov/mission_pages/smallsats/ooreos/main/Oreos_6.html）

纳米卫星的核心技术部分是微机电系统，它是整个卫星部件微型化的基础。

纳米卫星技术集成了纳米技术、微电子以及微机械技术等。从目前的发展来看，使用微机电系统技术使控制系统小型化、航天器制导的研究工作已取得一定的进展。卫星纳米化是卫星发展的重要方向。

英国萨里大学是最早研制并成功发射纳米卫星的，2001年欧洲宇航局发射了名为“普罗巴”1号的地球观察微型卫星（图11－2）。随后，欧洲宇航局于2009年发射了“普罗巴”2号。

图11－2▶ “普罗巴”1号（另见彩图38）
（图片来源：http://www.esa.int/SPECIALS/Proba_web_site/SEMDBPNW91H_1.html）

“普罗巴”卫星能对地球进行悄悄侦察，图11－3是“普罗巴”2号在2010年1月15日拍摄到的日食图像。

图11－3▶ “普罗巴”2号从太空捕捉到的日食图像
（图片来源：中国科学院科学传播研究中心）

美国航空航天局（National Aeronautics and Space Administration，NASA，是美国联邦政府的一个行政机构，负责美国的民用太空计划与航空科学即太空科学的研究）也参与到小卫星及纤卫星的行列，他们同民营企业和大学一起，展开了“新千年计划”（ New Millennium Program）的工作。该计划的重点是空间新技术的应用，包括两个目标：开发下一代太空飞行器设备；开发新的技术使美国企业在国际太空竞争中处于领先地位。图11－4为美国航空航天局最新纳米卫星系统示意图及相关图片。该卫星直径仅为19厘米，重量仅为4.5千克，敌方难以侦测到，即使侦测到了，也难以实施攻击。

图11－4 ▸ 美国航空航天局最新纳米卫星系统（纤卫星）（另见彩图39）
（图片来源：http://commons.wikimedia.org/wiki/File:Mini_AERCam.jpg）

印度在纳米卫星方面的研究也不甘落后，于2010年7月12日发射的Cartosat－2B间谍卫星呈立方形结构，长度仅为15厘米，重量不到3千克。这颗间谍卫星虽然很小，但能贴着地球的大气层飞行，看得非常清楚，效果并不比大卫星逊色。印度空间研究组织一再宣称Cartosat－2B卫星主要用于地理测绘，以促进印度的城市规划和基础设施建设，不过西方媒体普遍认为间谍卫星同样会用于军事监控目的（图11－5）。

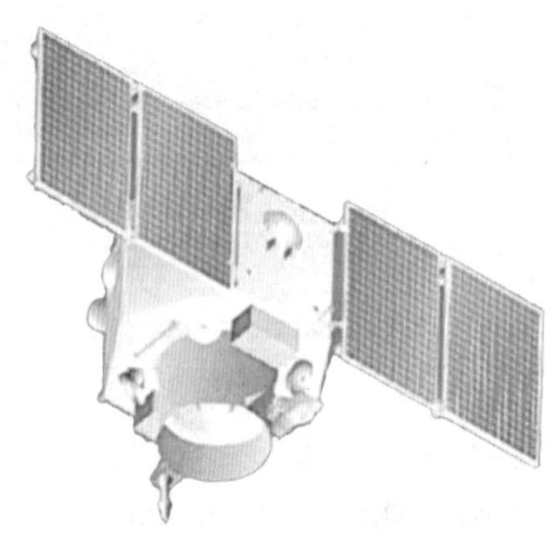

图11－5 ▸ Cartosat－2B卫星模拟图（另见彩图40）
（图片来源：http://military.people.com.cn/GB/172467/12130240.html）

二、纳米飞行侦察系统

纳米飞行器可携带各种探测设备，具有信息处理、导航及通信能力。微型飞机是纳米飞行器里最重要的一种。微型飞机的最大尺寸不超过15厘米，最大飞行速度至少达到每小时40～50千米，最大航程10千米以上，且能达到2小时以上。纳米飞机的主要功能是部署到敌方武器系统或信息系统附近，监视敌方情况，实施对敌方雷达系统与通信电子设备的干扰，很难被常规雷达发现。

1993年，美国环境航空公司在美国国防部先进研究项目局的资助下研制了超微型飞机——“黑寡妇”，“黑寡妇”的全重仅仅60克，长度不超过15厘米，成本不超过1000美元，装有摄像机与卫星定位系统。“黑寡妇”巡航时间22分钟，飞行距离16千米，巡航速度12米/秒，俯冲速度达到20米/秒。图11－6是“黑寡妇”微型飞机。

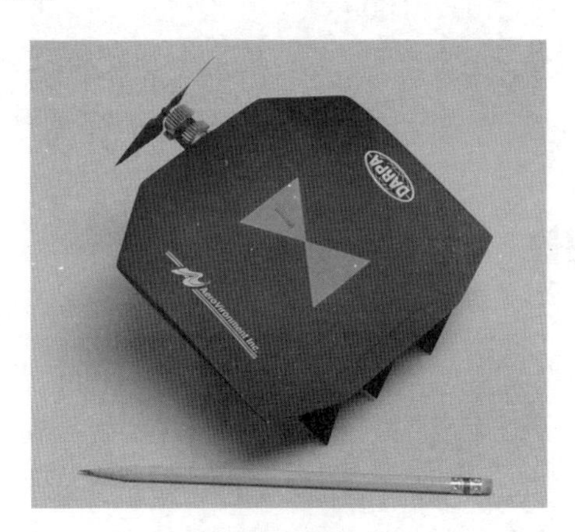

图11－6 ▸ 黑寡妇微型飞机（另见彩图43）
（图片来源：http://defense-update.com/20040604_black-widdow.html）

飞行机器大多数是使用转子或螺旋桨作为动力的，这使得它们在狭小的地方难以操作。美国制造的纳米蜂鸟侦察机很小，能通过窗户或者其他小的开口，这种侦察机也很结实，可以在狂风中携带微型麦克风或者摄像头，同时还能在空中保持悬停以及稳定的控制，在空中停留长达11分钟。这种侦察机靠改变它那每秒振动20～40次的翅膀的形状和角度来控制飞行。该侦察机目前仍处于原型阶段，如图11－7所示。

图11－7 ▶ 纳米蜂鸟侦察机（另见彩图41）
（图片来源：http://en.wikipedia.org/wiki/File:Nano_Hummingbird.jpg）

英国也制成了型号为PD－100的纳米侦察机，该侦察外号黑蜂，重量只有15克，上面安装有目前最小的摄像机和卫星定位系统，能悬停，还有夜视功能。遥控终端有录像回放和显示区域地图的能力，飞行时速可达约32千米。

三、纳米传感器

除了纳米飞行器，还有很多纳米传感器可用于侦察工作。纳米传感器体积小，装有敏锐的传感器与电子设备，能察觉细微的外界刺激。如可在百里外嗅到坦克的柴油气味，在百米内探测到人体的红外辐射，在几十米内可探测到心脏的跳动。利用无人驾驶机把传感器散布出去，并对每个器件进行定位，通过判读传感器返回来的信息，就可以掌握敌方的方位与特征。

如“间谍草”跟普通小草看起来是一样的，但实际上是一种战场微型传感网络，装有照相机、感应器以及敏感的电子侦察仪，如果散播到敌方阵地上，就可监视对方的活动情况，若植入己方士兵的头盔或衣服就能及时传送士兵的个人情况，能更好地保护士兵的安全。目前还能制作个性化的分子传感器，这种传感器能记住某个人的气味，进行千里追踪。也可安装在各种武器的导引头上，实施特定的攻击。

2005年，根据美国军方的订单，美国北达科他州立大学和美国爱伦科技公司的研究人员联合研制出了一种形状似小型石子的人工感声器，取名为“石子间谍”（图11－8）。“石子间谍”里的微型电子传感器能捕捉到6～10米距离内人行走过程中发出的震荡波，并向预警装置迅速发出警报信号，帮助士兵及时发现、制止敌方的偷袭。

图11－8 ▸ “石子间谍”样品示意图
（图片来源：中国科学院科学传播研究中心）

第三节 纳米攻击装备系统

纳米攻击装备是指以纳米技术为核心制造的各种微型智能攻击武器。目前主要研制的有纳米机器人、纳米导弹、纳米攻击飞行器等。

一、纳米机器人

纳米机器人（图11－9）除了用于生物医药领域外，在军事领域也有着广泛的用途。纳米机器人虽然体积比蚂蚁还小，但破坏力极强，可以通过多种途径对敌方实施破坏。

纳米机器人首先可以应用到传统的武器装备中，通过改善传统武器装备的制作工艺与制导系统等，提高其战术性能与杀伤力，如可以投掷到敌方阵地或钻进敌方武器中长期潜伏下来，一旦被启用，就会各显神通，如释放化学制剂使油料凝结，渗入敌方电子系统使之丧失功能；其次可开发新的作战方式，比如研发能堵住人耳、眼、鼻、口的纳米微型组件；再次，也可以研发新的生物体，并将其注入昆虫内，通过昆虫将这些生物体散播到敌方阵营；纳米机器人在进入人体后，能通过自我复制或自我繁殖的方法在敌方阵营中迅速扩散。

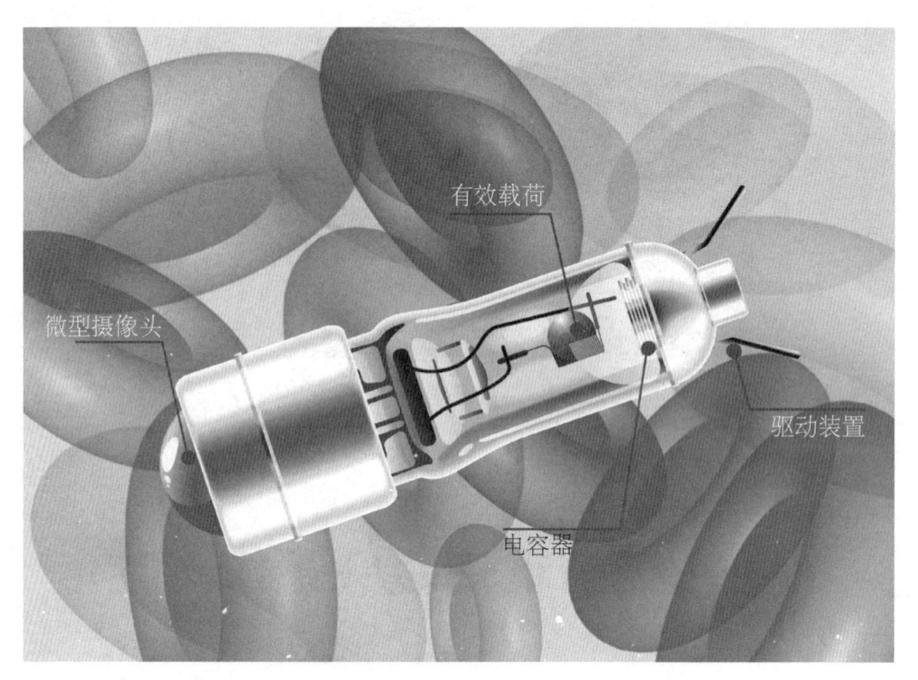

图11－9 ▸ 纳米机器人示意图（另见彩图42）
（图片来源：中国科学院科学传播研究中心）

二、纳米导弹

利用纳米技术制造的微型导弹具有极高的信息存储、传输与处理能力，配有智能化的微型导航系统；具有很好的机动性、隐蔽性和生存能力，能悄无声息地潜入敌方武器系统并将其炸毁，而且能群发攻击，难以防备。

美国陆军太空与导弹防御司令部/陆军战略司令部于2010年研制成功了多用途纳米导弹系统助推器，Dynetics公司于2010年7月进行了多用途纳米导弹系统助推器的一系列点火试验。

三、纳米攻击飞行器

纳米攻击飞行器实际上是指纳米飞机。纳米飞机具有信息处理、导航、通信与系统攻击能力，而且能携带各种探测设备与杀伤装置。由于纳米飞机体积很小，难以被发现，又能悬停或飞行，因此能秘密部署到敌方的信息系统与武器系统上，并将其破坏。德国美因茨微技术研究所科学家研制的微型直升机，长仅为24毫米，高8毫米，质量仅为400毫克，据称可以停放在一颗花生上，具有很强的隐蔽性与攻击性。

（执笔人：王桂芳　黄健）

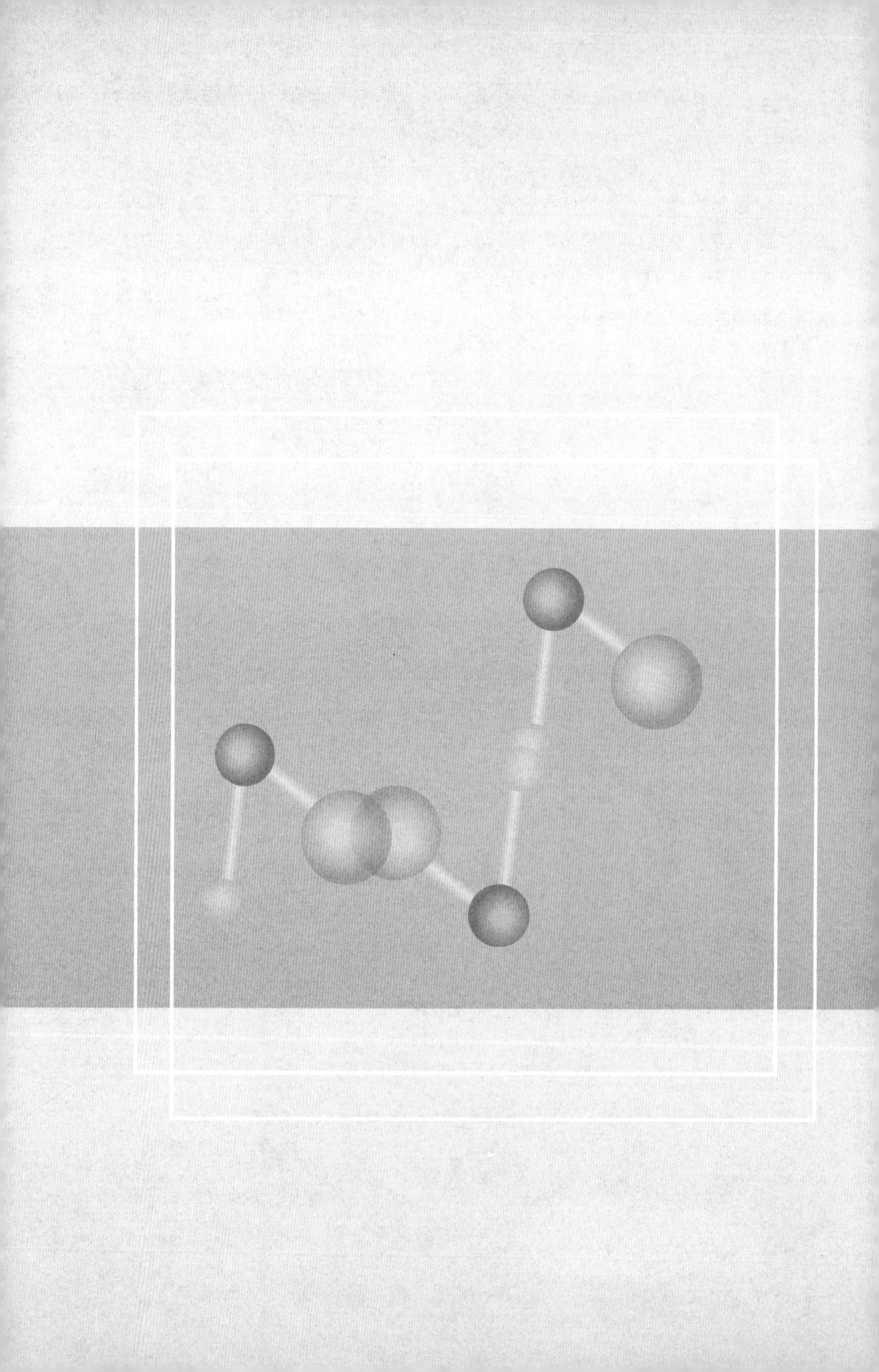

第十二章

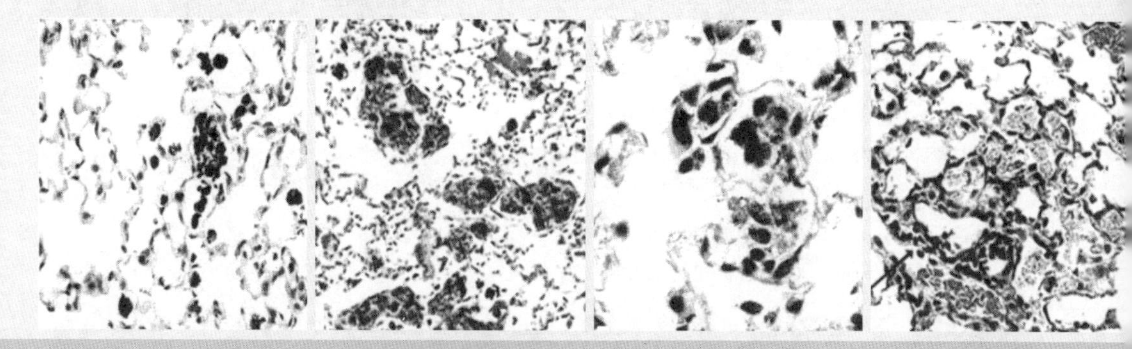

小心打开潘多拉的盒子：纳米毒理学

PART 12

纳米毒理学是研究在纳米尺度下，物质与生物体的相互作用过程以及所产生的生物学效应或健康效应的一门新兴学科。纳米毒理学与安全性，不仅是一个前沿的基础科学问题，同时也是一个新的社会和哲学问题：人类应该如何以科学发展观为指导来发展新科技，不再走20世纪“先污染，后治理”这种人类自我残害的老路？这既是科学界面临的挑战，也已成为各国政府前沿科技发展的国家战略与健康安全的国家需求。

知识加油站

纳米材料的毒性

纳米材料具有的独特理化性质决定了其毒理学研究的特点，研究显示纳米材料可以在细胞水平、亚细胞水平、基因、蛋白水平及整体动物水平对生物体产生影响。首先，纳米颗粒结构微小，能够轻易进入机体，并能穿透细胞膜，引起类似环境超微颗粒所致的炎症反应。由于超微粒子的比表面积增大，其化学活性增高，可能更易对机体造成损伤。一般理论认为，同一化学物的纳米级颗粒与微米级颗粒相比，其致炎性和致肿瘤性等毒性可能更大。其次，纳米物质可能比较容易透过生物膜上的孔隙进入细胞内，如线粒体、内质网、溶酶体、高尔基体和细胞核等细胞器内，并且和生物大分子发生结合或催化化学反应，使生物大分子和生物膜的正常立体结构产生改变，其结果可能将导致体内一些激素和重要酶系的活性丧失。再次，纳米颗粒粒径微小，比大颗粒物更容易进入肺间质，且比常规同种物质更容易沉积在肺部，从而产生慢性炎症反应。此外，纳米物质除了在肺中沉积，还可转移至肺外组织，如肝、脑、肾、脾、胃等；纳米颗粒十分细小，吸入鼻腔后，就可能经由嗅觉神经直接进入脑部；纳米颗粒还可以通过血脑屏障，引起大脑和小脑中颗粒浓度增高，可能影响中枢神经系统。

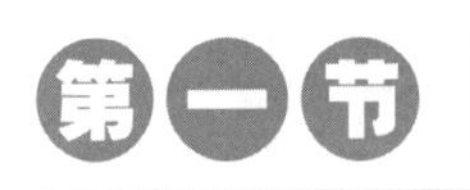

第一节 纳米材料在生物内的聚集

纳米材料的奇异特性给我们带来了巨大的开发利用价值，但是作为新技术，安全性是影响其发展的重要问题。

纳米材料由于尺度小，极易进入生物体内，主要方式有两种：

（1）呼吸道。纳米颗粒物与大粒径颗粒物在呼吸道的沉积方式存在明显不同。与大粒径颗粒物的惯性碰撞、重力降落等沉积机制不同，吸入机体的纳米颗粒物沉积在呼吸道的主要方式是与空气分子碰撞发生移位，分散沉积；对于携带电荷的纳米颗粒物，也可发生静电沉积作用。在呼吸道的3个沉积位点——鼻咽部、气管支气管及肺泡，粒径的不同往往决定了其特定的沉积点：小到1纳米的颗粒物，90%沉积在鼻咽部，10%沉积在气管支气管，肺泡区没有沉积，粒径为5纳米的颗粒物在这3个位点都有沉积；20纳米的颗粒物在肺泡的有效沉积率约为50%，而在其他2个部位的沉积率只有25%。纳米尺度颗粒物一旦在呼吸道沉积下来，就可能通过不同的转移路线和机制转移至其他靶组织。一种是穿透呼吸道表皮细胞进入胞质，进而直接进入血液循环或者经过淋巴系统分布全身；另一种是通过气道表皮末梢敏感神经摄取，后经轴突转移至神经节和中枢神经系统。

（2）消化道和皮肤。从呼吸道清除的纳米颗粒物经黏液梯度消化吸收随后进入消化道。如果纳米颗粒物被食物和水包被用作功能食品、药物，则可以被直接消化吸收。还有一种潜在的重要摄取路线是通过皮肤，破损的皮肤为纳米尺度颗粒物的进入提供了入口，甚至皮肤没有损伤，纳米颗粒物也可通过表皮。

第二节 纳米材料对生物器官的影响

由于纳米颗粒粒径微小，极易通过呼吸道而进入肺部，且比大颗粒物更容易进入肺间质。大多数研究结果表明肺泡巨噬细胞可能在肺部炎症的发生和发展中起关键作用。肺泡巨噬细胞是对抗沉积颗粒的细胞，其对颗粒的吞噬能力和反应直接关系到颗粒的命运。研究发现，纳米颗粒物使肺泡巨噬细胞的趋化能力增高而吞噬能力降低，这样就使肺泡中的纳米颗粒物不能被巨噬细胞清除，而在肺泡中长期存在，从而产生慢性炎症反应，正是巨噬细胞趋化能力的增强加重了肺部炎症的症状。

流行病学调查显示，空气中纳米颗粒物浓度升高，使急性心肌梗死的发病危险在暴露后几小时或一天内升高，同时纳米颗粒物能够降低心率变异性，而心率变异性的降低又往往是心血管疾病发病率和死亡率升高的先兆。动物试验证明，柴油汽车尾气中的纳米颗粒能够引起体外动脉和静脉中血小板活化，形成血栓。而将柴油废气颗粒直接注入试验动物血液中，也能够引起血小板的聚集。目前，纳米颗粒物引起心血管疾病的机制还不是很清楚，但一般认为纳米颗粒物主要通过下列途径引起心血管疾病：① 纳米颗粒物引发炎症，改变血液的凝固性，使冠状动脉性心脏病发病率升高。② 纳米颗粒可以从肺部进入血液循环，与血管内皮相结合，从而形成血栓和动脉硬化斑。③ 由于纳米颗粒能够进入中枢神经系统，所以一些心血管效应可能是一种自主反射。纳米颗粒的另一个重要的靶器官是肝脏。小鼠静脉注射纳米颗粒物在开始时能够引起肝细胞的一系列生化指标的改变，如白蛋白分泌量减少、谷胱甘肽水平降低、超氧化物歧化酶活性受到抑制，但这些变化一般是可逆的。

一、碳纳米管

碳纳米管是一种性能优异的新型功能材料和结构材料，被广泛地应用到科研与生产中。随之而来人们接触碳纳米管的机会也相应增加。由于碳纳米管粒径较小、质量轻，很容易在空气中传播，很可能通过呼吸系统或者随食物链进入人体，并且积累于人体各个组织而引发一些呼吸道疾病和肺部疾病。已有研究表明碳纳米管可引起小鼠肺部炎症及纤维化反应（图12－1）。研究发现咽部注入单壁碳纳米管可导致小鼠心肺、主动脉氧化应激，主动脉线粒体DNA破坏，并可增加动脉粥样硬化的发生率。另有研究表明，小鼠吸入单壁碳纳米管后可引起严重的肺部急性炎症，并发生进行性的纤维化和肉芽肿，表明长期吸入碳纳米管对健康不利。高剂量的多壁碳纳米管（60 毫克/千克）可导致肝脏炎症反应，肝细胞线粒体破坏和氧化损伤，引起G－蛋白偶联受体、胆固醇合成、细胞色素酶P450等基因通路改变，并发现经羧基修饰的多壁碳纳米管较未修饰的多壁碳纳米管毒性相对减低。

与此同时，碳纳米管可以作为药物载体应用于医药领域。因此，研究碳纳米管的体内分布、代谢和毒性十分重要。有研究通过同位素示踪技术研究了羟基化碳纳米管在体内的分布情况。结果表明：此种羟基化的单壁碳纳米管的体内行为和小分子极为相似，它可以在除了脑部之外的全身各组织中自由穿梭。

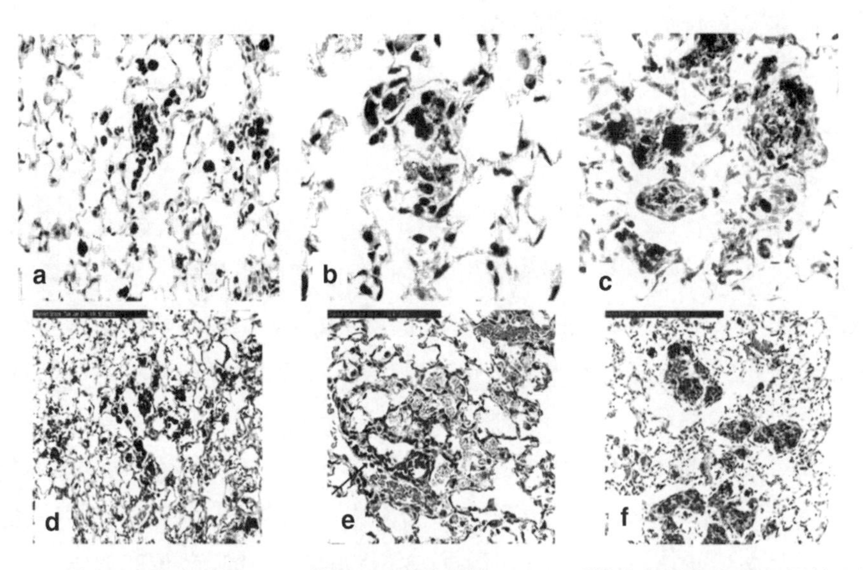

图12－1 ▶ 注入0.5毫克碳黑a、石英硅b及碳纳米管c，7天后的小鼠肺组织病理切片照片。注入0.5毫克碳黑d、石英硅e及碳纳米管f，90天的小鼠肺组织病理切片照片。可见注入碳纳米管后肺内肉芽肿更明显（另见彩图44）

［图片来源：Phong A. Tran, Lijie Zhang, Thomas J. Webster etc. Carbon nanofibers and carbon nanotubes in regenerative medicine. Advanced Drug Delivery Reviews. 2009, 61(12)］

有些研究结果表明碳纳米管有毒性，有的则表明没有毒性。2011年10月，中国国家纳米科学中心科研人员，在研究碳纳米管与血液相互作用过程和其毒理学效应机制时发现，当碳纳米管进入含有人血液蛋白溶液中，人血液中主要蛋白（如纤维蛋白原、免疫球蛋白、白蛋白、转铁蛋白）会在碳纳米管表面吸附，形成各种“王冠”形状的蛋白－碳管复合物。分析结果显示，吸附在碳纳米管上的蛋白的生化功能并没有发生明显变化，并且“血液蛋白－碳管复合物”降低了碳纳米管对不同种类细胞的细胞毒性。此项研究表明碳纳米管在进入体内以后，其表面容易吸附血液蛋白，可以大大降低其细胞毒性，提高其生物安全性；同时，对理解碳纳米管与其他纳米颗粒的体内细胞毒性以及设计安全的纳米材料具有重要意义。

对于碳纳米管是否会表现出与石棉纤维一样的毒性，吸入同样的纳米颗粒是否会产生同样的影响，而引起某部位的癌症，还需要进一步证实。由于检测方法不同会导致检测结果的不同，研究人员强烈建议制定至少两种或者更独立的测试标准来核实碳纳米管的毒性。

二、其他纳米颗粒

1. 纳米二氧化钛

纳米二氧化钛由于具有良好的热稳定性、耐化学腐蚀性和光学催化特性等，目前已被大力地开发生产和应用，是目前国内产量最高、需求最大、应用领域最广泛的纳米材料之一。纳米二氧化钛的大量生产及其在众多领域的广泛应用，使得我们不可避免地大量接触二氧化钛，因此其毒性也受到越来越广泛的关注。纳米二氧化钛主要通过呼吸道、消化道、皮肤和注射等方式进入人体，从而对人体的组织器官发生作用。国际癌症研究委员会通过研究颜料级的纳米二氧化钛粉体对实验动物肺部功能的影响，证明纳米二氧化钛是一种致癌级别为2B的致癌物质。肺部是环境中有害物质在体内代谢的重要器官之一。研究发现将大鼠暴露在10毫克/立方米的粒径大小为21纳米的二氧化钛粉尘中，二氧化钛颗粒在肺内的沉积率为57%，肺泡灌洗液内巨噬细胞和嗜中性粒细胞数量明显升高；病理学结果显示大鼠肺中出现纤维化现象，且上皮细胞增殖。沉积在肺内的纳米二氧化钛颗粒，在体液和血液的带动下，可进一步转运至心脏、肝脏和肾脏，甚至中枢神经系统当中，引起相应的毒性症状，如心血管系统疾病、肝功能失调和肾脏疾病等。当大鼠体内长期存有超量二氧化钛纳米颗粒时，可出现局部组织纤维化、胃肠道轻度淤血、肺轻度出血和肝脂肪变性等损伤症状。鼻腔滴注的纳米二氧化钛颗粒经鼻黏膜吸收后同样能够经嗅神经通路进入到嗅球及大脑皮层、海马和小脑等各分区中。

知识加油站

致癌级别

世界卫生组织下属的国际癌症研究机构依据人类流行病学与动物试验所得到的资料，将致癌物质依其致癌证据的强弱分为5类：

1类：对人类有确认的致癌性；

2A类：对人类很可能有致癌性；

2B类：有可能对人类致癌；

3类：尚不能确定其是否对人体致癌；

4类：对人体基本无致癌作用。

2. 纳米银

纳米银是以纳米技术为基础研制而成的新型纳米材料，因其优越的抗菌性能，被广泛用于医疗、食品、纺织、水质净化等领域。日益增加的纳米银的使用逐渐引起大家对其造成的危害的重视。研究发现纳米银可能会对呼吸系统、生殖系统、皮肤和肝脏造成危害，如大鼠连续吸入粒径为18～19 纳米的银颗粒后，出现肺功能下降，肺组织有不同程度的炎性细胞浸润、肺泡壁增厚以及小的肉芽肿样病变，纳米银经呼吸摄入或消化道摄入可导致小鼠肝脏炎症的发生。实验表明，银颗粒可导致多种透明斑马鱼胚胎形态异常。银的毒性可能是由其自身产生的，也可能是由其进入胚胎体内后产生的银离子而导致的。

第三节 纳米材料对环境的影响

纳米材料不仅通过接触直接进入人体，而且还可能以多种方式在环境中传播，进入大气、水或土壤中而成为纳米污染物。总的来说，在研究、生产、运输、使用及废物处理等过程中的直接、间接释放纳米材料是进入环境的主要途径，但目前还不清楚这些过程的释放程度。其具体途径大体包括：① 随着近年来纳米材料研究的广泛兴起以及生产纳米材料的工厂在世界范围内的迅速增加，工厂和实验室的废物排放成为当前纳米材料进入环境的重要途径；② 与人们生活密切相关的纳米产品的使用；如个人防护品（化妆品、遮光剂）、纳米运动器材以及纳米纤维等都可以通过在使用与处理等过程中将纳米材料释放到环境中；纳米药物或基因载体系统，虽然它并不直接用于环境，但是可以通过废弃物排放而污染土壤和水体；③ 纳米材料的环境直接释放。如纳米监测系统

（如传感器）、污染物控制和清除系统以及对土壤和水体的脱盐处理等。纳米材料进入环境后，类似其他环境污染物，也会在大气圈、水圈、土壤圈和生命系统中进行复杂的迁移/转化过程。

知识加油站

纳米材料环境行为示意图

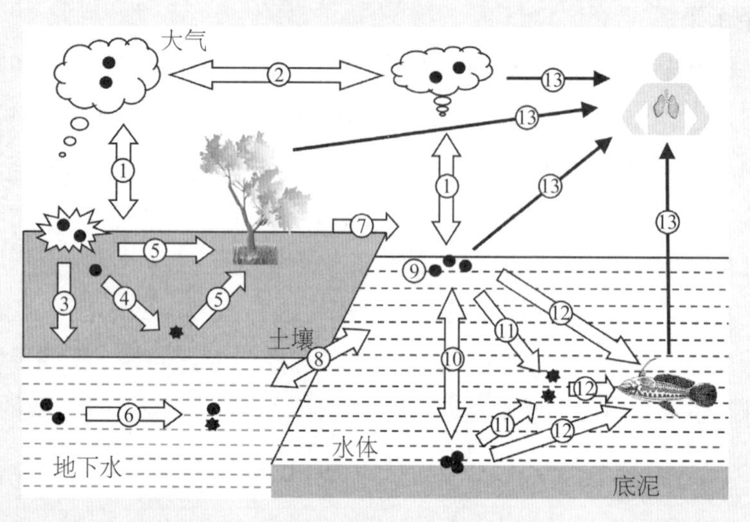

此图中黑圆点代表纳米材料，数字代表其各种环境过程。① 大气与地表间的交换；② 大气输送；③ 土壤中迁移扩散/渗透；④ 土壤中转化；⑤ 陆生生物吸收富集；⑥ 地下水中迁移/转化；⑦ 地表径流；⑧ 水体与土壤间交换；⑨ 水中分散与悬浮；⑩ 水中团聚与沉淀；⑪ 水体中转化；⑫ 水生生物吸收富集；⑬ 人体吸收

（图片来源：中国科学院科学传播研究中心）

以PM2.5为例，PM2.5是指大气中直径小于或等于2.5微米的颗粒物，也称为细颗粒物。与较粗的大气颗粒物相比，PM2.5粒径小，富含大量的有毒、有害物质且在大气中的停留时间长、输送距离远，因而对人体健康和大气环境质量的影响更大。PM2.5产生的主要来源，是日常发电、工业生产、汽车尾气排放等过程中经过燃烧而排放的残留物，大多含有重金属等有毒物质。一般而言，粒径2.5～10微米的粗颗粒物主要来自道路扬尘等； PM2.5则主要来自化石燃料的燃烧（如机动车尾气、燃煤）、挥发性有机物等。流行病学研究表明人类的发病率和死亡率与生活环境中大气颗粒物浓度和颗粒物尺寸密切相关，尤其是与PM2.5的浓度密切相关。粒径10微米以上的颗粒物，会被挡在人的鼻子外面；粒径在2.5～10微米之间的颗粒物，能够进入上呼吸道，但部分可通过痰液等排出体外，另外也会被鼻腔内部的绒毛阻挡，对人体健康危害相对较小；而粒径在2.5微米以下的细颗粒物，直径相当于人类头发的1/10大小，不易被阻挡。被吸入人体后会直接进入支气管，干扰肺部的气体交换，引发包括哮喘、支气管炎和心血管病等疾病（图12－2）。

呼吸系统：
PM2.5易在肺泡区沉着，溶入血液，作用于全身；不溶性部分沉积在肺部，诱发或加重炎症。

血液系统：
PM2.5可引起血液系统毒性，诱发血栓的形成，是心血管意外的另一潜在隐患，还可以造成凝血异常，造成血黏度增高，导致心血管疾病发生。

易感染人群：
原先患有呼吸、心血管系统疾病的人，身体状况不佳的老年人、儿童、婴儿、新生儿。

心血管系统：
PM2.5刺激肺内迷走神经，造成主神经紊乱从而波及心脏，并可直接到达心脏，发生心肌梗死。

生殖系统：
PM2.5附着很多重金属及多环芳烃等有害物，易导致胎儿发育迟缓和低体重儿。有毒物可以跳过胎盘，直接影响胎儿，特别是妊娠早期。

图12－2 ▸ PM2.5对人体的危害分析
（图片来源：中国科学院科学传播研究中心）

首先，进入肺泡的微尘可迅速被吸收、不经过肝脏解毒直接进入血液循环分布到全身；其次，会损害血红蛋白输送氧的能力，对贫血和血液循环障碍的患者来说，可能产生严重后果。例如可以加重呼吸系统疾病，甚至引起充血性心力衰竭和冠状动脉等心脏疾病。这些颗粒还可以通过支气管和肺泡进入血液，其中的有害气体、重金属等溶解在血液中，对人体健康的伤害更大。世界卫生组织在2005年版《空气质量准则》中也指出：当PM2.5年均浓度达到每立方米35微克时，人的死亡风险比每立方米10微克的情形约增加15%。

虽然目前没有足够的证据对纳米的环境风险作出可行的评估报告，还需要进行更深入的研究，但纳米技术的环境风险不容忽视。

第四节 纳米技术的伦理问题

纳米技术广泛地渗透在各个领域，应用不当会产生的负价值也会引发诸多领域的伦理问题。国际上把纳米技术发展带来的环境、健康、安全、伦理、教育以及其他社会问题统称为纳米技术的社会和伦理问题。这主要包括两方面的内容：一是纳米技术的环境、健康和安全问题。主要指纳米技术对人类健康和环境的毒性及风险，包括纳米微粒的危害与暴露风险两个焦点。二是纳米技术的伦理、法律和其他社会问题。例如，纳米研究材料的制造和检验应该遵守什么样的准则。如何更安全地使用纳米材料？如何让消费者获得充分的信息并赢得消费者的信任？纳米技术有关的实验室和劳动场所应采取哪些安全措施？目前这些纳米技术的社会和伦理问题已受到世界各国的广泛重视，美国、欧盟及日本都对该领域的研究投入了大量经费。

一、生命伦理问题

随着转基因技术、胚胎干细胞技术、合成生物学的发展，人类已经可以制造出人工生命体，纳米技术在这些领域也得到了应用。如利用纳米技术可以在微小尺度里重新排列遗传密码，则人类可以利用纳米基因芯片查出自己遗传密码中的错误，并迅速利用纳米技术进行修正，使各种遗传性疾病或缺陷得以改善；如纳米技术可以对发生在纳米尺度上的细胞中核酸、蛋白质组织结构的作用造成影响，从而开辟人工干预、控制生命自组织过程和使人工自然物质结构具备生命自组织的道路，因此引发了一些生命伦理问题。

通过纳米基因技术，可以抑制有缺陷的基因表达，达到优化基因的作用，会造成基因优生的人与基因自然人的差距，出生前得到基因改进的人出生后身体会更强壮，智商会更高，在社会中会处于更有利的地位。于是“生前的不平等”将会进一步加大后天的不平等。通过使用纳米技术人为干预实现基因优生的人群并非是通过进化自然形成，结构过于单一，反而会形成人种的退化，容易造成疾病迅速蔓延，也影响了生物多样性。利用纳米技术能够改变基因和细胞结构，那么人类就可以根据自己的想法和目标去生育后代，这样将改变人类传统的繁衍方式，也剥夺了后代人自由选择发展路径和生活方式的权力。对于利用纳米技术进行基因优生而出生的人来说，这意味着一种外来的设计与决定，剥夺了他所应享有的某种自由。纳米技术手段的应用违背了人具有的伦理意义上的自决权原则，优生出来的人成为不是以自身为目的，而是以他人为目的的工具。利用纳米技术好像生产工业产品一样来复制人则会使得婚姻、生育不再是维系家庭的不可或缺的纽带，势必导致家庭解体，威胁社会稳定，同时，世代概念也将失去作为父母子女关系规范的意义。世代概念模糊了，那么，基于其之上的诸多法律（如继承）关系等也将不复有效，社会不得不为之失去平衡，造成紊乱，人类不得不为寻找新的规范而进行种种尝试。此外纳米技术延长人们的寿命，人口的死亡率大大低于人口的出生率，由此将引发世界人口的急剧增长。这些都会引发一系列的社会伦理问题。

二、环境伦理问题

纳米技术的发展和纳米材料的广泛使用，不可避免地会造成一些环境问题。虽然纳米技术产业化的规模还十分有限，但由于相关法律、法规和制造与废弃纳米材料的卫生与安全标准都不完善，则有些机构便会为了追求经济利益而利用这些漏洞不负责任地排放纳米污染物，而造成环境污染。

首先，研究指出纳米材料本身可能是一种环境污染物，总体来说，目前普遍认为纳米材料具有以下环境特性：① 生物大分子的强烈结合性。纳米污染物往往具有显著的配位、极性、亲脂特性，有与生命物质强烈结合进入体内的趋势。纳米材料的比表面积大，粒子表面的原子数多，周围缺少相邻原子，存在许多空键，故具有很强的吸附能力和很高的化学活性。② 生态系统的潜在累积毒性。纳米级污染物在环境中存在的浓度一般较低，往往被大量污染物所掩盖。但它们一旦被摄入后即可长期结合潜伏，在特定器官内不断积累增大浓度，终致产生显著毒性效应。另外，通过食物链逐级高位富集，也可导致高级生物的毒性效应。③ 多种污染物的组合复合性。环境中永远是多种化合物以各种形态同时存在，相互拮抗或协同，成为复合污染体系，难以分辨和控制。④ 扩散和迁移的传播广阔性。小分子化合物的扩散属于分子扩散，纳米级物质则可由布朗运动及介质涡流促成扩散，特别是当它们吸附在颗粒物表面上或由生命体携带，可以实现远距离的输送传播，在广阔的空间范围内产生污染效应。

其次，纳米技术制造过程中排放纳米废料会造成环境污染，主要包括：① 纳米材料制备过程产生污染。例如，现今纳米材料的制备方法大多采用高温物理处理和化学处理方法，在这个过程中会产生大量二氧化碳；另外，采用化学气相沉积法和液相法制备纳米材料时也会产生大量二氧化碳、一氧化碳以及氢气，这无疑会加剧温室效应，影响人类的生存环境。② 电子垃圾的污染问题，值得注意的是集成电路制造技术已经进入纳米领域，当纳米技术和信息技术结合在一起便会突破量子效应这个技术瓶颈，这就意味着电子信息类产品更新淘汰的周期将会缩短。如果不适当处理，环境污染问题将越来越严重。这些电子垃圾将对发展中国家的环境造成极大的污染和破坏。

人类利用科学技术不合理地开发自然资源和进行其他不合理的人类活动，也会导致生态失衡和环境危机。以往的技术还只是从宏观层面上干预了自然过程，损害了生态系统，而纳米生物技术却赋予了人类改造自然微观环境的能力。如果我们对这种技术运用不当，则会从微观尺度上导致生态失衡和环境危机。

三、其他伦理问题

1. 公共安全

纳米生物武器所具有的微型化、隐蔽性好和破坏力强的特点，不仅吸引了各国开发纳米军事装备，也可能引起某些别有用心的恐怖分子的关注。自从美国以“反恐”为借口发动阿富汗和伊拉克战争之后，恐怖主义活动不仅没有减弱反而更加猖狂。恐怖活动的范围越来越大，形式也更加多样。纳米技术与生物技术结合后，可能会制造出纳米生物武器和纳米致命病毒，它们的杀伤力将远远超过核武器、化学毒气等现有武器。而且，纳米生物武器可能是隐形武器中最难令人察觉的一种，恐怖分子如果以此在城市中发动袭击，那么它所造成的破坏程度将远远超过化学袭击。

2. 知识产权问题

政府、公司或非营利团体对这些科研成果的使用和滥用。20世纪以来，知识产权问题得到了高度的重视。但是知识产权的滥用，也会造成伦理问题，如一些发展中国家由于基础设施薄弱，导致缺乏先进可靠的科技知识，影响了未来纳米技术在全球的传播，在富国和穷国之间形成了知识鸿沟，如何构建一个合理的、开放的知识产权保护框架，也涉及知识产权保护法的道德基础；纳米技术过度专利化会带来“专利丛林”的危险，会影响相应领域研究工作的开展，如何在知识产权保护与公众利益之间保持一种适当的平衡关系，使得社会的大多数民众能够分享纳米技术的成果，关系到个人权利与社会公正的问题。

3. 信息安全

随着纳米器件的微型化，纳米技术在医学、社会治安和国防方面具有广泛的作用，但同时也构成对个人隐私的威胁。比如，通过将纳米设备嵌入对象物（身体或者物件）中，可以监视和跟踪目标，搜集个人信息和行为习惯。而可以储存一个人的全部基因和疾病信息的纳米芯片有可能成为被别有用心者利用的工具。纳米技术的应用和保护个人的隐私权之间存在的矛盾，也是不可忽视的一个社会问题。

第五节 纳米技术的监管

一、内部监管

纳米材料的内部监管主要包括自愿的报告制度和行为规范，用以指导和规范有关纳米技术的科学研究。如欧盟委员会于2008年2月颁布的《纳米科学和纳米技术的研究行为规范》指出，围绕纳米科技展开的科研活动，必须遵守的原则是：① 可持续发展；② 注意事项；③ 包容性；④ 问责。为科研活动提供必要的原则和指示，其目标无疑是深远的。欧盟委员会正积极推动此规范，并强烈建议所有成员国采纳。2011年年底结束的第七框架计划已提供资金，以支持它的通过和实施以及进一步的修改。

为了从内部对纳米实现监管，英国启动了许多职业性的规范和申报计划，最值得注意的行动就是由英国皇家学会、英国纳米工业协会、一家私人投资公司发起的“责任纳米规范”（Responsible Nano Code），以及英国环境、食品及农村事务部的自愿报告计划，该计划旨在向英国政府提供纳米材料监管的信息。

考虑到缺乏严格的立法，代表德国化工业的德国化学工业协会率先采用了自我监管的方法。这项计划得到了多家公司的支持，包括巴斯夫、赢创和拜耳。此外，德国化学工业协会还针对职业卫生措施和材料安全表格公布了两项指导意见，这对于促进使用纳米材料具有重要的意义。

二、外部监管

纳米技术的发展和纳米材料的广泛推广使用，离不开对纳米材料的充分认识和监管法规、标准的制定。国际标准化组织①成立了纳米材料的相关技术委员会ISO/TC 229，已成立下列4 个工作组：术语和名称组，计量与表征组，纳米技术的健康、安全和环境问题组和材料规格组，已出版《ISO/TR 12885:2008 纳米技术－纳米技术相关的职业场所健康与安全实践》等标准。而经济合作与发展组织（Organisation for Economic Co－operation and Development，OECD）也建立了纳米材料制造商工作组，致力于从事研究纳米材料特性和风险的诸多项目，如建立环境健康和安全（Environment, Health and Safety，EHS）研究的数据库，编写纳米材料制造和测试指南等。

1. 欧盟

在欧盟，涉及纳米的法律法规，不管是与物质相关的，如化学品及其安全使用的欧盟法规《化学品注册、评估、许可和限制》（REGULATION concerning the Registration，Evaluation，Authorization and Restriction of Chemicals，REACH）等，还是与产品有关的法规，如食品和化妆品，都没有明确提及纳米材料。因此，欧盟的法规并未在物质通常的风险评估和诸如纳米材料的特殊物质风险评估间设立明显的界限。

欧盟最重要的与纳米相关的法规就是《化学品注册、评估、许可和限

①国际标准化组织，英文为International Organization for Standardization，简称ISO。ISO是世界上最大的非政府性标准化专门机构，是国际标准化领域中一个十分重要的组织。

制》。虽然该法规并未明确对纳米材料实施监管，但是在该法规中，涉及操作环境的部分明确提到了人造物质的监管。该法规指出，需要根据相应的申报表格填写人造材料的属性。根据该法规的要求，制造商和进口商必须提交一份年使用量以及年进口量达到和超过1吨的物质的注册卷宗；此外，如果某种物质的年使用量和年进口量达到和超过10吨，还需要提交化学物质安全报告。对于纳米材料而言，特别是当前对于纳米在食品和化妆品中的应用展开的政治辩论，欧盟2008年颁布的纳米技术方面的法规指出，如果有必要评估物质的安全性，欧洲化学品管理局（European Chemicals Agency，ECHA）可以要求制造商和进口商提交该物质的任何消息，而且独立于《化学品注册、评估、许可和限制》法规要求的最低信息要求之外。2007年，欧盟采用了一项关于物质与混合物的分类、标签和包装的提议，作为对第67/548/EEC号指令和《化学品注册、评估、许可和限制》的补充，旨在使得欧盟的物质与混合物分类、标签和包装法规体系与联合国全球物质与混合物的统一分类和标签制度（Globally Harmonized System of Classification and Labelling of Substances and Mixtures，GHS）全面对接。此项提案，再次将重点放在物质的结构和物理状态上，暗示纳米技术应该遵循《化学品注册、评估、许可和限制》法规的要求实施监管。

欧盟新的分类、包装和标识法规明确表示，符合法规的危险物质标准的纳米材料需要进行分类和标识，委员会更是建议对纳米材料进行单独的分类和标识，某些物质（如极毒性物质）必须特殊标识。另外在《杀虫剂指令》（98/8/EC）、《工作人员保护框架性指令》（89/391/EEC）、《化妆品法规》、《食品添加剂条例》［（EC）No.1333/2008］、《环境保护相关法规》均明确表示纳米材料若属于这些指定的监管范围，则应符合相关的要求。

目前，欧盟的监管法规为各成员国层面的监管活动提供了最重要的框架。若基于REACH法规对纳米材料进行监管，则制造商或进口商往往会选择绕过纳米材料的特性、使用和风险等信息，而仅提供其大体积状态时的相关信息。在这种情况下，往往不能达到监管机构对纳米材料进行监管的目的。为此，各成员国对纳米材料提出了各自的法律框架，针对纳米材料的安全性实行了许多次审查，并采取多次行动。

英国是对纳米材料应用采取专门监管措施比较得力的国家。受“更好管制任务小组”（Better Regulation Task Force）于2003年以及皇家学会于2004年公布的报告的推动，英国对本国纳米材料监管工作进行了多次审查，并公布了相应的结果。

德国公共管理部门对纳米技术的立法现状进行了审查，于2006年公布的“纳米技术立法框架检查”报告（Review of the Legislative Framework of Nanotechnologies），该报告的重点是环境领域，对消费品如食品和化妆品关注较少。2010年，德国联邦政府推出了纳米行动计划2011－2015，制定适当的法规和纳米技术标准，并提出了一系列修正案，旨在明确包括纳米材料的现有监管规定，但强调需要德国和欧盟法规之间保持协调一致。

法国对纳米材料实行了强制性的报告制度。自2013年1月1日起，所有在法国制造、进口到法国或在法国销售的产品中若含有纳米材料，必须向法国政府进行申报。公众可以在2013年底查询到相关信息。法国还出版了一系列的纳米技术相关技术指导文件，旨在维护纳米材料的职业安全及健康，包括最近发布的控制绑扎工具、碳纳米管、医药产品和医疗设备等。

尽管看上去欧盟对现有监管体系的适应性表示了满意，但是欧盟并未放弃采取另外的安全措施。欧盟的几个科学委员会、小组和部门都在积极采取措施，并召开了多次监管会议，商讨纳米材料的安全性问题；启动了一系列的研究项目，举办了几次开放式的专家磋商。欧盟提出，将重点关注投放欧盟市场前未有相关测试的纳米材料的执行和申请的条款，特别是保护条款、健康监控措施、市场监督、预防措施、跟踪和报告程序、早期预警体系等。对其他涉及纳米材料的部分，如工作场所安全、杀虫剂产品、医药产品、医疗设备及废弃物等进行修订。

2. 美国

美国高度重视纳米的伦理问题，将支持负责任的纳米技术开发列为国家纳米计划要实现四个基本的战略目标之一，将纳米材料的安全性加入到纳米产品生命周期的考量当中：加强与国际社会在标准化研究方面的协作；确定和管理纳米技术产品和过程研究的道德、法律和社会影响；运用纳米技术和可持续发展的最佳实践来保护和改善人类的健康与环境。

美国对纳米实行监管的机构包括环境保护局（Environmental Protection Agency，EPA）、食品药品管理局（Food and Drug Administration，FDA）和疾

病预防控制中心（Centers for Disease Control and Prevention，CDC）。对美国纳米监管法规最新状况开展的一项调查显示，美国有许多法规与纳米材料的监管有关系。包括《有毒物质控制法案》（*Toxic Substances Control Act，TSCA*）、《职业安全与健康法案》（*Occupational Safety and Health Act，OSHA*）、不同的产品责任法和环境法（如《清洁空气法》）、支持负责任的开发和管理纳米技术的法案（如《纳米技术进步和新机会法案》）、确保纳米技术负责任的开发的法案（如《2010纳米技术安全法案》和《2010化妆品安全法案》等）。

针对食品和化妆品的主要法律是《食品、药品与化妆品法案》（*Food，Drug and Cosmetic Act，FDCA*），该法案设立了一个框架，在此框架下食品药品管理局得到授权监管和控制食品、药品、化妆品的安全。食品药品管理局基于《食品、药品与化妆品法案》开展对纳米材料的监管。2006年8月，食品药品管理局宣布了组成一个国内食品药品管理局“纳米技术工作组”，并于2007年7月25日，发布首份纳米技术相关产品监管调查报告。食品药品管理局“纳米技术工作组”在报告中建议政府监管机构有必要整合现有的工具、资源、信息，出台一整套有针对性的纳米产品科学指导准则，作为产业制造商和研究人员的执行标准，以保证纳米技术新产品的安全性和有效性。

《食品、药品与化妆品法案》要求食品添加剂和着色剂在进入市场之前要进行测试。相应地，这些法规也适用于纳米材料。食品药品管理局指出，制造商必须提交含有食品添加剂的产品的全面安全数据，包括由纳米材料和含有单一纳米物质的团聚所组成的物质。

在化妆品进入市场开始销售之前，食品药品管理局往往并未要求制造商提供相关数据（包括安全性数据）。美国的相关法规规定，提交相应产品副作用的报告属于自愿行为，而贴错化妆品标签的行为则是禁止的（比如，标签属于伪造的、有误导性或并未含有需要的信息），在这种情况下，食品药品管理局无权要求召回产品或对制造商采取措施，但是可以要求司法部门命令企业将产品从市场中撤出。因此美国市场上的化妆品（包括含有纳米材料的）并未得到必要的监管。

疾病控制预防中心下属的职业安全“国家职业安全及健康研究院”（National Institute for Occupational Safety and Health，NIOSH），在2007年11月

提出“关于可能受到纳米颗粒暴露之员工医学管理指引”（Interim Guidance for the Medical Screening of Workers Potentially Exposed to Engineered Nanoparticles）报告，针对工作场所相关人员的保护提出若干建议。

美国环境保护局主要遵照《有毒物质控制法案》实行对纳米材料的监管。从2001年起，美国环境保护局就对开发纳米技术的环境应用以及了解纳米技术对人类健康和环境的潜在影响方面起了重要作用。2004年12月，美国环境保护局的科学政策委员会创立了一个跨美国环境保护局的工作组，为了保障社会对纳米技术给环境保护可能提供的重要利益的自然增长，以及为了更好地了解纳米材料在环境中暴露带来的任何潜在风险，该工作组负责提出美国环境保护局应当考虑的关键科学事项。2010年，美国环境保护局发布了一项新的纳米材料研究战略，称发布这份战略将正确引导其研究人员和管理者的工作，帮助其他组织的科学家规划新的项目，同时告知公众美国环境保护局在监管与纳米材料相关的环境问题时的科学依据。2011年，美国环境保护局提议一项关于意见征询的声明，要求企业提供关于注册杀虫剂产品中使用的纳米材料的信息，原因是纳米材料可能对人体健康和环境存在潜在的影响。

3. 日本

日本就像欧盟、美国以及许多欧洲国家一样，纳米技术的出现并未导致现有法规的修改，目前并没有特别针对纳米材料进行监管的法律法规。在日本，多部门对纳米材料的安全联合监管，包括：经济产业省、环境省、厚生劳动省、农林水产省、文部科学省、内阁府。早在2004年，日本就启动了纳米技术和纳米材料的标准化工作，几个国立研究机构合作开展一项名为“促进公众接受纳米技术”的研究项目，并于2006年公布了一份相关报告。报告推荐对纳米材料的潜在风险开展支撑研究，建议政府部门建立对话的公共论坛，准备国家风险管理战略并针对可能涉及纳米技术的法律进行审查和梳理。与之平行的，日本经济贸易及产业省对工业企业的纳米技术操作规范进行了调查，要求工业界提交纳米环境健康和安全数据，作为起草国家指导方针的依据。就立法而言，日本只是环境省在2009年发布了一项旨在降低纳米材料风险的指南，此外，经济产业省作为监管纳米材料制造的部门，也针对纳米材料召开过一些会议，对纳米材料的安全生产制定相关的措施。如2009年3月召开的纳米材料制造商安全措施的专家碰头会就审视了纳米材料安全生产的措施，包括：防止工作场所的暴露措施、供应链的信息传递等。并对碳纳米管、氧化锌、二氧化钛、二氧化硅等主要制造的六种纳米材料进行了回顾。

4. 其他国家

澳大利亚的工业化学品监管部门——国家工业化学品申报和评估机构（National Industrial Chemicals Notification and Assessment Scheme，NICNAS），于2010年10月引入了工业纳米材料申报与评估的新监管程序。该监管程序将自2011年1月1日起正式生效。依据《1989工业化学品申报和评估法》中第3部分规定，工业纳米材料视作新化学品。新监管程序的监管对象涵盖下述可视为新化学品的“工业纳米材料”：有意被制造、生产或设计为具有纳米性质或特殊成分，其尺寸为1～100纳米的工业材料，是纳米物质（如由二维、三维或零维组成）或是具有纳米结构（表面或内部具有纳米尺寸）的物质。

泰国国务院事务部部长翁安于2011年2月表示，要求消费者保护协会将纳米产品列为卷标监管产品。翁安还指出，要求消费者保护协会在1个月内宣布纳米产品为卷标监管产品，在消费者协会公布纳米产品为卷标监管产品后，出售假冒纳米产品将处以1年监禁及罚款10万铢；没有正确使用纳米标签，将处以6个月监禁，罚款5万铢；如果产品与广告内容不符，将以欺诈罪处3年监禁。

随着纳米技术的突飞猛进，纳米材料的应用范围也越来越广，随着人类对纳米材料的认知的进一步加深，必然会不断出台法律法规对其进行监管，使其在造福于人类的同时，风险降至最低。而这对于纳米产业的健康发展和良性循环也是有所益处的。而中国的相关法律法规鲜有涉及纳米技术健康、环境和社会方面的行动以及纳米技术创新和资源分配等问题，期待相关部门对纳米技术引起的伦理和社会问题加以关注，并尽快立法予以规范。

（执笔人：梁慧刚）

第十三章

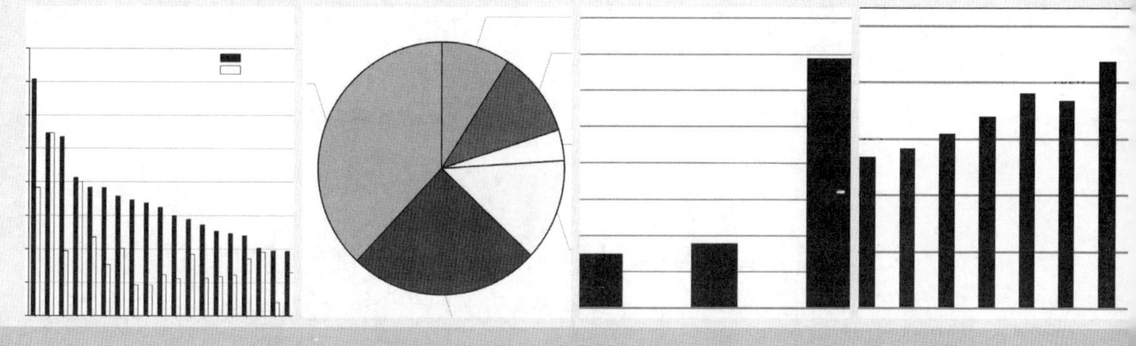

任重道远：纳米技术的科研与产业发展

PART 13

第一节 纳米技术的科研战略

自美国2000年宣布“国家纳米技术计划”以来，世界上几乎所有的工业化国家都加快了推进纳米技术战略和研究计划的步伐，韩国、俄罗斯、中国等新兴工业化国家和发展中国家以及中国台湾等地区也纷纷制定了本地区的纳米发展战略和计划。

一、美国：国家纳米计划成为政府第一优先研发计划

早在1991年，美国就正式将纳米技术列入“国家22项关键技术”和“2005年战略技术”，1997年，美国国防部将纳米技术提高到战略研究高度。2000年2月，白宫正式发布了“国家纳米技术计划”，提出了发展纳米科技的战略目标和具体战略部署，标志着美国进入全面推进纳米科技发展的新阶段。

2011年，“国家纳米技术计划”的战略目标和投资项目主题领域包括8个方面：纳米现象与过程的基础研究；纳米材料；纳米器件与系统；纳米技术仪器仪表研究、计量和标准；纳米制造；主要研究设施和仪器仪表的采购；环境、健康与安全；社会与教育。这八大方向成为了美国纳米技术研发活动的组织框架（表13－1）。

表13－1 ▸ 国家纳米技术计划的战略目标和投资的主题领域

序号	项目主题领域	主要内容描述
PCA 1	纳米现象与过程的基础研究	发现与探索纳米尺度上的物理、生物、工程科学新现象背后的基础知识，阐明与纳米结构、过程、机理相关的科学原理与工程原理
PCA 2	纳米材料	发现新型纳米材料和纳米结构材料，全面了解纳米材料的性质，研发设计和合成有针对性性能的纳米材料
PCA 3	纳米器件与系统	研发适用于纳米科学和工程的创新应用，或对现有的器件和系统进行改善。包括利用纳米材料来提高器件的性能或形成新的功能

续表

序号	项目主题领域	主要内容描述
PCA 4	纳米技术仪器仪表研究、计量和标准	研发与推进纳米技术研究和所需工具的商业化，包括下一代的表征仪器、测量、合成、设计、材料、结构、设备和系统。此外，还包括研发其他与标准有关的活动，包括术语、材料的特性和测试以及制造标准
PCA 5	纳米制造	研发实现规模化、质量可靠、符合成本效益的纳米尺度的材料、结构、设备和系统的制造
PCA 6	主要研究设施和仪器仪表的采购	建立用户设施，购置大型仪器，以开发、支持或者增强国家纳米科学基础设施，维持工程和技术研发的运行
PCA 7	环境、健康与安全	研究纳米技术的环境、健康和安全问题以及相应的风险评估、风险管理和减轻风险的方法
PCA 8	社会与教育	与教育有关的活动，如为学校制定教学材料、课程、技术培训，与市民进行沟通。研究纳米技术对社会产生的广泛影响，包括社会、经济、人力资源、教育、伦理和法律等问题

为支撑以上这些科技战略目标，美国投入了大量的资金。2001－2012年，美国政府为“国家纳米技术计划”总共投入超过160亿美元，历年的实际预算逐年增长（图13－1）。在2013财年，总统预算对纳米技术研发投资近18亿美元，较2012年增长4%。

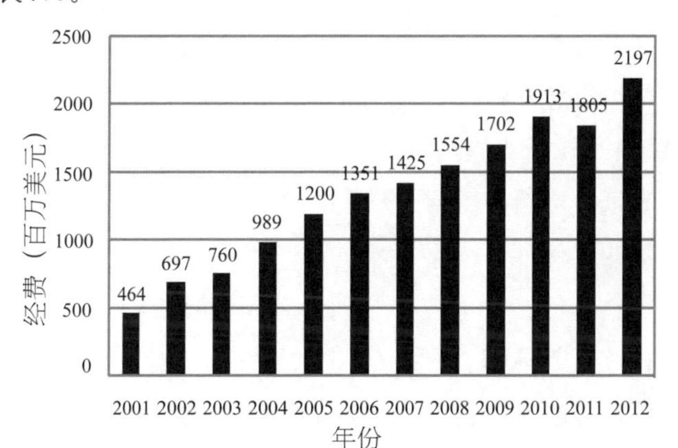

图13－1 ▸ 美国国家纳米技术计划历年经费情况

（图片来源：中国科学院科学传播研究中心）

2010年以来，“国家纳米技术计划”相继出台了一系列的发展规划。2010年7月，美国发布了“2020及未来纳米电子器件发展”计划。2010年11月，美国国家科技委员会纳米科技工程分会发布了新的《国家纳米技术计划战略规划草案》。随后，在“国家纳米技术计划”提交的《2011总统预算案补充报告》中，为加快纳米技术发展，更好地支持总统的优先决策及创新战略，计划的成员机构又提出了“2011纳米技术签名倡议”计划。

除了政府的投入以外，企业也加入了对纳米技术计划的支持，美国半导体研究公司（Semiconductor Research Corporation，SRC）纳米电子研究计划（Nanoelectronics Research Initiative，NRI）委员会与美国国家科学基金会共同成立国家科学基金会——纳米电子研究计划联合基金，对12个“2020及未来纳米电子器件发展”研究项目进行为期四年的资助，资助总额为2000万美元。这些跨学科跨机构的合作将致力于研究纳米电子器件的创新应用，以取代传统的晶体管。

二、日本：注重基础研究与应用研究相结合

日本纳米技术研究起步早，在许多方面处于世界领先的地位。2000年美国宣布的“国家纳米技术计划”对日本冲击很大。日本的纳米技术权威学者川合知二惊呼：“这是美国人在日本最得意的领域向日本人下的挑战书。”日本政府对美国的计划也颇有危机感，首相官邸立即对美国的计划进行了研究。在美国的计划出台不到一个月，日本科学技术会议就开始研究新对策，于同年12月完成了可称为日本的纳米国家战略计划的《纳米技术战略报告书》。

日本在2001年4月开始实施的第二期五年计划中，把纳米材料确定为8个重点领域之一并一直延续至今，并且在这些国家战略重点发展领域中，纳米材料研究居于重中之重的地位。此外，日本的第二期科学技术基本计划也将纳米技术与生命科学、信息通信、环境技术并列作为四大重点研发领域，并制定了多项措施确保这些领域所需战略资源的落实。之后，日本科技界较为彻底地贯彻了这一方针，积极推进从基础性到实用性的研发，同时跨省厅重点推进能有效促进经济发展和加强国际竞争力的纳米技术的研发。2006年3月发布的第三期科学技术基础计划仍然以纳米材料以及纳米和其他科学领域的交叉领域作为其重点支持领域。

在专项科技计划中，日本文部科学省继2002年制定《纳米技术及材料相关

研究开发的推进策略》后，2006年7月又根据第3期科技基本计划及纳米领域推进战略要求，制定了新的针对未来5年的《纳米技术及材料相关研究开发的推进策略》，提出在纳米电子、纳米生物技术、纳米材料、纳米基础技术和纳米科学与物质科学五大领域推进研究开发的策略，把形成研究据点网络、培育纳米技术与材料领域人才、促进产学官合作与领域间融合和承担社会责任等作为实施中的重要事项。

与美国一样，日本在纳米研究上也投入了相当多的经费。2005－2009年，日本科学技术基本计划纳米技术与材料领域的研究经费除2009年略有下降外，一直保持稳步的增长（图13－2）。

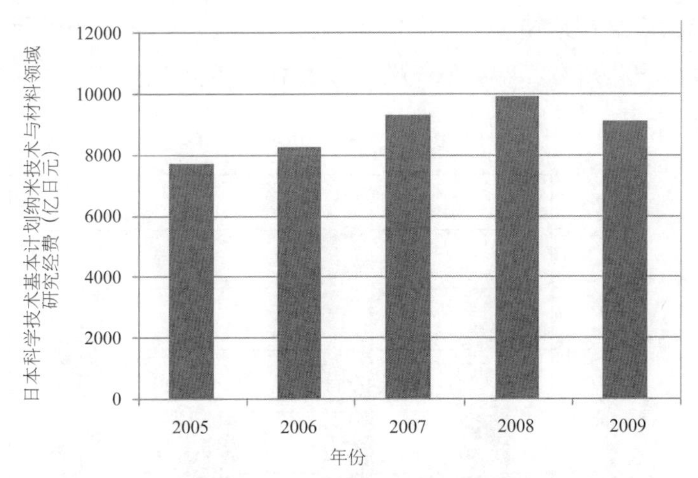

图13－2 ▸ 2005－2009年日本科学技术基本计划纳米技术与材料领域研究经费
（图片来源：中国科学院科学传播研究中心）

三、欧盟及其成员国

1. 欧盟：通过框架计划持续推进纳米技术研发

欧盟通过研究技术开发框架计划[①]、纳米技术发展战略以及专门的研究计划等支持并促进欧盟的纳米技术研发。早在第4框架计划（1994－1998年）中，欧盟就资助了若干与纳米技术相关的研发活动，该计划中有80%的项目涉及纳米技术研发，每年的投资经费达到3000万欧元。第5框架计划（1998－2002年）中

①欧盟框架计划，英文为Framework Programme，简称FP计划，是当今世界上最大的官方科技计划之一，后接数字表示为第几个框架计划，如FP7代表第七框架计划。

投资纳米技术的研究经费增长到4500万欧元每年。2002－2007年欧盟实施的第6个框架计划同样对纳米技术给予了空前的重视，第6框架计划共计有14.29亿欧元专门用于纳米技术和纳米科学、以知识为基础的多功能材料、新生产工艺和设备等方面的研究。

2007－2013年实施的欧盟第7个框架计划中包含了四大专项计划，其中的核心是“合作计划”，其预算为324.13亿欧元，占总预算的2/3。而“纳米科学、纳米技术以及材料和新制造技术”正是该核心计划的十大关键主题领域之一，预算高达34.75亿欧元。

图13－3显示了欧盟第7框架计划在2007－2010年间对“纳米科学、纳米技术、材料与新产品制造技术”主题的预算投入情况，虽然2009年受世界金融危机的影响导致当年研发经费大幅下降，但2010年投入迅速回升，已经接近2007年4亿欧元的水平。

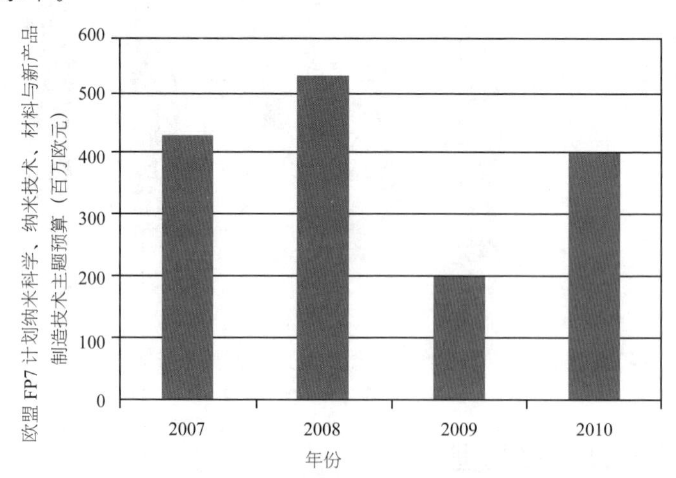

图 13 － 3 ▸ 2007 － 2010 年欧盟第七框架计划纳米科学、纳米技术、材料与新产品制造技术主题预算

（图片来源：中国科学院科学传播研究中心）

2. 德国：重视纳米技术市场

20世纪80年代，德国就通过与纳米技术相关的计划支持纳米技术的研发，如“材料研究与物质技术计划”、“激光研究光电子计划”等支持纳米技术研发战略和专门计划。后续德国联邦教育与研究部（Bundesministerium für Bildung und Forschung，BMBF）又发布了“纳米生物技术计划”、“信息通信技术研究计划”、“纳米技术战略框架”等。2004年3月，德国发布了纳米技术新战略，调整了2002年发布的纳米技术发展战略框架，提出“德国创新向纳米技术进军”的战略计划，目的是进一步开发纳米技术的应用潜力。2007年，为了统一协调政府各部门关于纳米技术的目标和行动计划，德国联邦教育与研究部开始启动“纳米倡议－行动计划2010”（Nano Initiative Action Plan 2010）。这个行动计划主要涉及创造更好的工作条件、纳米技术安全和与公众全面的对话等方面的内容。

2011年1月，德国政府颁布了“纳米技术行动计划2015”（Action Plan Nanotechnology 2015）。该计划将为德国提供一个可持续的开发和使用纳米技术的新框架，有利于德国在纳米尖端技术上扩大自己在欧洲的领先地位。“纳米技术行动计划2015”旨在衔接2007年出台的“纳米倡议－行动计划2010”，是德国政府在高科技战略框架下针对纳米领域施政的一个共同纲领。该计划包含与纳米科技相关的广泛主题。除了对中小企业和企业家的科研予以经费支持外，还包括安全和监管问题以及与公众对话等内容。

3. 法国：建立完善纳米技术平台

为了推进纳米科技及其产业发展，迎接新的挑战，法国政府重新调整了对纳米研发及创新的公共支持政策，鼓励公共研发机构和制造商开展合作，欲凭借其在微电子技术领域的雄厚基础，确立法国在纳米科技领域的优势地位。近几年来，法国制订了纳米技术发展计划，增加了纳米技术的投资，建立了大型的研究开发网络和中心，调整了纳米技术研发战略，强调一体化的发展战略，加强政府、大学、产业界的合作，加强国家合作。

2004年12月，法国科研部公布了纳米科学和纳米技术国家计划，并重新制订了给予“纳米科学和纳米技术研究网络”3年的拨款计划（每年7000万欧元，3年共计2.1亿欧元），经费主要用于支持纳米科学和纳米技术平台、基础纳米科学研究联合研究项目和企业、学术界和政府的研发项目。

2008年12月，法国总统萨科齐在欧洲创新研讨会上宣布，法国将依托巴黎南部的萨克雷和格勒诺布尔以及图卢兹的研究机构，投入巨资建设纳米技术集成研究中心，全面推进国家纳米技术创新战略计划。到目前为止，法国已经建立了5个微米和纳米技术大中心，包括法国科研中心的分析和系统架构实验室、光子与纳米结构实验室、电子与纳米技术研究所、基础电子学研究所以及法国原子能研究中心的电子与信息技术实验室。

4. 英国：从优先发展纳米制造技术到重视纳米安全

英国开展纳米技术研究相对较早，在世界上最早制订出了“国家纳米计划”，该计划由英国国家物理实验室与英国贸易工业部[①]于1986年发起，目的在于促进英国的纳米技术。

2001年3月，英国贸易工业部发布了《2001－2004科研优先发展领域》，将纳米技术确定为英国重点发展的基础研究领域之一。2002年7月英国贸易工业部又发布了《制造业的新空间：英国纳米技术战略》，确定了产业界、政府和学术界未来5年应达到的阶段目标。2003年7月，英国贸易工业部又宣布资助创建“微米和纳米技术网络”计划，计划在2003－2009年的6年内资助9000万英镑，旨在帮助英国产业界充分利用纳米技术提供的商业机会赢得全球的纳米技术市场份额。2009年，英国技术战略委员会公布了“2009－2012年纳米技术战略”，目标是如何利用纳米技术应对社会面临的重大挑战。2010年3月，英国政府出台了最新的“英国纳米技术战略”，战略既强调纳米技术研发与创新及研发成果的商业化，又重视纳米技术和纳米材料可能带来的环境、健康和安全风险。为了达到这一目的，英国政府已确定采取包括商业、产业和创新、环境、健康和安全研究以及法规在内的多种行动。

四、韩国：加强纳米技术投资与基础设施建设并重

韩国政府高度重视纳米科技的发展。20世纪90年代后期就已经开始了纳米科技研发，尽管当时并未制定专门的国家纳米计划，但是与纳米科技的相关的发展计划都包括在了国家级研究与发展计划之中，如1992－2001年间开展的“超先进国家计划”，1997年启动的“创造性研究计划”，1999年启动的“国家研究实验室计划”以及1999年开始的“21世纪前沿研究与发展计划”等。这些研发计划的实施为韩国进一步发展纳米技术奠定了坚实的基础。

2002年3月，韩国政府发布了“纳米技术开发行动计划”。该计划的目的是

①原英国贸易与工业部，英文为Department of Trade and Industry，简称DTI，现为商业创新和技能部，英文为Department for Business, Innovation and Skills，简称BIS。

开发纳米核心技术，到2010年，使韩国拥有1300名纳米技术领域的专家，使韩国跻身纳米技术领域的世界十强之列。还计划内容涉及新建国家纳米制造中心，启动地方风险资金，建立类似其他发达国家的纳米技术研究网络。

2008年8月，韩国正式发布“面向先进一流国家的李明博政府的科学技术基本计划（2008－2012年）”。其核心内容可简称为“577战略”，这项计划提出，到2012年将韩国的研发强度（研发投入占国内生产总值的比例）提高到5%，通过集中培育七大技术研发领域和实施七大系统改革，使韩国跻身于世界七大科技强国之列。该计划将IT纳米原材料技术、纳米基础机能性材料技术、纳米基础融合和复合材料技术列为重点培育技术，将纳米生物材料和纳米测定评价技术列为重点培育候补技术。

2009年，韩国国家科学技术委员会拟定了“2009年纳米技术发展施行计划”，计划提出，为了使韩国在2015年晋升为纳米技术三大强国之一，政府将向纳米技术的研究开发、基础设施和人才培养等领域共投入2458亿韩元。

此外，韩国在这些纳米技术战略计划和相关法律下，建立了纳米技术中心和网络，加强了基础设施建设。纳米技术网络包括：韩国纳米技术研究协会、纳米技术研究人员协会以及前沿计划协会等。基础设施包括：科技部建立的2个纳米制造中心（国家纳米制造中心和韩国先进的纳米技术制造中心）、纳米技术信息中心以及2个纳米技术集成中心。

五、中国

中国的有关科技管理部门对纳米科技的重要性已有较高的认识，并给予了一定的支持。“八五”期间，国家科委通过“攀登计划”项目，将“纳米材料科学”列入国家攀登项目。国家自然科学基金委员会、中国科学院、国家教委分别组织了8项重大、重点项目，组织相关的科技人员分别在纳米材料各个分支领域开展工作，国家自然科学基金委员会还资助了20多项课题。

1999年，中国科学技术部启动了国家重点基础研究发展规划项目（“973”计划）——“纳米材料与纳米结构”，继续支持碳纳米管等纳米材料的基础研究。2001年，政府制定了《国家纳米科技发展纲要》，并成立了国家纳米科学技术指导协调委员会，制定国家纳米科技发展规划，部署、指导和协调国家纳米科技工作。

2006年，国务院发布的《国家中长期科学和技术发展规划纲要》将纳米科学看成是中国“有望实现跨越式发展的领域之一”，并设立了“纳米研究”重大科学研究计划，重点研究纳米材料的可控制备、自组装和功能化，纳米材料的结构、优异特性及其调控机制，纳米加工与集成原理，概念性和原理性纳米器件，纳米电子学，纳米生物学和纳米医学，分子聚集体和生物分子的光、电、磁学性质及信息传递，单分子行为与操纵，分子机器的设计组装与调控，纳米尺度表征与度量学，纳米材料和纳米技术在能源、环境、信息、医药等领域的应用。并于2006年对纳米相关研究部署了13个重大项目。

在2011年7月，由科学技术部发布的国家“十二五”科学和技术发展规划中，将纳米研究作为六个重大科学研究实施计划之一，力争在未来五年内取得重大突破，重点部署了面向国家重大战略需求的纳米材料、传统工程材料的纳米化技术、纳米材料的重大共性问题、纳米技术在环境与能源领域应用的科学基础、纳米材料表征技术与方法、纳米表征技术的生物医学和环境检测应用学等方面，同时要求大力培育和发展七大战略性新兴产业，其中就包括了纳米材料在内的新材料产业。

中国科学院从20世纪80年代后期开始启动了一系列重大科研计划，组织了中国科学院物理研究所、化学研究所、感光化学研究所、金属研究所、上海硅酸盐研究所、固体物理研究所以及中国科学技术大学等单位，积极投入纳米科学与技术的研究。2000年，中国科学院组织了有11个研究所参与的“纳米科学与技术”重大项目，作为中国科学院“知识创新工程”支持的重点项目，总投资2500万元人民币。中国科学院在2000年还成立了由20个下属研究所组成的中国科学院纳米科技中心，开通了隶属于中心的纳米科技网站。

从纳米科技的研发经费来看，“十一五”期间，中国纳米科技科学研究经费投入超过50亿元人民币。比“十五”期间的15亿元增长了两倍多。北京国家纳米科学中心、天津国家纳米技术与工程科学研究院、上海纳米技术及应用国家工程科学研究中心等3个国家级纳米科研基地得以建立。

第二节 纳米技术的产业发展与投资战略

纳米产业是建立在纳米技术基础上的新兴先进产业，它具有极强的前向效应和后向效应：前向效应是指对上游产业的带动效应，就像汽车工业带动钢铁、油漆等行业一样，纳米产业将带动传统材料产业等一系列上游产业的新发展；后向效应则指对下游产业的推动效应，包括为交通、房地产、服务业等多种产业带来的新的机会。世界各纳米技术强国都在加紧采取各种措施，制定有力的发展战略和计划，投入巨资，指导和促进纳米技术的产业化进程。

一、世界主要国家纳米技术的产业政策

在纳米技术研发和商业化方面，美国一直处于领先地位。2000年10月1日开始实施的“国家纳米技术计划”，重点支持纳米技术的基础性和应用性研究。2003年12月颁布的《21世纪纳米技术研发法案》进一步促进了纳米技术的产业化。此外，美国还成立了纳米技术防备中心和纳米材料制造中心等。“国家纳米技术计划”每3年发布一次纳米技术发展战略，目标就是加大纳米技术商业化、产品化的力度，加速大规模生产，扶持纳米技术相关的小企业。

日本政府第二个和第三个科学技术基本计划都明确了纳米技术为国家级优先发展的领域。日本纳米技术领域的国家计划项目主要有“纳米技术支持计划”、“知识创新集群计划”、“纳米国家发展战略”等，这些计划有力地促进了跨学科研究及产业界、学术界和政府间的协作。

德国政府先后出台了“纳米技术行动计划2010”和“纳米技术行动计划2015”。目前，德国的纳米科学研究已经达到国际领先的地位，生产纳米产品的公司数量明显增多，公司的影响力也在持续扩大。据估计，现在美国和欧洲与纳米技术相关的企业的数量几乎相当，而欧洲公司中大约有一半来自德国。

中国为了促进纳米技术研发成果的转化，于2000年12月在天津经济技术开发区成立了第一个国家纳米技术产业化基地，目前，这一产业基地已经成为了中国乃至整个亚洲最具吸引力的投资区域之一，并被评为世界100个工业发展最

快的地区之一。京津地区的许多著名高校，都在区内建有研发机构，具备进行纳米技术工业化研发的良好条件。2003年8月，中国科学院纳米技术产业化基地成立，其目的就是以纳米技术的产业化开发为主，兼顾应用研究，促进基础研究。2011年，我国启动建设了苏州纳米技术产业化基地，重点发展纳米新材料、纳米光电子、纳米生物医药、微纳制造和纳米节能环保等五大产业，着力打造完整的高端产业链，形成以纳米技术为纽带的七大重点产品群。2012年7月，中国科学技术部发布了《纳米研究国家重大科学研究计划“十二五”专项规划》，该规划根据国际纳米科技发展态势和我国纳米科技发展现状，以国家需求为牵引，以纳米科技发展的重大共性基础科学问题为导向，依据已有基础和发展前景，确定“十二五”期间纳米研究重要支持方向，强化支持、上下游结合、突出重点、统一协调，通过顶层设计、统筹部署，争取获得一系列突破性成果，推进纳米技术的产业化进程。

二、纳米技术的商业化进程

自2000年纳米技术广泛商业化以来，其发展经历了从纳米材料，到单个纳米器件，到集成纳米器件的若干阶段，并将向着大规模、复杂化的方向发展。目前，全球纳米科技产业呈现出了几大特点：一是由单一纳米技术向集成纳米技术转移；二是由单一产品的生产技术向系列产品的生产技术转移；三是由简单的纳米复合技术向复杂异质纳米结构组合技术转移。

国外有学者将纳米科技产业化的演变过程分为了5大阶段：2000－2005年是第一阶段，在这一阶段中，成功实现商业化的主要是人们被动采用的纳米材料和结构，如涂层、纳米颗粒、塑料、陶瓷等；2005－2010年是第二阶段，这一阶段人们已经开始主动地将产品设计成为纳米的尺度，例如三维晶体管、靶向药物，制动器、自适应结构、生物医学器件等；2010－2015年是第三阶段，人们开始在第二阶段的基础上进行纳米器件的集成和装配，例如纳米机器人等；2015－2020年是第四阶段，此时的技术发展已经可以按人的意志，从原子层面设计纳米材料，用分子制造器件；2020年之后则为第五阶段，纳米技术开始与生物技术、信息技术深度融合，基于纳米尺度的大型复杂系统成为现实（图13－4）。

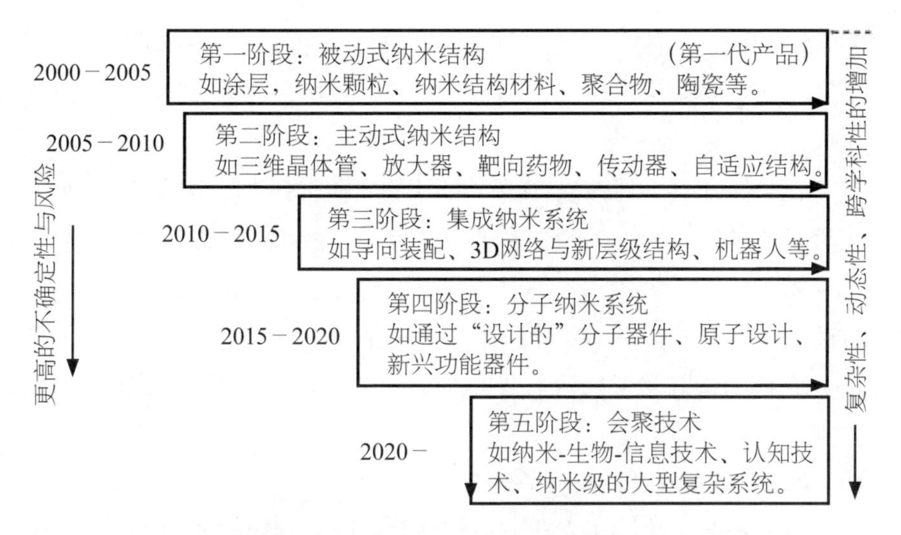

图13－4 ▸ 纳米技术工业原型和产业化发展历程（基于产品和产品工艺）
（图片来源：中国科学院科学传播研究中心）

2010年，世界技术评估中心发布了一份纳米技术评估报告，报告认为纳米技术已被公认为是科学和技术领域的革命，堪比现代生物和电子信息的革命。2000年以来，科学发现、发明、纳米技术工人、研发资助项目和市场的数量均以年平均增长率25%速度增长。报告还对这十余年来纳米技术的研发进展和商业化进程进行了总结，图13－5展现了这一趋势：

（1）新的仪器使得在相关工程领域可进行原子精度的飞秒测量。单声子光谱和分子电子密度的亚纳米级测量已经完成。单原子以及单分子表征方法已经出现，使研究人员能够探测纳米结构的复杂和动态的性质。

（2）对纳米材料基本结构与功能研究引发出新现象的发现和发展，如表面等离子体光子学、红外/可见光负折射率、卡西米尔力，纳米应用流体学，纳米图形化、原子间信息远距离传递，纳米级生物交互作用。其他纳米尺度现象将更好地理解和量化，如量子限域效应、多价理论以及形状各向异性。每种现象都已经成为新的科学和工程领域的基础。

（3）自旋力矩转移（利用旋转极化电流控制纳米级磁体的磁化）将对存储器、逻辑电路、传感器和纳米振荡器产生重大影响。它产生自旋力矩转移随机存取存储器研发的全球竞争，并将在未来十年内商业化。

（4）各种类型的新材料相继被发现和开发，其中包括各种成分的一维纳米线和量子点，多价贵金属纳米结构、石墨烯、超材料、纳米线超晶格以及其他各种粒子成分。

（5）新纳米结构和图形化方法多功能库的发明，促进了该领域的发展。包括如种类繁多的纳米颗粒、纳米层、纳米聚合物、金属、陶瓷和复合材料、光学和蘸笔纳米光刻、纳米压印光刻以及石墨烯卷对卷工艺和其他纳米薄片一系列商业化的系统。虽然如此，纳米技术目前仍是诞生阶段，处于表征方法、经验水平的合成和制造以及复杂纳米系统的发展的状态。需要更基础的发展以解决这些限制。

（6）从量子和表面科学到分子自下而上的装配的基本原理的利用，与半经验的自上而下的产品集成的小型化方法相结合，已经制定出新的工艺和纳米结构。纳米技术已形成或推动新的研究领域，如量子计算、纳米医学、能源转换和存储、水净化、农业和食品系统、合成生物、航空航天、地球工程、神经形态工程。

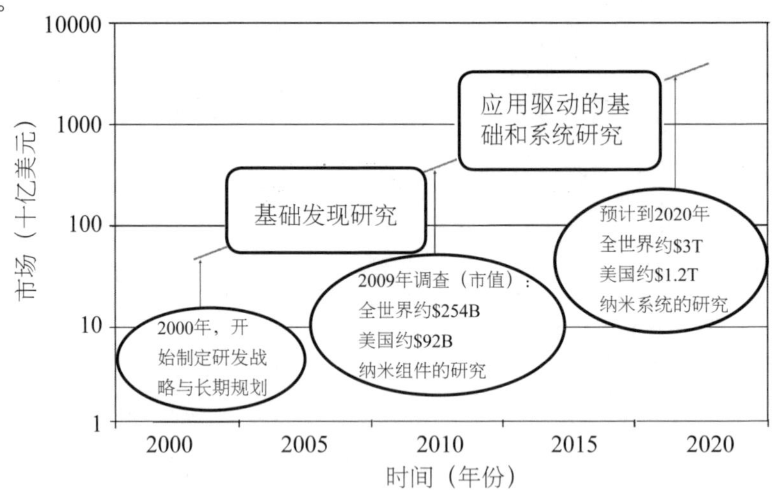

图13－5 ▸ 纳米技术终端产品市场规模及研发热点变化趋势
（由基础发现转向应用驱动的基础和系统研究）
（图片来源：中国科学院科学传播研究中心）

三、纳米技术的产业影响

纳米技术已经深入渗透至若干重要产业领域。例如，纳米结构材料的催化剂对美国石化行业的影响为30%～40%；100 纳米以下半导体占全球市场的30%；分子医学也是一个正在不断发展的领域；纳米电子业已取得快速发展，从微尺度器件向30 纳米甚至更小领域不断进军。诸多实例显示，纳米技术正在朝着“多用途技术”的目标前进。

高技术行业是纳米技术渗透和应用最为广泛的领域。如前文所述，纳米技术已经在能源、电子信息、环境、航空航天等重点领域成为了开发的热点。

在能源产业中，纳米科技在太阳能电池、锂离子电池、节能材料等均有应用。纳米技术可以大幅度提高能源产品的能效，降低能源生产成本，在一定程度上缓解人类面临的能源危机。

在微电子和信息产业中，纳米技术能够给人们带来更轻、更薄、更灵敏、处理运算速度更快、存储空间更大的电子产品。由于纳米材料的奇特性质，有可能带来与传统功能完全不同的新奇产品，如完全透明的显示屏、可折叠的电子器件等。

在现代的环境产业中，纳米技术更是不可或缺的，要实现对空气中纳米污染物的过滤或降解，必须采用相应的纳米技术。纳米技术的使用，可以为人们带来更清洁的饮水，更清新的空气，还能够用于重度污染的防治，减少废弃物的排放。

纳米技术在生物医药中的广泛应用将给医学带来难以想象的飞跃。通过纳米药物、纳米医疗器械甚至纳米机器人，人们可以直接针对病变细胞进行精确治疗，大幅度降低药物副作用和外科手术造成的创面，甚至可以直接操纵DNA，从根本上杜绝某些疾病的发生。

相对于信息产业、新材料产业、新能源产业和生物工程等新兴产业而言，钢铁、造船、汽车、纺织等部门同样也受益于纳米技术。纳米产业本身并不能代替传统产业，但借助这一新兴科技带来传统产业的变革才更为重要。而这也是纳米产业发展带来的收益的重要组成部分。在纳米经济时代，纳米技术正在使传统工业的内部结构、功能等方面发生变化，从而进一步引发整个工业体系的变革。这表现在以下几个方面：

（1）由高能耗、高物耗向低能耗、低物耗转变。例如，钢铁、有色金属冶炼以及水泥工业都是一种需要耗费大量材料和能源的传统工业，随着纳米技术对这些行业的渗透，钢铁工业出现的连铸、炉外精炼工艺，有色金属工业出现的富氧熔炼、闪速熔炼等工艺，水泥工业发展的窑外分解技术等新兴工艺技术，大大提高了原有工艺的产量，节约了能源，降低了成本。

（2）新材料的出现改变了传统工业产品的功能。首先是家电、轻工、电子行业，发展轻工、电子和家用电器可以带动涂料、材料、电子元器件等行业发展；其次是纺织，保温被、保温衣纳米技术和纳米材料，具有特殊功能的防静电、阻燃织物等；第三是电力工业，利用纳米技术改造20万伏和11万伏的变压输电瓷瓶，可以全方位提高11万伏的瓷瓶耐电冲击的性能，而且釉不结霜，其他综合性能都很好；第四是建材工业中的油漆和涂料，包括各种陶瓷的釉料和油墨，纳米技术的介入，可以使产品性能升级。

（3）改变了企业规模与产业布局。随着纳米科技等新兴技术的发展，新兴工业企业向小型化、专业化方向发展的趋势日益突出，并且不再像传统工业那样依靠资源、地理优势等决定生产布局，而更多地依靠智力因素，以大学和研究机构为核心，以便利的交通为依托，形成新的产业集群。例如，2010年日本创建的区域创新集群项目的目的就是要建立具有全球竞争力的、世界一流的知识集群，吸引世界各地的人力资源、技术和资金。其中涉及纳米技术和材料研究的知识集群有山口绿色材料集群、京都环境纳米技术集群、东海地区纳米技术制造集群等多个世界级区域创新集群项目，此外还包括宍道湖及中海区域、福冈筑紫区域在内的数个以研发为导向的地方产业创新集群项目。

四、纳米技术的产业布局

世界经济与合作组织发布了一份题为《纳米技术：基于相关指标及统计数据的述评》报告①。通过对报告中纳米技术的专利进行统计分析，可以窥见全球纳米产业的布局以及热点领域。虽然专利数据存在一定局限性，但这些数据为跟踪更下游的纳米技术研发活动提供了很好的依据。

图13－6给出了截至2005年，纳米技术专利的国家拥有情况。如图所示，美

①报告对纳米技术专利分析时，基于欧洲专利局《专利合作条约》专利申请的所有纳米技术专利申请均来自该局，截止时间为2008年1月1日。

国纳米技术专利占到全部纳米技术专利的48%，其次是日本（14%）和德国（10%），其余国家专利份额均不超过5%。

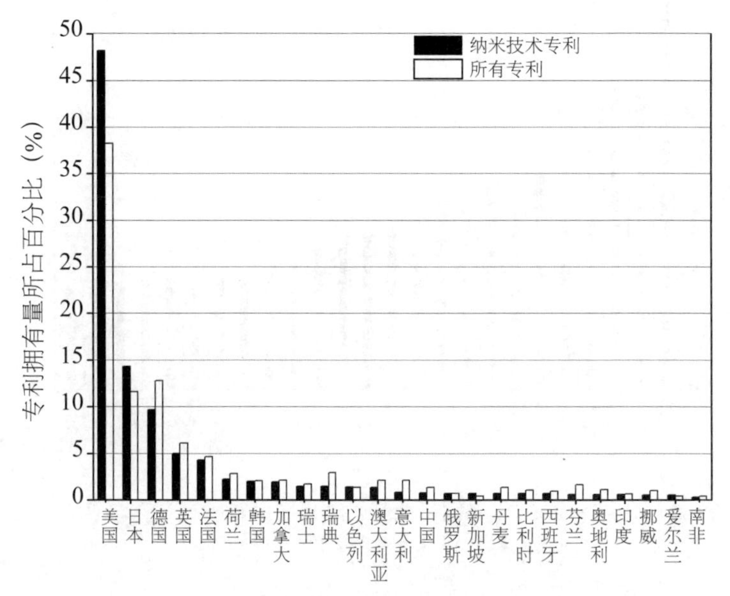

图13－6 ▸ 截至2005年纳米技术及所有专利国家（地区）分布

（图片来源：中国科学院科学传播研究中心）

图13－7阐释了1995－2004年间纳米技术专利增长最快的25个国家的专利年均增长率同专利总体增长情况的对比。图中显示，具有专利整体优势的国家，专利增长率反而较低，而后来跟进的国家增长率则较高。韩国、印度、波兰、中国和俄罗斯跻身纳米技术专利增长最快的前10个国家之列，同日本和法国两大传统强国比肩。数据显示，尽管后来者的发展起点很低，但跟进迅速，纳米技术研发的主导力量正在由美国和欧盟转向“金砖四国”（巴西、俄罗斯、印度和中国）及韩国。

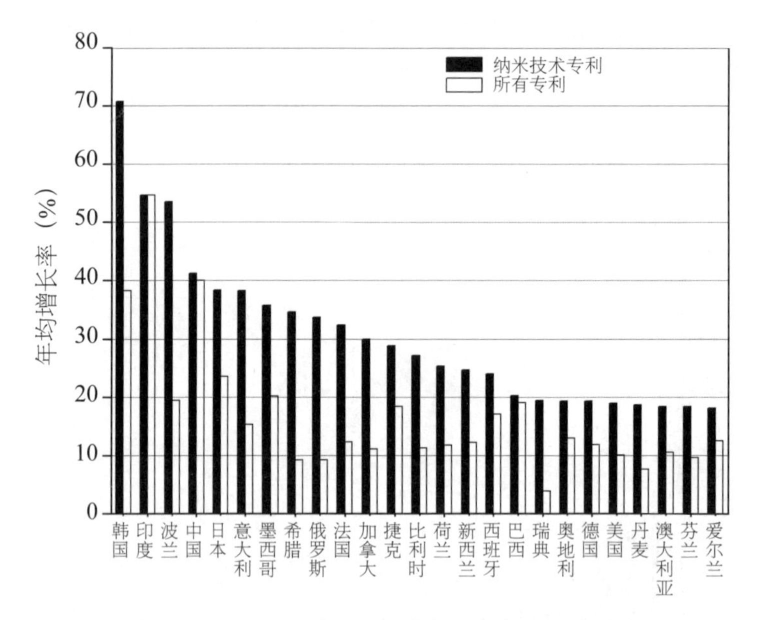

图13－7 ▸ 1995－2004年各国（地区）纳米技术及所有专利年平均增长率

（图片来源：中国科学院科学传播研究中心）

纳米技术子领域专利的分布情况如图13－8所示。专利主要集中于纳米材料和纳米电子学子领域，纳米生物技术也占有较大份额，紧随其后的则是仪器与测量、光学和磁学。

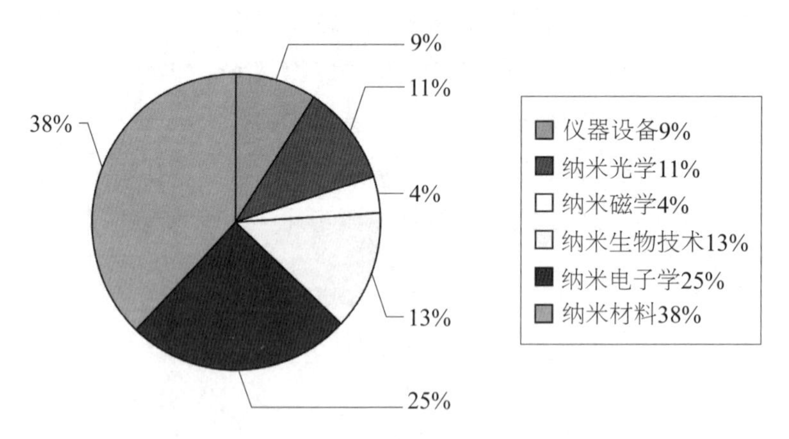

图13－8 ▸ 1995－2005年专利纳米技术子领域分布

（图片来源：中国科学院科学传播研究中心）

从发展趋势看，纳米电子学领域的专利增长最为明显，其次分别为纳米材料、纳米磁学和纳米光学，其余子领域专利数量保持相对稳定（图13－9）。

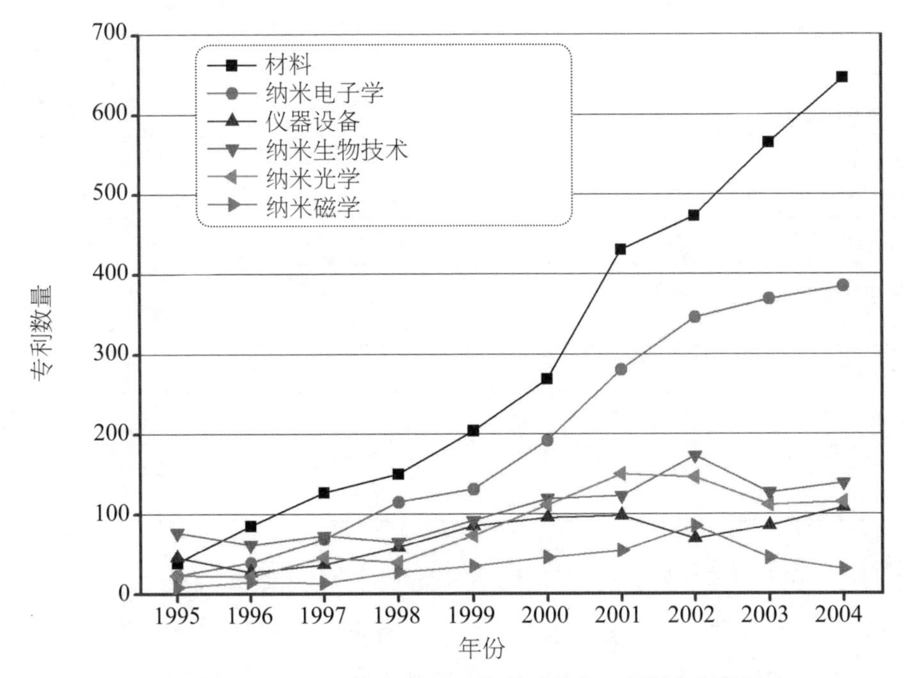

图 13 － 9 ▸ 1995 － 2004 年纳米技术子领域专利数量

（数据来源：Nanotechnology: An Overview Based on Indicators and Statistics, OECD）

五、纳米技术的未来市场预测

纳米技术快速增加的公共研发投资的背后，是缘于它带来的巨大的社会经济效益，这些投资也关系到其他相关科技领域的进步。而私营领域研发投资的驱动力很简单，是因为可以预见到纳米技术产品带来的巨大市场，以及纳米技术的潜在生产力效益。

对纳米技术产品市场的预测始于21世纪初，与世界许多国家最初制定纳米投资计划的时间一致。最早的市场预测是美国国家科学基金会在2001年做出的，其他大型银行和咨询公司随后也展开了类似工作。最为知名的咨询企业莫过于美国Lux Research公司、德国BCC咨询公司、西班牙Científica公司和日本RNCONS公司。表13－2给出了这些公司以及一些行业代表协会等自2000年以来曾经做出过的纳米市场预测。

表13－2 ▸ 纳米技术产品全球市场预测（单位：十亿美元）

	2005	2006	2007	2008	2009	2010	2011	2012	2013	2014	2015
Lux Research (2006,2008)	30		147							2066	3100
BCC (2008)			12	13			27				
Cientifica (2008)				167				263			1500
RNCO (2006)						1000					
Wintergreen (2004)											750
MRI (2002)	66					148					
Evolution Capital (2001)	105					700					
NSF (2001)	54										1000

所有市场预测都有他们对纳米技术产品的不同定义和预测方法，不过所有预测都有同一个趋势，那就是纳米技术产品市场将会以极高的速度成长。其中最乐观的预期是Lux Research做出的，到2015年这个市场将达到3.1万亿美元，实际上它已经超过了美国2007年的制造业出口总额。这一预期的前提条件是它将所有含有纳米技术成分的终端产品都计算在内。这也意味着纳米技术产品的市场容量在2015年将是生物技术市场预期的10倍，与信息与通信技术（Information and communications technology，ICT）市场相当。

此外，根据纳米技术大型门户网站Nanowerk对全球范围内B2B[①]型纳米技术企业做出的统计（因为纳米技术今天几乎无所不在，统计全部纳米技术厂商是没有意义的），全球共有2261家B2B纳米技术企业，其中有一半多位于美国，共1178家。其他数量较多的国家有德国、英国、加拿大、日本、澳大利亚、瑞士等。中国的B2B纳米技术企业数量为45家，如图13－10所示。在这些企业中，从事原材料生产的有299家，从事生物医药与生命科学的有358家，从事纳

①B2B，英文全称Bussiness to bussiness，也称公对公，指的是企业之间通过电子商务的方式进行交易，相对于B2C（Business-to-consumer）的销售方式——企业对顾客。

米产品、应用、仪器与技术的企业共1279家，从事服务与媒介等其他工作的有259家，如图13－11所示。

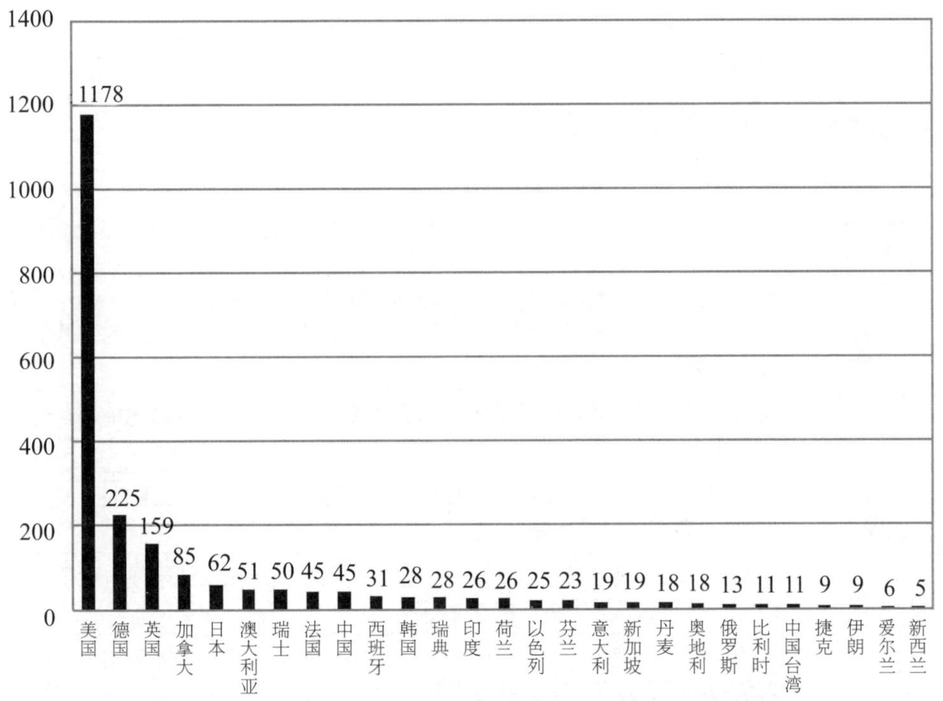

图13－10 ▸ 世界各国及地区B2B纳米技术企业数量

（图片来源：中国科学院科学传播研究中心）

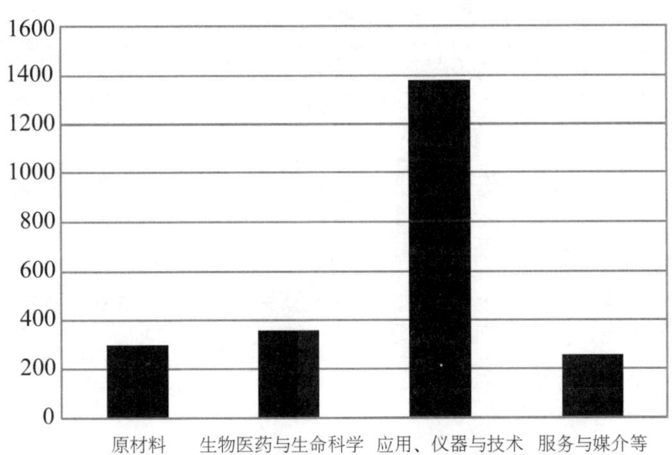

图13－11 ▸ 各行业中的B2B纳米技术企业数量

（图片来源：中国科学院科学传播研究中心）

（执笔人：潘懿）

附 录

附录1 纳米科技大事记

时间	描述
公元4世纪	罗马人的赖库尔戈斯酒杯使用了一种双色玻璃，其中掺入了纳米金和银粒子，使它在外部光线照射下呈现不透明的绿色，但当光线从内向外照射时呈现半透明的红色
公元6－15世纪	欧洲大教堂鲜亮多彩的玻璃窗户中含有许多纳米氯化金和其他金属氧化物和氯化物
公元9－17世纪	金光闪闪的“光彩”陶瓷釉料在伊斯兰世界流行，后流传至欧洲，其中掺有银、铜或其他金属纳米颗粒
公元13－18世纪	印度所产的大马士革钢刀中含有大量碳纳米管和碳化物纳米线，赋予了这种钢刀锋利而高强度并有韧性的刀锋
1857年	英国科学家迈克尔·法拉第（Michael Faraday）用氯化金还原出了含有纳米金的溶液，这种溶液呈现出红宝石色，完全不同于金块的颜色。这是第一次有正式记载的金属纳米颗粒溶液（又称胶体）
1936年	就职于西门子研究实验室的欧文·穆勒（Erwin Müller）发明了场发射显微镜，使人们可以得到近原子水平分辨率的图像
1947年	贝尔实验室的约翰·巴丁、威廉·肖克利和沃尔特·布拉顿发现了半导体晶体管，极大拓展了半导体界面有关的科学知识，为电子器件和信息时代的到来打下了基础
1950年	维克多·拉·莫（Victor La Mer）和罗伯特·迪纳葛（Robert Dinegar）创立了单分散交替材料生长理论与加工技术。胶体制备的可控性推动了许多产业的发展，例如特种纸张和涂料、薄膜等
1951年	欧文·穆勒（Erwin Müller）成功研究出场离子显微镜，这种显微镜能够显示出金属针尖表面的原子排列
1956年	美国麻省理工的阿瑟·冯·希佩尔（Arthur von Hippel）引入了“分子工程学”概念
1958年	德州仪器的杰克·基尔比（Jack Kilby）设计和建造了世界第一块集成电路，他因此被授予2000年诺贝尔奖

续表

时间	描述
1959年	物理学家理查德·费曼（Richard Feynman）在加州理工学院出席美国物理学会年会，作了著名演讲《底部还有很大空间》（There's Plenty of Room at the Bottom）。他的这篇演讲描述了在小尺度下操运和控制单个原子与分子的可能，并提出了实现这一可能所需要的工具和方法
1962年	日本东京大学的久保亮五（Ryogo Kubo）教授提出了“久保理论”，即量子限域理论。该理论的提出使得人们对纳米颗粒的电子结构、型态和性质有了进一步的了解
1965年	英特尔创始人之一戈登·摩尔提出了著名的“摩尔定律”，其内容为：当价格不变时，集成电路（IC）上可容纳的晶体管数目，约每隔24个月（1975年摩尔将24个月更改为18个月）便会增加一倍，性能也将提升一倍。该定律在过去50多年中一直成立，半导体产业目前已经将集成电路推向了接近原子大小的纳米层级
1974年	东京理科大学（Tokyo University of Science）的谷口纪男（Norio Taniguchi）教授在一篇题为：“论纳米技术的基本概念”（On the Basic Concept of Nanotechnology）的科技论文中首次使用“纳米技术”（nano－technology）一词来描述精密机械加工
1981年	德国物理学家格尔德·宾宁（Gerd Binnig）和瑞士物理学家海因里希·罗雷尔（Heinrich Rohrer）在IBM位于瑞士苏黎世的实验室共同发明了扫描隧道显微镜（Scanning Tunneling Microscope，STM），使人类第一次能够实时地观察单个原子在物质表面的排列状态和与表面电子行为有关的物理、化学性质。格尔德和海因里希二人也因此被授予1986年的诺贝尔物理学奖
	俄国阿列克谢·叶基莫夫（Alexei Ekimov）在玻璃基体中发现了半导体纳米晶（量子点），并对其电和光性能展开了先导研究
1984年	德国物理学家赫伯特·格莱特（Herbert Gleiter）制备了铁、铜、铅、二氧化钛等纳米晶，开拓了纳米材料领域的研究
1985年	英国苏塞克斯大学（University of Sussex）的哈罗德·克罗托教授（Harold W.Kroto）和美国莱斯大学（Rice University）的罗伯特·柯尔（Robert F. Curl）和理查德·埃利特·斯莫利（Richard E.Smalley）教授合作，利用激光蒸发石墨后，在实验结果中发现了C_{60}和C_{70}富勒烯。克罗托三人因此共同获得了1996年的诺贝尔物理学奖
	贝尔实验室的路易·布鲁斯（Louis Brus）发现了胶体半导体纳米晶，他因此获得2008纳米学界的年卡弗李（Kavli）奖
	斯坦福大学的卡尔文·奎特（Calvin Quate）教授、IBM公司苏黎世研究中心的格尔德·宾宁（Gerd K. Binnig）以及亨利希·罗勒（Heinrich Rohrer）共同发明了原子力显微镜。它的出现，为人类在纳米尺度进行测量、成像和操作提供了另一有力工具

续表

时间	描述
1986年	美国工程师埃里克·德雷克斯勒（Eric Drexler）出版了名为《创造的发动机：即将到来的纳米技术时代》的书，书中他设想了可以精确操纵原子的纳米机器。德雷克斯勒所推崇的纳米技术愿景经常被称为“分子纳米技术”或“分子制造”
	德雷克斯勒在美国加州创立了世界第一个关注纳米技术的组织“前瞻协会”。该机构于1989年在斯坦福大学举办了第一届纳米技术会议
1988年	德雷克斯勒在斯坦福大学开设了世界首个大型纳米技术课程“纳米技术与探索工程”
	德国物理学家彼得·格林贝格（Peter Andreas Grünberg）与法国物理学家艾尔伯·费尔（Albert Fert）几乎同时发现了在由铁、铬材料构成的纳米薄膜中存在“巨磁阻效应”，这一效应在1994年被IBM公司用于硬盘的读写磁头上，大幅度提高了磁盘记录密度，如今几乎所有硬盘读写磁头都是基于巨磁阻效应的。而格林贝格当年所在的尤利西研究中心申报的专利“用铁磁薄层实现的磁场传感器”，为该研究中心带来了数千万欧元的利润
1989年	IBM公司阿尔马登研究中心的唐·艾格勒（Don Eigler）博士发现，扫描隧道显微镜不仅可以用来观测原子的行为，还可以利用它推动单个原子。利用扫描隧道显微镜，他和他的研究伙伴埃哈德·施魏策尔（Erhard Schweizer）把35个氙原子（xenon，化学符号是Xe）排成了“IBM”三个字母。这是人类历史上首次操纵原子
1990年7月	第一届国际纳米科学技术会议在美国巴尔的摩举办。此次会议正式提出了纳米材料学、纳米生物学、纳米电子学等概念，引起了全球物理界和材料界的高度兴趣和广泛重视，掀起了纳米科技的研究热潮。会议并决定出版《纳米技术》《纳米结构材料》和《纳米生物学》三种国际性专业期刊。此次会议标志着纳米科技正式诞生
90年代	一批纳米技术企业开始运作
1991年	日本NEC公司的饭岛澄男（Sumio Iijima）在进行石墨电极直流放电并观察其产物时，发现了富勒烯家族的另一个重要成员：碳纳米管（Carbon Nanotube，CNT）
	日本通产省制定为期十年的“原子技术研究计划”（1991－2011），耗资1.85亿美元，“量子功能器件研究计划（1991－2001）”（耗资4000万美元）和“原子分子极限操纵研究计划（1992－2002）”（耗资250亿日元），这些计划所属的十五个国立研究所成为日本开展纳米技术研究的重要基地，其中电子技术综合研究所、物质工学工业技术研究所、产业技术融合领域研究所、生命工学工业技术研究所和机械技术研究所在世界纳米技术研究领域享有崇高的学术地位

续表

时间	描述
1992年	美孚石油的C.T.克雷斯吉（C.T. Kresge）及其同事发现了纳米结构催化剂材料MCM－41和MCM－48，这些催化剂已在原油、药物输送、水处理等多领域得到应用
	第一本德雷克斯勒撰写的纳米教科书《纳米系统：分子机械，制造与计算》出版
1993年	美国麻省理工学院的巴旺迪（Moungi Bawendi）发明了一种控制纳米晶（量子点）合成的方法，为其进一步应用打下了基础
1995年	美国兰德公司发布首份纳米技术智库报告《分子制造纳米技术的潜力》（The Potential of Nanotechnology for Molecular Manufacturing）
1997年	Zyvex公司成立，它被认为是国际上第一家从事分子纳米技术研究的公司
1998年	美国白宫的国家科学技术理事会（National Science and Technology Council）成立了纳米科学、工程与技术机构间工作组（Interagency Working Group on Nano Science，Engineering and Technology）。它的任务是赞助研讨会和研究，以界定纳米科学技术和预测其发展前景
1999年	美国康奈尔大学研究人员威尔逊·荷（Wilson Ho）等人通过扫描隧道显微镜组装出$Fe(CO)_2$分子，对化学键进行了研究
	美国西北大学的查德·米尔金（Chad Mirkin）发明了蘸笔纳米光刻技术，导致了适用于大规模制造电子电路的可重复式“书写”技术，以及细胞生物学研究领域的生物材料印制技术、纳米加密技术等多种应用
1999年－21世纪初	纳米技术逐步走向市场，其中包括化妆品、运动器材、汽车蜡、纳米银伤口敷料、衣服等
2000年2月	美国总统克林顿正式宣布一项新的国家计划——国家纳米技术计划（National Nanotechnology Initiative，NNI）。该计划被克林顿作为联邦政府科技研究与开发的第一优先计划，旨在协调联邦各部门在纳米技术领域的研发工作，提高美国在纳米技术上的竞争力。NNI计划在2001年的预算接近5亿美元
2003年	美国国会制定了21世纪纳米技术研究和发展条例（21st Century Nanotechnology Research and Development Act）。为NNI计划提供了法律基础，拟解决NNI在项目建立，机构责任分配，筹资水平授权，研究启动等方面面临的关键问题
	美国莱斯大学的拿俄米·哈拉斯（Naomi Halas）等人开发出金纳米壳结构，可以调节粒子尺寸吸收近红外光，能用于乳腺癌的综合发现、早期诊断和治疗，而无须进行切片活组织检查、外科手术或系统性放疗/化疗

续表

时间	描述
2004年	欧洲委员会提出了《迈向欧洲的纳米技术战略》（Towards a European Strategy for Nanotechnology），提出了在一个集成的可靠战略下进行制度性的纳米科学与技术研发，该战略还促使欧盟制定纳米技术研发计划和进行资金投入
	英国皇家学会和皇家工程学院发布了《纳米科学和纳米技术：机遇和不确定性》报告，提出了必须解决纳米技术伴随的潜在健康、环境、社会、伦理和监管问题
	纽约州立大学阿尔巴尼分校设立了美国第一个纳米技术学院：纳米科学与工程学院
2005年	加州理工大学的埃里克·温夫（Erik Winfree）和保罗·罗斯蒙德（Paul Rothemund）开发出“基于DNA的计算”以及“自组装算法”，计算科学自此被嵌入到了纳米晶体生长的过程当中
2006年	美国莱斯大学的詹姆斯·托尔（James Tour）制造了一辆单分子双座四轮的“纳米汽车”，这辆汽车全长不超过4纳米，车轮是用含60个碳原子的富勒烯制成
2007年	美国麻省理工的安吉拉·贝尔及其同事用病毒制作了一种环保锂离子电池，这种电池的容量和性能堪比最先进的混合电动车用锂电池，也能够被用在个人电子设备上
2008年	首份NNI纳米技术相关环境、健康与安全研究战略正式发布
2009－2010年	纽约大学的纳德里安·希曼及其同事制造了许多类似DNA结构的纳米自组装器件。并获得2010年度纳米科学Kavli奖
2010年	IBM公司利用微型硅尖刻制出了一幅20微米×11微米大小的微型三维世界地图，取得最小世界地图的吉尼斯纪录。他们采用的技术能够在15纳米的尺度上进行刻画

资料来源：http://www.nano.gov/timeline；
http://www.foresight.org/nano/history.html；
http://memo.cgu.edu.tw/Secretariat/news/48/research/research_3.html。

附录2　各国高校的纳米专业

国别	学校	学位名称	网络链接
学士学位			
澳大利亚	科廷科技大学	纳米技术科学	http://courses.curtin.edu.au/course_overview/undergraduate/nanotechnology
	弗林德斯大学	科学（纳米技术）	http://www.flinders.edu.au/courses/undergrad/bscnn/bscnn_home.cfm
	拉筹伯大学	纳米技术/科学	http://www.latrobe.edu.au/nanotechnology/sznts.html
	莫道克大学	物理学与纳米技术	http://www.murdoch.edu.au/Courses/Physics－and－Nanotechnology/
	墨尔本皇家理工大学	科学（纳米技术）	http://www.rmit.edu.au/browse;ID=BP247
	新南威尔士大学	科学，纳米技术	http://www.handbook.unsw.edu.au/undergraduate/programs/2010/3617.html
	昆士兰大学	生物技术（纳米技术）	http://www.uq.edu.au/study/plan.html?acad_plan=NANOTX2055
		科学（荣誉）纳米技术	http://www.uq.edu.au/study/plan.html?acad_plan=NANOHX2031
		纳米技术与创新管理（双学位）	http://www.uq.edu.au/study/plan.html?acad_plan=NANOTY2055
	悉尼科技大学	纳米技术科学（荣誉）	http://datasearch.uts.edu.au/courses/coursedetail.cfm?spk_cd=C09046&spk_ver_no=2
	西澳大学	科学（纳米技术）	http://courses.handbooks.uwa.edu.au/courses/c5/5011.24
	西悉尼大学	医学纳米技术	http://future.uws.edu.au/future_students_home/ug/sciences/nanotechnology
	卧龙岗大学	纳米技术	http://www.uow.edu.au/handbook/yr2010/ug/science/H10006162.html

续表

国别	学校	学位名称	网络链接
加拿大	卡尔顿大学	化学（重点是纳米技术）	http://www2.carleton.ca/admissions/programs/chemistry – with – a – concentration – in – nanotechnology/
		纳米科学	http://www2.carleton.ca/admissions/programs/nanoscience/
	麦克马斯特大学	纳米及微米器件方向的工程物理	http://registrar.mcmaster.ca/calendar/current/pg1217.html
	阿尔伯塔大学	纳米及功能材料方向的工程物理	https://www.registrar.ualberta.ca/calendar/Undergrad/Engineering/General – Information/82.9.html
		纳米工程方向的工程物理	http://www.registrar.ualberta.ca/calendar/Undergrad/Engineering/General – Information/82.8.html
	不列颠哥伦比亚大学	纳米技术与微系统方向的电子工程	http://www.ece.ubc.ca/academic – programs/undergraduate/programs/nanotechnology – and – microsystems – option
	卡尔加里大学	纳米科学（主修）	http://www.ucalgary.ca/nanoscience/
		纳米科学（辅修）	http://www.ucalgary.ca/nanoscience/
	圭尔夫大学	纳米科学	http://www.nano.uoguelph.ca/cgi – bin/ucon.exe?ac=v_page&pa=UZYGE5
	多伦多大学	工程科学（纳米工程方向）	http://www.discover.engineering.utoronto.ca/Page4.aspx
	滑铁卢大学	应用科学纳米技术工程	http://www.nanotech.uwaterloo.ca/Undergraduate_Studies/
捷克共和国	奥斯特拉瓦技术大学	纳米技术	http://as.wps.sso.vsb.cz/cz.vsb.edison.edu.study.prepare.web/StudyPlan.faces?studyPlanId=14302&locale=en
丹麦	丹麦科技大学	纳米技术（专门的系）	http://www.nanotech.dtu.dk/English/Education/Bachelor.aspx
	奥胡斯大学	纳米科学	http://inano.au.dk/education/nanoscience – curriculum – english – version/

续表

国别	学校	学位名称	网络链接
丹麦	哥本哈根大学	纳米科学与纳米技术	http://nano.ku.dk/english/study/Bachelor/
德国	盖尔森基兴专业大学	纳米技术与材料科学	http://p124952.typo3server.info/index.php?id=11570
	西南法伦技术和经济高等专业学院	生物与纳米技术	http://www4.fh – swf.de/de/home/studieninteressierte/
	汉诺威莱布尼兹大学	纳米技术科学	http://www.lnqe.uni – hannover.de/study_nano_bachelor.html?&L=1
	萨尔布吕肯大学	微技术与纳米结构	http://www.uni – saarland.de/en/campus/study/academic – programmes/overview – of – courses – offered/microtechnology – and – nanostructures – bachelor.html
	杜伊斯堡 – 埃森大学	纳米技术	http://www.uni – due.de/studienangebote/studienangebote_21495.shtml
	埃尔朗根 – 纽伦堡大学	纳米技术	http://www.nano.studium.uni – erlangen.de/index.shtml
	汉堡大学	纳米科学	http://www.nano.uni – hamburg.de/index.html
	比勒费尔德大学	纳米科学	http://www2.physik.uni – bielefeld.de/59.html?&L=1
	卡赛尔大学	纳米科学	http://www.physik.uni – kassel.de/index.php?id=1130&L=2
	彼得堡大学	纳米科学	http://www.physik.uni – regensburg.de/nanoscience/studium/index_e.phtml
	维尔茨堡大学	纳米技术	http://www.physik.uni – wuerzburg.de/studium/studienangebot/nanostrukturtechnik/bachelor/
印度	Amity纳米技术研究所	纳米技术	http://www.amity.edu/Admission/programoffered.asp?stream=G&campus1=Both&discipline=18#A12183QQQ
	SRM大学	纳米技术	http://www.srmuniv.ac.in/engineering.php?page=nanotechnology

续表

国别	学校	学位名称	网络链接
爱尔兰	都柏林理工学院	纳米技术	http://www.dit.ie/study/undergraduate/az/title,27902,en.html
	都柏林大学圣三一学院	先进材料纳米科学、物理与化学	http://www.tcd.ie/courses/undergraduate/az/course.php?id=348
新西兰	梅西大学	化学与纳米技术（荣誉）	http://seat.massey.ac.nz/research/centres/nano/default.asp
		纳米科学	http://www.massey.ac.nz/massey/learning/programme – course – paper/programme.cfm?prog_id=92411&major_code=2796
挪威	奥斯陆大学	材料、能源与纳米技术	http://www.uio.no/english/studies/admission/bachelors/materials.html
波兰	雅盖隆大学	先进材料与纳米技术	http://www.uj.edu.pl/dydaktyka/prowadzone – studia
西班牙	巴塞罗那大学	纳米科学与纳米技术	http://www.uab.cat/servlet/Satellite/studying/1st – cycle – 2nd – cycle – courses/syllabus/nanoscience – and – nanotechnology – ehea – degree – 1096476781663.html?param1=1263367118156¶m10=2
瑞士	巴塞尔大学	纳米科学	http://www.unibas.ch/index.cfm?uuid=7395F77DA479E99117669DA81EAB2BB8
英国	赫瑞－瓦特大学	纳米科学	http://www.undergraduate.hw.ac.uk/courses/view/CF10/
	斯旺西大学	纳米技术物理	http://pyweb.swan.ac.uk/xml/F390.xml
	利兹大学	电子学与纳米技术	http://www.leeds.ac.uk/coursefinder/410_gone/201112/MEng,_BEng_Electronics_and_Nanotechnology
		纳米技术	http://www.nanotech.leeds.ac.uk/index.html
	苏塞克斯大学	纳米科学与纳米技术	http://www.nano.sussex.ac.uk/study/study.html

续表

国别	学校	学位名称	网络链接
美国	德雷塞尔大学	纳米技术材料工程	http://www.materials.drexel.edu/Students/Undergrad/Tracks/
	伊克塞尔希尔学院	纳米技术电子工程技术	http://www.excelsior.edu/ecapps/faces/DegreeProgramController?action=detail&id=579
	路易斯安那理工大学	纳米系统工程	http://www.latech.edu/coes/nanosystems – engineering/bs – nanosystems – engineering.shtml
	西北大学	纳米物理学	http://www.physics.northwestern.edu/undergraduate/requirements.html
	纽约州立大学奥尔巴尼分校	纳米工程与纳米科学	http://cnse.albany.edu/PioneeringAcademics/UndergraduatePrograms.aspx
	加州大学河滨分校	纳米技术化学工程	http://www.engr.ucr.edu/academic.html
	加州大学圣迭哥分校	纳米工程	http://nanoengineering.ucsd.edu/undergraduate – program/degree – programs/bs – nano – engineering

硕士学位

国别	学校	学位名称	网络链接
澳大利亚	弗林德斯大学	纳米技术	http://www.flinders.edu.au/courses/postgrad/nt/nt_home.cfm
	拉筹伯大学	纳米技术（荣誉）	http://www.latrobe.edu.au/nanotechnology/szhsnt.html
		纳米技术	http://www.latrobe.edu.au/nanotechnology/smnt.html
	墨尔本大学	纳米电子工程	http://coursesearch.unimelb.edu.au/
奥地利	克雷姆斯多瑙河大学	纳米生物科学与纳米医学	http://www.donau – uni.ac.at/en/studium/nanobiosciences – nanomedicine/index.php

续表

国别	学校	学位名称	网络链接
比利时	鲁汶大学	纳米科学与纳米技术	http://set.kuleuven.be/nanotechnologie/eng/
	安特卫普大学	纳米物理学	http://www.ua.ac.be/main.aspx?c=_WETNAT01&n=419
巴西	圣芳济修会中央大学（UNIFRA）	纳米科学	http://sites.unifra.br/Default.aspx?alias=sites.unifra.br/nano
	ABC联邦大学（UFABC）	先进材料纳米科学	http://nano.ufabc.edu.br/inscricoes.htm
加拿大	滑铁卢大学	应用科学纳米技术	http://www.nano.uwaterloo.ca/education/grad.html
		科学纳米技术	http://www.nano.uwaterloo.ca/education/grad.html
丹麦	丹麦科技大学	纳米技术（专门的系）	http://www.nanotech.dtu.dk/English/Education/Master.aspx
	奥胡斯大学	纳米科学	http://inano.au.dk/education/nanoscience – curriculum – english – version/
	哥本哈根大学	纳米科学	http://nano.ku.dk/english/study/master/
埃及	尼罗大学	纳米技术	http://www.nileu.edu.eg/nano/education.html
欧盟	伊拉斯莫斯	光子工程、纳米光子和生物光子	http://www.europhotonics.org/wordpress/
	伊拉斯莫斯项目	纳米科学与纳米技术	http://www.emm – nano.org/
芬兰	阿尔托大学	微纳技术	http://elec.aalto.fi/en/
法国	法国国家科研中心	纳米科学、纳米组成与纳米测量	http://www.master3n.cemes.fr/
	格勒诺布尔国立理工学院	纳米技术	http://phelma.grenoble – inp.fr/international/nanotech – 131353.kjsp
	格勒诺布尔工学院	纳米技术	http://www.grenoble – inp.fr/presentation/master – nanotech – 26826.kjsp

续表

国别	学校	学位名称	网络链接
法国	里昂纳米技术研究所	纳米工程	http://master – nano.universite – lyon.fr/
	格勒诺布尔国立综合理工学院、都灵理工大学、洛桑联邦理工学院	集成系统微纳技术	http://www.master – nanotech.com/
	勃艮第大学	纳米技术与纳米生物科学	http://www.u – bourgogne – formation.fr/ – Nanotechnologies – et,274 – .html
	特鲁瓦技术大学	光学与纳米技术	http://www.utt.fr/fr/formation/master – en – sciences – technologies – sante/inscription.html?rub=07&m=02&sm=06
	格勒诺布尔第一大学	纳米科学与纳米技术	http://physique – eea.ujf – grenoble.fr/MasterNano/nanotechnology/index.html
	里尔第一大学	微纳技术	http://master – mint.univ – lille1.fr/index.php/en/micro – a – nanotechnologies – specialty
德国	开姆尼茨工业大学	微纳系统	http://www.tu – chemnitz.de/int/index.php.enfulltime/micro_nano/micro_nano.html
	雅各布大学	纳米科学	http://www.jacobs – university.de/ses/nanomol
	汉诺威莱布尼兹大学	纳米技术	http://www.lnqe.uni – hannover.de/study_nano_master.html?&L=1
	慕尼黑科技大学	微纳技术	http://www.fb06.fh – muenchen.de/fb/studiengaenge/nano/index_e.php
	纽伦堡应用科学大学	纳米及生产技术	http://www.ohm – hochschule.de/seitenbaum/fuer – studieninteressierte/was – koennen – sie – am – ohm – studieren/master/cHash/36ee9a0d59/page.html?tx_gsostudinfo_pi1[showUid]=23
	萨尔布吕肯大学	微米技术与纳米结构	http://www.uni – saarland.de/campus/studium/studienangebot/az/mikrotechnologie – und – nanostrukturen – master – konsekutiv.html

续表

国别	学校	学位名称	网络链接
德国	德累斯顿工业大学	分子生物工程	http://www.biotec.tu－dresden.de/teaching/masters－courses/molecular－bioengineering/
		纳米生物物理	http://www.biotec.tu－dresden.de/teaching/masters－courses/nanobiophysics/
	杜伊斯堡－埃森大学	纳米工程	http://www.uni－due.de/studienangebote/studienangebote_22135.shtml
	埃尔朗根－纽伦堡大学	纳米技术	http://www.nano.studium.uni－erlangen.de/index.shtml
	茨维考应用科技大学	纳米及表面技术	http://www.fh－zwickau.de/index.php?id=phys_inf
	比勒费尔德大学	纳米科学	http://www2.physik.uni－bielefeld.de/78.html?&L=1
	伊梅诺科技大学	微纳技术	http://www.tu－ilmenau.de/index.php?id=8856
	卡塞尔大学	纳米结构科学	http://www.physik.uni－kassel.de/de/master－nano.html
	维尔茨堡大学	纳米结构技术	http://www.physik.uni－wuerzburg.de/studium/studienangebot/nanostrukturtechnik/fokus_master/
		纳米结构技术	http://www.physik.uni－wuerzburg.de/studium/studienangebot/nanostrukturtechnik/master/
印度	阿拉嘎帕大学	纳米科学与技术	http://www.alagappauniversity.ac.in/academics/science/nano/nano.jsp
	阿米提纳米技术研究所	纳米科学（研究）	http://amity.edu/aint/A12029.asp
		纳米技术	http://www.amity.edu/Admission/programoffered.asp?stream=G&campus1=Both&discipline=18#A12183QQQ
	贾米亚－米利亚伊斯兰大学	纳米技术	http://jmi.ac.in/aboutjamia/centres/nanoscience/courses－name/MTechNanotechnology_SF－227/1

续表

国别	学校	学位名称	网络链接
印度	尼赫鲁技术大学	纳米科学与技术	http://cnstist.in/
		纳米技术	http://cnstist.in/
	卡伦扬大学	纳米材料和器件	http://www.karunya.edu/sh/physics/ph_academics.html
	努尔伊斯兰大学	纳米技术	http://www.niuniv.com/nano.aspx
	旁遮普大学	纳米科学和纳米技术	http://puchd.ac.in/section.php?action=annoucement&id=804&code=show
	圣书大学	医疗纳米技术	http://www.sastra.edu/index.php?option=com_content&view=article&id=1258:post – graduate – courses&catid=126:courses&Itemid=627
		纳米电子学	http://www.sastra.edu/index.php?option=com_content&view=article&id=1258:post – graduate – courses&catid=126:courses&Itemid=627
	SRM大学	纳米科学和纳米技术	http://www.srmuniv.ac.in/about_us.php?page=srm_in_focus
	提兹普尔大学	纳米科学和技术	http://www.tezu.ernet.in/dphy/
	拉贾斯坦大学	纳米技术	http://www.uniraj.ac.in/cct/
	威尔斯大学	纳米科学	http://www.velsuniv.ac.in/school_basic_sciences.htm
	威洛尔大学	纳米技术	http://www.vit.ac.in/sense/mtech_Na.asp
爱尔兰	都柏林大学	纳米生物科学	http://www.ucd.ie/engscience/nano/home.html
以色列	以色列理工大学	纳米科学和技术	http://rbni.technion.ac.il/?cmd=students.86

续表

国别	学校	学位名称	网络链接
意大利	威内托纳米技术联合大学	纳米技术	http://www.civen.org/it/master – imn/,33
	都灵理工大学	信息工程纳米技术	https://didattica.polito.it/pls/portal30/sviluppo.offerta_formativa.corsi?p_sdu_cds=37:732&p_lang=EN&p_tipo_cds=2&p_a_acc=2010#obiettivi
	特兰托大学	微纳技术	http://www.nanomicro.it/
	米兰理工大学	材料工程和纳米技术	http://www.poliorientami.polimi.it/cosa – si – studia/corsi – di – laurea – magistrale – ingegneria/materials – engineering – and – nanotechnolgy/
荷兰	代尔夫特科技大学	纳米科学	http://www.tudelft.nl/live/pagina.jsp?id=f397d9a0 – f50f – 4e93 – a5cb – 874c430ccebb&lang=en
	埃因霍温科技大学	纳米工程	http://w3.tue.nl/en/services/cec/study_information/masters_programs/nano_engineering/special_masters_program/
	拉德伯德大学	纳米科学与技术	http://www.ru.nl/students/vm_koppelingen/faculteit_der_5/master_natural/
	格罗宁根大学	纳米科学	http://www.rug.nl/corporate/onderwijs/opleidingen/ma/opleidingen/croho60618
	屯特大学	纳米技术	http://www.tnw.utwente.nl/nt/
新西兰	梅西大学	纳米科学	http://www.massey.ac.nz/massey/learning/programme – course – paper/programme.cfm?prog_id=92431&major_code=2796
挪威	挪威科技大学	纳米技术	http://www.ntnu.edu/studies/mtnano
	奥斯陆大学	材料、能源和纳米技术	http://www.physics.uio.no/studies/
		纳米电子和机器人	http://www.uio.no/studier/program/inf – nor – master/index.xml
波兰	西里西亚大学	纳米物理和介观材料	http://english.us.edu.pl/nanophysics – and – mesoscopic – materials

续表

国别	学校	学位名称	网络链接
葡萄牙	马德拉大学	纳米化学和纳米材料	http://guiadoaluno.uma.pt/index.php?lang=en&pagina=2o_ciclo
中国	香港理工大学	纳米科学和技术	http://nanoprogram.ust.hk/intro.html
韩国	仁济大学	纳米系统工程	http://www.inje.ac.kr/english/
西班牙	依维尔基里大学	纳米科学和纳米技术	http://www.urv.es/masters_oficials/en_nanociencia.html
	阿利坎特大学	纳米科学和纳米技术	http://www.dfa.ua.es/en/master/index.html.htm
	巴塞罗那自治大学	微纳电子工程	http://www.uab.es/servlet/Satellite?cid=1096480962610&pagename=UAB%2FPage%2FTemplatePageDetallEstudisPOP¶m1=1096480164854
	巴塞罗那大学	纳米科学和纳米技术	http://www.ub.edu/nanotec/
	萨拉戈萨大学	纳米结构材料和纳米技术应用	http://www.unizar.es/nanomat/
瑞典	查尔姆斯理工大学	纳米技术	http://www.chalmers.se/en/education/programmes/masters - info/Pages/Nanotechnology.aspx
		纳米化学和纳米技术	http://www.chalmers.se/en/education/programmes/masters - info/Pages/Materials - Chemistry - and - Nanotechnology.aspx
	瑞典皇家理工学院	纳米技术	http://www.kth.se/studies/master/programmes/physics/2.1718?l=en
	林雪平大学	材料物理和纳米技术	http://www.liu.se/en/education/master/programmes/6MMPN?l=en
	隆德大学	纳米科学	http://www.lth.se/english/education/master/nanoscience/

续表

国别	学校	学位名称	网络链接
瑞士	联邦理工学院	微纳系统	http://www.micronano.ethz.ch/education/master
	公立应用科技大学	微纳技术	http://www.nanofh.ch/nmt – master/
	巴塞尔大学	纳米科学	http://www.unibas.ch/index.cfm?uuid=7395F77DA479E99117669DA81EAB2BB8
	纳莎戴尔大学	微纳技术	http://www2.unine.ch/imt/page2949_en.html
土耳其	安纳多鲁大学	纳米技术	http://www.anadolu.edu.tr/akademik/ens_fenbil/nanoteknolojibdt/eindex.htm
	中东技术大学	微纳技术	http://www.mnt.metu.edu.tr/
英国	班戈大学	纳米技术和纳米制造	http://www.eng.bangor.ac.uk/listcourses_pg.php.en?view=course&prospectustype=postgraduate&courseid=273&subjectarea=28
	布鲁内尔大学	纳米材料加工	http://www.brunel.ac.uk/courses/pg/cdata/n/NanomaterialsProcessingMScApprovedinprinciple
	克兰菲尔德大学	微系统和纳米技术	http://www.cranfield.ac.uk/sas/msn
		纳米医药	http://www.cranfield.ac.uk/Health/PostgraduateStudy/TaughtCourses/nanomedicine/index.html
		纳米工程	http://www.cranfield.ac.uk/students/courses/page48833.html
	赫瑞瓦特大学	纳米科学	http://www.undergraduate.hw.ac.uk/courses/view/FC01/
		纳米技术和微系统	http://www.postgraduate.hw.ac.uk/course/239/
	帝国理工学院	纳米材料	http://www3.imperial.ac.uk/pgprospectus/facultiesanddepartments/chemistry/postgraduatecourses/nanomaterials
	伦敦大学国王学院	纳米科学	http://www.kcl.ac.uk/prospectus/graduate/search/alpha/a

续表

国别	学校	学位名称	网络链接
英国	兰卡斯特大学	微纳技术	http://www.engineering.lancs.ac.uk/postgraduate/courses.asp?ID=42
	斯旺西大学	纳米技术	http://www.swan.ac.uk/pgcourses/Engineering/MPhilNanotechnology/
	谢菲尔德大学	生物纳米技术	http://www.nanofolio.org/courses/bio.php
		纳米电子和纳米机械	http://www.nanofolio.org/courses/nem.php
		纳米工程和纳米材料	http://www.nanofolio.org/courses/eng.php
		纳米级科学技术	http://www.nanofolio.org/courses/nst.php
	伦敦大学学院	电子工程纳米技术	http://www.ee.ucl.ac.uk/undergraduate/ee – nano – meng
	伯明翰大学	纳米科学和纳米技术对人类和环境健康的影响	http://www.gees.bham.ac.uk/prospective/postgrad/environmentalhealth/heinn.shtml
	布里斯托大学	纳米科学和工程纳米材料	http://vweb1.phy.bris.ac.uk/bcfn/index.php?q=node/58
	剑桥大学	微纳技术	http://www.msm.cam.ac.uk/nanoenterprise/
	利兹大学	电子和纳米技术	http://www.leeds.ac.uk/coursefinder/17515/MEng,_BEng_Electronics_and_Nanotechnology
	利物浦大学	微纳技术	http://www.liv.ac.uk/eee/courses/msc/emnt.htm
	曼彻斯特大学	纳米电子学	http://www.manchester.ac.uk/postgraduate/taughtdegrees/courses/atoz/course/?code=07755
		纳米结构材料	http://www.materials.manchester.ac.uk/postgraduate/research/course/?code=06743
	诺丁汉大学	纳米科学	http://www.nottingham.ac.uk/chemistry_internal/MScNano.html

续表

国别	学校	学位名称	网络链接
英国	萨里大学	纳米技术和纳米电子器件	http://www.ati.surrey.ac.uk/msc
	阿尔斯特大学	纳米技术	http://seng.ulster.ac.uk/postgrad/nano.php
美国	亚利桑那州立大学	应用伦理学（伦理与新兴技术）	https://webapp4.asu.edu/programs/t5/majorinfo/ASU00/LAAEPEETMA/graduate/false
		纳米科学	http://nanoscience.asu.edu/
	约翰霍普金斯大学	纳米材料科学和工程	http://epp.jhu.edu/graduate – degree – programs/nanotechnology – option
	纳米科学和纳米工程联合学校	纳米工程	http://jsnn.ncat.uncg.edu/academic/nanoengineering/master – of – science – in – nanoengineering/
		纳米科学	http://jsnn.ncat.uncg.edu/academic/nanoscience/master – of – science – in – nanoscience/
	路易斯安那理工大学	分子科学和纳米技术	http://www.latech.edu/coes/molecular – science – and – nanotechnology/
	北达科他州立大学	材料和纳米技术	http://www.ndsu.edu/materials_nanotechnology/
	放射性技术大学	纳米医药	http://rtuvt.com/nanomedicine.php
	莱斯大学	纳米科学	http://www.profms.rice.edu/nanophysics.aspx?id=64
	新加坡 – 麻省理工学院	微纳系统先进材料	http://web.mit.edu/sma/students/programmes/ammns.htm
	史蒂文斯理工学院	纳米技术	http://www.stevens.edu/nano/program.html
	纽约州立大学阿尔巴尼分校	纳米科学与工程	http://cnse.albany.edu/PioneeringAcademics/GraduatePrograms/NanoMBA.aspx
	加州大学圣地亚哥分校	纳米工程	http://nanoengineering.ucsd.edu/graduate – program/degree – programs
	新墨西哥大学	纳米科学和微系统	http://www4.unm.edu/grad/main/info/depts.php?dept_id=NSMS

续表

国别	学校	学位名称	网络链接
美国	宾夕法尼亚大学	纳米技术	http://www.masters.nano.upenn.edu/index.html
	得克萨斯大学奥斯汀分校	纳米材料	http://www.tmi.utexas.edu/nanomaterials.html

博士学位			
加拿大	滑铁卢大学	纳米技术	http://www.nano.uwaterloo.ca/education/grad.html
丹麦	丹麦技术大学	纳米技术	http://www.nanotech.dtu.dk/English/Education/PhD.aspx
	奥尔胡斯大学	纳米科学	http://inano.au.dk/education/nanoscience – curriculum – english – version/
	哥本哈根大学	纳米科学	http://nano.ku.dk/english/study/PhD/
欧盟	法国菲涅耳研究所；德国卡尔斯鲁厄光学与光子技术学院；西班牙加泰罗尼亚大学；西班牙光子科学研究所；意大利欧洲非线性光谱实验室	光电工程、纳米光子学和生物光子学联合博士学位	http://www.europhotonics.org/wordpress/
法国	特鲁瓦技术大学	光学和纳米技术	http://www.utt.fr/admission/FiliereNIO.php
德国	不来梅雅各布大学	纳米分子科学	http://www.jacobs – university.de/ses/nanomol
	路德维希 – 马克西米利安 – 慕尼黑大学	纳米生物技术	http://www.cens.de/doctorate – program.html
印度	阿拉嘎帕大学	纳米科学与技术	http://www.alagappauniversity.ac.in/academics/science/nano/nano.jsp

续表

国别	学校	学位名称	网络链接
印度	尼赫鲁科技大学	纳米科学与技术	http://www.cnstist.in/courses.html
	提斯普尔大学	纳米科学与技术	http://www.tezu.ernet.in/dphy/index.htm
	拉贾斯坦大学	纳米技术	http://www.uniraj.ac.in/cct/
以色列	以色列理工学院	纳米科学与技术	http://rbni.technion.ac.il/?cmd=students.86
意大利	米兰比可卡大学	纳米结构与纳米技术	http://www.nano.unimib.it/
荷兰	屯特大学	纳米材料	http://www.utwente.nl/tgs/master/
挪威	西富尔德高等学院	微纳系统应用	http://www.hive.no/phd – programme/category4671.html
中国	香港科技大学	纳米科学与技术	http://nanoprogram.ust.hk/intro.html
新加坡	新加坡国立大学	纳米技术	http://www.nanocore.nus.edu.sg/positions.html
	新加坡与麻省理工学院学术联盟	微纳系统先进材料	http://web.mit.edu/sma/students/programmes/ammns.htm
土耳其	中东技术大学	微纳技术	http://www.mnt.metu.edu.tr/
英国	曼彻斯特大学	纳米结构材料	http://www.materials.manchester.ac.uk/postgraduate/research/course/?code=06741
美国	纽约城市大学	纳米技术与材料化学	http://www.gc.cuny.edu/Page – Elements/Academics – Research – Centers – Initiatives/Doctoral – Programs/Chemistry
	纳米科学和纳米工程学联合学院	纳米工程学	http://jsnn.ncat.uncg.edu/academic/nanoengineering/ph – d – in – nanoengineering/
		纳米科学	http://jsnn.ncat.uncg.edu/academic/nanoscience/ph – d – in – nanoscience/

续表

国别	学校	学位名称	网络链接
美国	路易斯安那理工大学	微/纳米电子学	http://www.latech.edu/coes/grad-programs/phd-engineering.shtml
		微/纳米技术	http://www.latech.edu/coes/grad-programs/phd-engineering.shtml
	东北大学	纳米医学	http://www.igert.neu.edu/
	莱斯大学	纳米科学与工程	http://cohesion.rice.edu/engineering/nanoigert/training.cfm
	南达科他矿业技术学院	纳米科学与纳米工程学	http://graded.sdsmt.edu/academics/programs/nano/
	斯蒂文斯理工学院	纳米技术	http://www.stevens.edu/nano/program.html
	奥尔巴尼大学	医学与纳米尺度科学或工程	http://cnse.albany.edu/PioneeringAcademics/GraduatePrograms/Nanomedicine.aspx
		纳米工程学	http://cnse.albany.edu/PioneeringAcademics/GraduatePrograms/NanoscaleEngineeringProgram.aspx
		纳米科学	http://cnse.albany.edu/PioneeringAcademics/GraduatePrograms/NanoscaleScienceProgram.aspx
	加利福尼亚大学伯克利分校	纳米科学与工程	http://nano.berkeley.edu/educational/DEGradGroup.html
	加利福尼亚大学圣地亚哥分校	纳米工程学	http://nanoengineering.ucsd.edu/graduate-program/degree-programs
	新墨西哥大学	纳米科学与微系统	http://www4.unm.edu/grad/main/info/depts.php?dept_id=NSMS
	北卡罗来纳夏洛特大学	纳米尺度科学	http://nanoscalescience.uncc.edu/
	得克萨斯大学奥斯汀分校	纳米材料工程学	http://www.tmi.utexas.edu/nanomaterials.html
	华盛顿大学	纳米技术	http://www.nano.washington.edu/education/proginfo.html
	弗吉尼亚州立邦联大学	纳米科学与纳米技术	http://www.pubapps.vcu.edu/bulletins/prog_search/?did=20608

续表

国别	学校	学位名称	网络链接
其他学位			
澳大利亚	弗林德斯大学	纳米技术	
	拉筹伯大学	纳米技术	http://www.latrobe.edu.au/nanotechnology/
加拿大	北阿尔伯塔理工学院	纳米技术系统	http://www.nait.ca/program_home_77412.htm
德国	凯撒斯劳滕大学	纳米生物技术	
印度	国际信息科技学院	纳米生物技术	
		纳米电子学	
		纳米科学与纳米技术	
意大利	米兰理工大学	纳米技术	http://www.ingpin.polimi.it/?id=1023
		工程物理（纳米技术）	http://www.poliorientami.polimi.it/cosa-si-studia/corsi-di-laurea-magistrale-ingegneria/ingegneria-fisica/
新加坡	新加坡国立大学	纳米科学	
土耳其	毕尔坎特大学	材料科学与纳米技术	
英国	牛津大学	纳米技术	http://www.conted.ox.ac.uk/courses/professional/staticdetails.php?course=207
美国	巴克斯县社区学院	纳米制造	http://www.bucks.edu/catalog/2167.php
			http://www.bucks.edu/catalog/3168.php
	加利福尼亚纳米技术研究所	纳米技术	http://www.cinano.com/Training/index.html

续表

国别	学校	学位名称	网络链接
美国	奇佩瓦谷技术学院	纳米科学技术	http://www.cvtc.edu/programs/program – catalog/pages/default.aspx
	克莱瑞恩大学	纳米技术	http://www.clarion.edu/13405/
	达科他州技术学院	纳米科学技术	http://www.dctc.edu/future – students/programs/degrees/nanoscience – technology.cfm
	杜克大学	纳米科学	http://www.cs.duke.edu/nano/
	乔治梅森大学	纳米技术与纳米科学	http://cos.gmu.edu/academics/graduate/certificates/nano
	马里兰纳米中心	纳米科学与纳米技术	http://nanocenter.umd.edu/education/nano_minor/nano_minor.php
	密歇根理工大学	纳米技术	
		纳米尺度科学与工程学	http://nano.mtu.edu/nanominor.htm
	诺曼代尔社区学院	纳米技术应用科学	http://www.normandale.edu/academics/depts/nanotechnology/nanotechnology.cfm
	北达科他州立科学学院	纳米科学技术应用科学	
	北西雅图社区学院	纳米技术应用科学	https://northseattle.edu/nanotech/
	俄亥俄州立大学技术学院	纳米科学仪器	http://www.osuit.edu/academics/engineering_technologies/nanotechnology/index.html
	宾夕法尼亚州立大学	纳米技术	http://bulletins.psu.edu/bulletins/bluebook/college_campus_details.cfm?id=27&program=nanomin.htm
	斯克郡社区学院	纳米材料技术	http://www.sunysccc.edu/academic/mst/nanoscale.htm
	斯坦福大学	微/纳米系统和技术	http://scpd.stanford.edu/public/category/courseCategoryCertificateProfile.do?method=load&certificateId=3645351#searchResults

续表

国别	学校	学位名称	网络链接
美国	斯坦福大学	纳米材料科技	http://scpd.stanford.edu/public/category/courseCategoryCertificateProfile.do?method=load&certificateId=1226802#searchResults
	伊利诺伊大学厄巴纳－香槟分校	微纳系统工程学	http://mechse.illinois.edu/content/for/graduates/cmne/index.php
	新墨西哥大学	纳米科学与微系统	http://nsms.unm.edu/index.html
	宾夕法尼亚大学纳米生物界面中心	纳米科学与技术	http://www.nanotech.upenn.edu/grad_cert.html
		纳米技术	http://www.nanotech.upenn.edu/minor_nanotech.html
	得克萨斯大学奥斯汀分校	纳米科学与纳米技术	http://www.cnm.utexas.edu/graduateportfolio.html

资料来源：http://www.nanowerk.com/nanotechnology/nanotechnology_degrees.php

附录3 各国著名纳米计划

国别	名称	启动时间	简介
美国	国家纳米技术计划	2000年	国家纳米技术计划的战略目标和投资的项目主题领域包括8个方面：纳米现象与过程的基础研究；纳米材料；纳米器件与系统；纳米技术仪器仪表研究、计量和标准；纳米制造；主要研究设施和仪器仪表的采购；环境、健康与安全；社会与教育
日本	科学技术基本计划（纳米技术与材料领域）	2002年：第二期科技基本计划 2006年：第三期科技基本计划 2011年：第四期科技基本计划	为实施科学技术创新立国战略，日本政府根据《科学技术基本法》，自1996年以来先后制定和实施了四期科学技术基本计划。从第二期科技基本计划实施以来，日本就将纳米技术与材料作为重点领域加以支持
欧盟	欧盟科技框架计划	1994－1998年：第四框架计划 1998－2002年：第五框架计划 2002－2007年：第六框架计划 2007－2013年：第七框架计划	“欧盟科技框架计划”始于1984年，是目前世界上规模最大的官方综合性科研与开发计划之一，由欧盟委员会实施和管理，同时协调欧盟各国的科研计划，是近二十年来欧盟实施其科技战略和行动的最主要工具。在纳米科技领域，欧盟第四框架和第五框架计划资助了大量的纳米技术项目；在第六框架计划中，欧盟将纳米技术和科学列为优先重点领域之一；第七框架计划则继续将纳米科学和技术作为优先发展的主题领域给予支持，并强调与其他优先主题领域的交叉融合

续表

国别	名称	启动时间	简介
德国	纳米倡议－行动计划2010 纳米倡议－行动计划2015	2007年 2011年	德国“纳米倡议－行动计划2010”启动于2007年，德国联邦教研部为统一协调政府各部门关于纳米技术的目标和行动计划而设立此计划，这个行动计划主要涉及创造更好的工作条件、纳米技术安全和与公众全面的对话等方面的内容。2011年，作为“纳米倡议－行动计划2010”的后续，德国政府颁布了“纳米技术行动计划2015”，旨在为德国提供一个可持续地开发和使用纳米技术的新框架，帮助德国在这项尖端技术上扩大自己在欧洲的领先地位
法国	国家纳米科学与纳米技术计划	2004年	法国国家纳米科学与纳米技术计划，面向学术机构和私营研究部门，鼓励公共和私营部门联合申请；面向所有技术领域，纳米产品、纳米材料、纳米生物等
英国	国家纳米计划	1986年	英国国家纳米计划是世界上最早制订的国家纳米技术计划，目的在于促进英国的纳米技术
	先进材料战略	2006年	英国先进材料战略涵盖了英国技术战略委员会的战略意图以及优先发展领域，其中，纳米材料是一个重要领域
	英国纳米技术战略	2010年	英国纳米技术战略一方面强调纳米技术研发与创新及研发成果的商业化，另一方面重视纳米技术和纳米材料可能带来的环境、健康和安全风险。为了达到这一目的，英国政府已确定采取包括商业、产业和创新示范，环境、健康和安全研究以及法规制定在内的多种行动
中国	“纳米材料与纳米结构”973计划	1999年	中国科学技术部启动的“纳米材料与纳米结构”973计划旨在支持纳米材料的基础研究
	国家纳米科技发展纲要	2001年	根据纲要，中国成立了国家纳米科学技术指导协调委员会，制定国家纳米科技发展规划，部署、指导和协调国家纳米科技工作
	国家中长期科学和技术发展规划纲要	2006年	纲要将纳米科学看成是中国“有望实现跨越式发展的领域之一”，并设立了“纳米研究”重大科学研究计划

续表

国别	名称	启动时间	简介
中国	“十二五”科学和技术发展规划	2011年	我国“十二五”科学和技术发展规划将纳米研究作为六个重大科学研究实施计划之一，力争在未来五年内取得重大突破。重点在面向国家重大战略需求的纳米材料，传统工程材料的纳米化技术，纳米材料的重大共性问题，纳米技术在环境与能源领域应用的科学基础，纳米材料表征技术与方法，纳米表征技术的生物医学和环境检测应用学等方面加强部署。同时要求大力培育和发展七大战略性新兴产业，其中就包括了纳米材料在内的新材料产业

附录4 重要纳米技术期刊与杂志

期刊/杂志名称	ISSN	2012年影响因子
ACS NANO	1936-0851	10.774
ADV FUNCT MATER	1616-301X	10.179
ADV MATER	0935-9648	13.877
BIOMED MICRODEVICES	1387-2176	3.032
BIOMICROFLUIDICS	1932-1058	3.366
CHEM MATER	0897-4756	7.286
CURR NANOSCI	1573-4137	1.776
IEEE T NANOTECHNOL	1536-125X	2.292
INT J NANOTECHNOL	1475-7435	1.013
J MATER CHEM	0959-9428	5.968
J NANOMATER	1687-4110	1.376
J NANOPART RES	1388-0764	3.287
J NANOSCI NANOTECHNO	1533-4880	1.563
J PHY CHEM C	1932-7447	4.805
MAT SCI ENG R	0927-796X	14.951
MATER CHEM PHYS	0254-0584	2.234
MATER TODAY	1369-7021	5.565
MICROFLUID NANOFLUID	1613-4982	3.371
MICROPOR MESOPOR MAT	1387-1811	3.285
NANO LETT	1530-6984	13.198
NANO RES	1998-0124	6.97
NANO TODAY	1748-0132	15.355
NANOSCALE RES LETT	1931-7573	2.726
NANOTECHNOLOGY	0957-4484	3.979
NANOTOXICOLOGY	1743-5390	5.758

续表

期刊/杂志名称	ISSN	2012年影响因子
NAT MATER	1476-1122	32.841
NATURE NANOTECHNOL	1748-3387	27.27
PLASMONICS	1557-1955	2.989
SMALL	0897-4756	8.349

附录5　著名纳米技术研究机构/企业

国家	机构名称	简介
美国	加州大学伯克利分校	加州大学伯克利分校是美国最负盛名的一所公立研究型大学，位于旧金山东湾伯克利市。纳米研究方向有：纳米材料、纳米电子与器件等
	麻省理工学院	麻省理工学院于1861年创立，是美国及世界理工大学之首，冠有“世界理工大学之最”的美名。从事纳米研究的有材料科学与工程系、化学系、机械工程系等。较强的纳米研究方向有纳米电子与器件、纳米机构表征与检测等
	宾夕法尼亚州立大学	宾夕法尼亚州立大学是美国最早建立的公立大学之一，建校于1855年，也是全美最大的十所公立大学之一。从事纳米研究的有材料科学与工程系等，纳米相关的研究方向有材料、纳米电子与器件、纳米生物与医药等
	西北大学	西北大学位于美国伊利诺伊州的小镇埃文斯通，创建于1851年，是一所顶尖的私立研究大学。从事纳米研究的有化学系、材料科学与工程系等，纳米相关的研究方向有医学生物纳米研究、纳米材料、微机电与纳米加工等
	伊利诺伊大学	伊利诺伊大学包括厄巴纳－香槟分校和芝加哥分校两个校区，其中厄巴纳－香槟分校成立于1867年，是全美理工科方面最顶尖最有名望的高等学府之一，伊利诺伊大学香槟分校在科技领域素负盛名，其工程学院在全美甚至全世界堪称至尊级的地位。从事纳米研究的有材料科学与工程系、化学系、机械科学与工程系等，纳米相关的研究方向有纳米材料及微细加工、纳米材料、纳米电子、生物医药等
	橡树岭国家实验室	橡树岭国家实验室是美国能源部所属的一个大型国家实验室，成立于1943年，最初是作为美国曼哈顿计划的一部分，以生产和分离铀和钚为主要目的建造的。目前展开的与纳米技术相关的研究有碳纳米管、纳米复合材料、纳米多孔材料以及纳米技术在燃料电池、太阳能电池等多方面的应用

续表

国家	机构名称	简介
美国	哈佛大学	哈佛大学位于美国波士顿附近的剑桥城，建于1636年，是全美第一所大学。哈佛大学是美国最早的私立大学，是以培养研究生和从事科学研究为主的综合性大学。在世界各报刊以及研究机构的排行榜，哈佛大学经常排世界第一，其文、法、医、商是美国公认最优异的科系。从事纳米研究的有化学系、材料工程、物理系等，相关研究有纳米材料、纳米电子与器件、纳米生物与医药等
	密歇根大学	密歇根大学在美国密歇根州有三个分校，分别是安娜堡、Dearborn和Flint。主校区安娜堡于1817年建校，是美国历史最悠久的大学之一，在世界范围内享有盛誉。从事纳米研究的有电子工程与计算机科学系、化学工程系、生物纳米技术中心等，相关研究方向有纳米电子、纳米医药、纳米材料等
	佐治亚理工学院	佐治亚理工学院位于美国亚特兰大市，1885年建校，是美国顶尖的理工学院，排名仅次于麻省理工学院和加州理工学院。该校以工程学闻名世界，其工程学院是全美最优秀的工程学院之一。从事纳米研究的有材料科学与工程学系等，研究方向主要有纳米结构表征和器件制造等
	新墨西哥大学	新墨西哥大学是一所四年制公立大学，成立于1889年。从事纳米研究的有化学工程系，相关研究方向涉及纳米材料及其在医药中的应用
	斯坦福大学	斯坦福大学创建于1891年，是美国一所私立大学，被公认为世界上最杰出的大学之一，位于加利福尼亚州的斯坦福市。从事纳米研究的有材料科学与工程系、纳米制造中心等，相关研究有纳米材料、纳米电子等
	爱荷华州立大学	爱荷华州立大学是美国爱荷华州的公立大学，是一所土地赠与学院，位于该州艾姆斯。爱荷华州立大学以其在科学、工程和农学方面的专业见长。从事纳米研究的有化学工程系等，相关研究有纳米技术在生物、医药以及催化剂等方面的应用
	北卡罗来纳大学	北卡罗来纳大学是一个由全部十六所均为公立四年制北卡罗来纳州大学组成的大学系统，并均以“北卡罗来纳大学”命名，这些各自独立的高等学府，连同另外十所高校，构成了北卡罗来纳大学系统。从事纳米研究的有化学系、机械工程系等，相关研究有纳米结构与材料、纳米生物医药应用、纳米制造、为生物医学及空间设备设计的微/纳米感应器、传感器等

续表

国家	机构名称	简介
美国	美国国家标准技术研究院	美国国家标准与技术研究院（NIST）直属美国商务部，从事物理、生物和工程方面的基础和应用研究，以及测量技术和测试方法方面的研究，提供标准、标准参考数据及有关服务，在国际上享有很高的声誉。相关纳米技术的研究有纳米电子、纳米制造、纳米级测量等
	华盛顿大学	圣路易斯华盛顿大学创建于1853年，坐落在密苏里州圣路易斯市，圣路易斯华盛顿大学是一所中等规模的研究型大学、是美国著名的私立大学之一。从事纳米相关研究的有纳米技术中心等，相关研究有纳米结构与设计、纳米芯片、纳米功能材料以及纳米生物学等
	佛罗里达大学	佛罗里达大学正式成立于1905年，是全美入学人数排名第三的大学。在学术研究方面以农学与生命科学见长。从事纳米相关研究的有纳米科学技术中心、材料系、机械工程等，相关研究方向有纳米材料及其在传感器、驱动器、生物医学和结构性的应用等
	克拉克森大学	克拉克森大学创建于1896年，位于美国纽约州的波茨坦，是一所历史悠久的综合性私立大学，也是美国最好的工程技术大学之一，位于纽约州波茨坦市。从事纳米相关研究的有先进材料加工研究中心等，相关研究有纳米材料、微纳米加工、纳米电子与器件等
	肯塔基大学	肯塔基大学是创办于1865年的公立大学，位于肯塔基州莱克星顿市。从事纳米相关研究的有先进碳材料中心等，相关研究有纳米复合材料、纳米化学、纳米催化等
	美国航空航天局AMES研究中心	美国航空航天局AMES研究中心位于加利福尼亚州原海军莫菲特基地，是美国西海岸著名的航空研究中心，主要从事航空学、生命科学、理论与实验室空间科学以及飞行研究等领域的研究。纳米相关的研究有纳米电子与器件、纳米技术在生物科学的应用等
	莱斯大学	莱斯大学1892年创建，位于美国南方得克萨斯州休斯敦市郊，为美国南方最高学府。从事的纳米相关的研究方向有纳米电子与器件
	耶鲁大学	耶鲁大学是一所坐落于美国康涅狄格州纽黑文市的私立大学，始创于1701年，为常青藤联盟的成员之一。耶鲁大学是美国历史上建立的第三所大学，最强的学科是社会科学、人文学以及生命科学。从事纳米相关研究的有工程与应用科学学院等，相关研究方向有纳米催化、纳米生物传感器等

续表

国家	机构名称	简介
美国	普渡大学	普渡大学是位于美国中北部印第安纳州西拉法叶城的州立大学，创建于1869年。普渡大学拥有雄厚的工科实力，其中工业工程学院、土木工程学院、航空航天工程学院、机械工程学院和电子与计算机工程学院都有着很强的实力。从事纳米相关研究的有纳米技术中心、电子工程学院等，相关研究有微电子和纳米技术、纳米生物传感器等
	约翰霍普金斯大学	约翰霍普金斯大学是一所位于美国马里兰州巴尔的摩市的著名研究型私立大学，霍普金斯大学尤以其医学、公共卫生、科学研究、国际关系及艺术等领域的卓越成就而闻名世界。从事纳米科学研究的有生物医学工程系，主要方向为纳米生物和医药
	康奈尔大学	康奈尔大学是一所位于美国纽约州伊萨卡的私立研究型大学，于1865年建立。其设立的纳米生物技术中心（NBTC）主要从事纳米生物和医药方向的研究
日本	东北大学	日本东北大学位于日本东北地方最大都市—仙台市的国立大学。东北大学创立于1907年，是日本继东京帝国大学、京都帝国大学之后设立的第三所帝国大学。其从事的纳米科学相关的研究方向有纳米材料、纳米机械、纳米机构表征与检测等
	日本科学技术振兴机构	科学技术振兴机构隶属于日本文部科学省，是在原科学技术振兴事业团的基础上，根据2003年开始实施的《独立行政法人 科学技术振兴机构法》重新组建而成。科学技术振兴机构是实施日本“科技立国”战略的核心力量。相关研究方向主要包括：碳纳米结构、微纳电子材料以及纳米碳管等
	大阪大学	大阪大学为日本7所著名帝国大学之一，直属文部省领导，位于日本关西地区工业城市大阪。其从事的纳米科学相关的研究方向有纳米材料、纳米光电子、微机电与纳米加工、纳米生物和医药、纳米机构表征与检测等
	东京大学	东京大学是日本国立大学，9所帝国大学之一。东京大学是日本排名最高的学府，也是世界前50大学之一。其从事的纳米科学相关的研究方向有纳米电子器件、纳米医疗材料等

续表

国家	机构名称	简介
日本	东京工业大学	东京工业大学是工程技术与自然科学研究为主的世界一流理工大学之一，正式建立于1929年4月。东京工业大学共有三个校区，分别位于东京都目黑区大冈山的大冈山校区、横滨市绿区长津田町的铃悬台校区以及位于东京都港区芝浦的田町校区。其从事的纳米科学相关的研究方向有微机电与纳米加工等
	九州大学	九州大学属于日本原来的帝国大学之一，是日本西部地区一所学科齐全的综合性大学，在日本以及世界上均占有重要的学术地位。九州大学于1911年开始设立，其中理工科系尤其出色。其从事的纳米科学相关的研究方向有纳米材料相关研究
	东京理科大学	东京理科大学的前身是东京物理学校，创建于1881年，是日本科学与技术领域方面最顶尖的大学之一。其从事的纳米科学相关的研究方向有纳米材料、纳米电子与器件等
	京都大学	京都大学是继东京大学之后成立的日本第二所国立大学。其从事的纳米科学相关的研究方向有纳米生物和医药、纳米材料等
英国	剑桥大学	剑桥大学成立于1209年，位于英格兰的剑桥镇，是英国也是全世界最顶尖的大学之一。在2011年的美国新闻与世界报道和高等教育研究机构QS联合发布的USNEWS－QS世界大学排名中位列全球第1位。其从事的纳米科学相关的研究方向有纳米材料、纳米电子器件、纳米机构表征与检测等
	英国纳米技术研究院	英国纳米技术研究院1997年1月成立，由英国国家纳米技术计划资助的苏格兰纳米技术中心发展而来。英国纳米技术研究院目前的主要活动是：为公众提供信息，关注产业新发展，鼓励科学家之间信息交换，确定和调整新的研究项目，促进教育和培训。其从事的纳米科学相关的研究方向有纳米材料、纳米电子与器件、纳米加工、纳米生物与医药、纳米结构表征与检测等
法国	兰斯大学	兰斯大学位于巴黎东北方的香槟－登区内，成立于1548年，其前身是中世纪欧洲最重要的天主教学校之一。学校的教育和研究涉及多个学科领域，它的化工与药品工业、建筑与土木工程和冶金与玻璃工业在法国相当有名。其从事的纳米科学相关的研究方向有纳米材料等

续表

国家	机构名称	简介
法国	蒙彼利埃大学	蒙彼利埃大学是欧洲最古老的大学之一，蒙彼利埃大学是法国排名前十位的综合性国立大学，位于法国南部地中海沿蒙彼利埃市。主要从事纳米材料及相关方向的研究
	国家科学研究中心	法国国家科学研究中心（CNRS）成立于1939年，是法国同时也是欧洲最大的基础研究机构，处于法国科研体系的核心，CNRS是一所覆盖所有知识领域，且于法国规模最大的多学科研究机构。其下设的材料研究实验室从事纳米科学相关研究，主要研究方向有纳米材料、纳米电子与器件等
德国	卡尔斯鲁厄大学	卡尔斯鲁厄大学创办于1825年，是德国历史最悠久的理工科院校，特别是计算机信息专业在全德国名列第一。其下设的卡尔斯鲁厄纳米研究中心从事纳米科学相关研究，主要研究方向有纳米材料、纳米结构表征与检测等
	马普金属研究所	马克斯·普朗克学会，全名为马克斯·普朗克科学促进协会（简称MPG），为德国的一流科学研究机构的联合。其下的马克斯·普朗克金属研究所位于德国斯图加特，研究方向集中于纳米材料及其在金属材料中的应用
	明斯特大学	明斯特大学是一所公立大学，位于德国北莱茵－威斯特法伦州明斯特市，是德国最大和最著名的大学之一，创办时间是1771年。相关研究方向有纳米微粒与材料、纳米表征等
	比勒费尔德大学	比勒费尔德大学于1969年成立，位于比勒费尔德市，该校在生物化学、科学信息学、科学数学、语言学、医学等方面在德国高校中享有很高的声望。相关研究方向有纳米材料、纳米电子学等
	亚琛工业大学	亚琛工业大学位于北莱茵－威斯特法伦州，是德国最负盛名的理工科大学之一。大学成立于1870年，在电工学、采矿以及一般的工程学科上独领风骚，不仅是德国规模最大的理工科学府之一，也是世界上顶尖的理工大学。其纳米相关的科学研究集中于纳米材料、纳米电子、纳米压印等方向
	帕德波恩综合大学	帕德博恩综合大学位于德国北莱茵威斯特法伦州东部的一个大学城，是德国知名大学之一，于1972年创建，其在计算机科学、信息系统和计算机应用学科方面具有优势。相关纳米科学方面的研究有纳米材料等方向

续表

国家	机构名称	简介
德国	布莱梅大学	布莱梅大学是一所历史悠久的德国名牌大学，也是德国布莱梅的一所年轻的公立大学，成立于1971年，同时还是德国布来梅州规模最大的大学，德国最有名的7所大学之一。纳米科学研究相关方向为纳米生物与医药等
韩国	首尔国立大学	首尔国立大学成立于1946年，位于韩国首尔市，是韩国最有名望的高等教育机构。纳米科学研究相关方向纳米材料、纳米医药等
	韩国纳米技术中心	韩国纳米技术中心位于韩国大田市，从属于韩国高等技术研究院（KAIST），主要从事纳米技术的基础与应用研究及纳米技术的产业化发展
	韩国科学技术研究院	韩国科学技术研究院（KIST）始建于1966年，是韩国政府支持的最大综合性科研机构。其所属的纳米材料研究中心、纳米光子学研究中心、纳米杂化研究中心等从事纳米材料、纳米光电子及其加工与制造等方面的研究
中国	中国科学技术大学	中国科学技术大学是中国科学院所属的一所以前沿科学和高新技术为主、兼有特色管理和人文学科的综合性全国重点大学，由中国科学院直属管理。中国科学技术大学1958年创建于北京，1970年迁至安徽省合肥市。中国科学技术大学设立有纳米科学技术学院，纳米结构与物理研究室等专门的学院和机构从事纳米材料、纳米电子、纳米化学等各个方面的科学研究
	清华大学	清华大学位于北京市，始建于1911年，是中国综合实力最强的大学。工学、理学、经济学、管理学、法学、医学、文学、艺术学、历史学等都是它的强项。清华大学设立了微纳米力学与多学科交叉创新研究中心、纳米科研中心等多个机构从事纳米材料、纳米材料表征与测试、纳米电子、纳米生物医药等多个方向的研究
	中国科学院物理研究所	中国科学院物理研究所前身是成立于1928年的中央研究院物理研究所和成立于1929年的北平研究院物理研究所。是以物理学基础研究与应用基础研究为主的多学科、综合性研究机构。其设立有纳米物理与器件实验室，主要的研究方向是：纳米材料的合成和生长、纳米材料功能器件，以及纳米材料在信息、能源及生命科学等领域内的应用基础研究

续表

国家	机构名称	简介
中国	南京大学	南京大学地处南京市，其前身系创建于1902年的三江师范学堂，1950年更名为南京大学。其设立有纳米科学技术研究中心、微结构国家实验室等研究机构，从事纳米材料制备、纳米微电子等多个方向研究
	中国科学院固体物理研究所	中国科学院固体物理研究所成立于1982年，是凝聚态物理和材料科学基础研究的基地型研究所，其设立的物质计算科学研究室、功能材料研究室、纳米材料与结构研究室等从事纳米理论、纳米结构、纳米材料实用化技术等多个面向纳米科技与材料物理的前沿研究方向
	吉林大学	吉林大学坐落于吉林省省会长春市，是教育部直属的一所综合性全国重点大学，吉林大学原是建校于1946年的东北行政学院，1958年城市更名为吉林大学。吉林大学在纳米材料领域的科研方面在国内处于领先位置
	同济大学	同济大学是教育部直属全国重点大学，学校坐落在中国上海市，是历史悠久的著名综合型大学。同济大学创办于1907年，是国内土木建筑领域最大、专业最全的工科大学。其设立有生物高分子材料研究所、理学院计算纳米物理研究组等研究机构和小组，从事纳米化学、纳米材料、纳米生物医学等多个方向研究
	香港科技大学	香港科技大学是一所成立于1991年的高度国际化研究型大学，位于香港市九龙半岛，其“EMBA课程”与“机械工程研究发表量”处于世界领先地位。香港科技大学物理系、纳米材料技术研发所等院系和研究机构从事纳米材料、纳米电子以及纳米生物等方向研究

（附录1－5由姜山和潘懿整理）

参考文献

[1] 中国科学院. 走进中国科学院[EB/OL]. [2012-7-25]. http：//www.cas.ac.cn/jzzky/jbjs/.

[2] 沈海军. 自然界中的“纳米高手”[J]. 百科知识，2009（1）：18-21.

[3] 白春礼. 纳米科技及其发展前景[J]. 科学通报，2001，46（2）：89-92.

[4] 台湾国立科学工艺博物馆. 奈米大事纪[EB/OL]. [2012-6-27].http：//nano.nstm.gov.tw/05resourceful/resourceful03.asp.

[5] 尹邦跃. 纳米时代——现实与梦想[M]. 北京：中国轻工业出版社，2001.

[6] 谷亦杰，宫声凯. 材料分析检测技术[M]. 长沙：中南大学出版社，2009.

[7] Ashby Michael F，Ferreira Paulo J，Schodek Daniel L. 纳米材料、纳米技术及设计[M]. 北京：科学出版社，2010.

[8] 黎兵. 现代材料分析技术[M]. 北京：国防工业出版社，2008.

[9] 张善勇，李琳，Kumar Ashok. 材料分析技术[M]. 北京：科学出版社，2010.

[10] 万勇. 二氧化硅空心球及核壳结构的制备与形成机理研究[D]. 合肥：中国科学技术大学，2007.

[11] 许春香. 材料制备新技术[M]. 北京：化学工业出版社，2010.

[12] 孙玉绣，张大伟，金政伟. 纳米材料的制备方法及其应用[M]. 北京：中国纺织出版社，2010.

[13] 沈海军，刘根林. 新型碳纳米材料——碳富勒烯[M]. 北京：国防工业出版社，2008.

[14] 解菊. 富勒烯的发展及应用研究[J]. 山东商业职业技术学院学报，2003，3（4）：64-67.

[15] 李楠庭，魏先文. 聚合富勒烯研究进展[J]. Chemical Journal on Internet，2006，8（4）：1523-1623.

[16] 雷红，官文超. 富勒烯（C_{60}）的摩擦学研究进展[J]. 润滑与密封，2002

（1）：31-33.

[17] 新疆商务厅. 预计到2015年俄罗斯富勒烯市场总额将增至1.5万亿美元[EB/OL].（2010-05-18）[2012-03-14]. http：//www.xjftec.gov.cn/Family/zhongyaxinxiTL/Eluosi/eluosi-Shichangtiaoyan/4028c2842804678801281ab715550495.html.

[18] 周宁，陈代钦. “小”富勒烯碳笼里的“大”智慧——访百人学者王春儒[EB/OL].（2011-10-28）[2012-03-18]. http：//science100.gucas.ac.cn/news/News.aspx?id=494.

[19] 蔡称心，陈静，包建春，等. 碳纳米管在分析化学中的应用[J]. 分析化学，2004，32（3）：381-387.

[20] 严亚. 碳纳米管基复合物的制备及其光催化和电催化性质研究[D]. 上海：华东理工大学，2011.

[21] 北京师范大学. 碳纳米管的物性与应用[EB/OL].[2012-03-22]. http：//course.bnu.edu.cn/course/physics/09/zhuanti/tnmgdwxhyy.htm.

[22] 赵婧，李坤桦，宋杨，等. 碳纳米管（CNTs）——“新时代的宠儿”[EB/OL].[2012-03-25].http：//www.chem.pku.edu.cn/bianj/paper/06/9.pdf.

[23] 吴挺. 碳纳米管/金纳米颗粒复合与表征[D]. 武汉：武汉理工大学，2006.

[24] 北京大学化学与分子工程学院. 石墨烯的发现与发展[EB/OL].[2012-03-28]. http：//www.chem.pku.edu.cn/bianj/paper/09/20.pdf.

[25] 维基百科. 石墨烯[EB/OL].[2012-04-02]. http：//zh.wikipedia.org/zh/%E7%9F%B3%E5%A2%A8%E7%83%AF#.E7.99.BC.E7.8F.BE.E6.AD.B7.E5.8F.B2.

[26] 宋峰，于音. 什么是石墨烯——2010年诺贝尔物理学奖介绍[J]. 大学物理，2011，30（1）：7-11.

[27] 中国科学院武汉文献情报中心. 石墨烯专利深度分析报告[R]. 2012.

[28] 任文才，成会明，刘忠范，等. 二维原子晶体材料的研究现状与未来[J]. 中国科学基金，2011，25（5）：257-264.

[29] 周佳骥，宋文波，刘宏马. 石墨烯——未来材料之星[J]. 物理与工程，

2011，21（2）：57-59.

[30] 赵承强. 石墨烯的应用研究及展望[J]. 广东化工，2011，38（12）：61-62.

[31] 科学松鼠会. 石墨烯有什么用[EB/OL]. （2011-01-26）[2012-04-20]. http：//songshuhui.net/archives/49284.

[32] 李金平. 模拟集成电路基础[M]. 北京：清华大学出版社，北方交通大学出版社，2003.

[33] 朱静，等. 纳米材料和器件[M]. 北京：清华大学出版社，2003.

[34] 朱长纯，贺永宁. 纳米电子材料与器件[M]. 北京：国防工业出版社，2006.

[35] 工业和信息化部电子科学技术情报研究所. 从微米到纳米——纳米计算机的电子学演进[EB/OL]. [2012-05-20]. http：//www.etiri.com.cn/publish/article_show.php?id=~70351714789.

[36] 王太宏. 纳米器件与单电子晶体管[J]. 微纳电子技术，2002（1）：28-32.

[37] Jeremy Levy. 科学家研制超小型单电子晶体管[EB/OL]. （2011-04-20）[2012-05-23]. http：//paper.sciencenet.cn/htmlpaper/201142017142997616318.shtm.

[38] 王沫然，李志信. 基于MEMS的微流体机械研究进展[J]. 流体机械，2002，30（40）：23-28.

[39] 周兆英，杨兴. 微/纳机电系统[J]. 仪表技术与传感器，2003（2）：1-5.

[40] 陈勇华. 微机电系统的研究与展望[J]. 电子机械工程，2011（3）：1-7.

[41] 岳东旭. P型硅纳米梁压阻特性研究[D]. 南京：东南大学，2010.

[42] 胡杰. 介观压阻型加速度计的设计与性能测试[D]. 太原：中北大学，2008.

[43] 宁海在线. 硬盘发展简史. （2009-1-10）[2012-3-10]. http：//bbs.nhzj.com/thread-126128-1-1.html.

[44] eNet硅谷动力. 常规磁存储达到极限纳米技术取而代之[EB/OL].存储在线，（2007-10-25）[2012-3-10]. http：//www.enet.com.cn/article/2007/1024/A20071024881562.shtml.

[45] 周兆英，王中林，林立伟. 微系统和纳米技术[M]. 北京：科学出版社，2007.

[46] 蒋文波，胡松. 传统光学光刻的极限及下一代光刻技术[J]. 微纳电子技术，

2008，45（6）：361-365.

[47] 崔铮. 微纳米加工技术及其应用[M]. 北京：高等教育出版社，2009.

[48] 王国彪. 纳米制造前沿综述[M]. 北京：科学出版社，2009.

[49] 王琪民，刘明侯，秦丰华. 微机电系统工程基础[M]. 合肥：中国科学技术大学出版社，2010.

[50] 阿兰·奥瑞尔登，曾安培，赵志龙. 自组装——自底而上的纳米制造方法[J]. 微纳电子技术，2005（5）：209-213.

[51] 阿兰·奥瑞尔登，曾安培，赵志龙. 自组装——自底而上的纳米制造方法（续）[J]. 微纳电子技术，2005（6）：259-276.

[52] 徐筱杰. 超分子建筑——从分子到材料[M]. 北京：科学技术文献出版社，2000.

[53] 白雪，夏启胜，唐劲天，等. 磁感应肿瘤热疗术中磁介质研究现状[J]. 中国微创外科杂志，2007，7（11）：1023-1026.

[54] Scott Aldous. 太阳能电池工作原理[EB/OL]. [2012-3-21]. http：//science.bowenwang.com.cn/solar-cell.htm.

[55] 麻省理工科技创业网. 攻克全光谱太阳能挑战[EB/OL].（2011-6-28）[2012-3-22]. http：//www.mittrchinese.com/single.php?p=116101.

[56] 北京大学.《自然 · 光子学》（Nature Photonics）报道彭练矛研究团队碳纳米管光电器件研究成果[EB/OL].（2011-11-21）[2012-03-25].http：//pkunews.pku.edu.cn/xwzh/2011-11/21/content_220689.htm.

[57] 吴承伟，张伟. 新世纪能源之星——燃料电池希望与挑战[J].电源技术，2004，28（2）：109-115.

[58] 中国储能网. 纳米线构成的超级电容器[EB/OL].（2011-8-3）[2012-04-05]. http：//www.escn.com.cn/2011/0803/41155.html.

[59] 麻省理工创新科技. 活性石墨烯制备超级电容器[EB/OL].（2011-5-17）[2012-04-06].http：//www.mittrchinese.com/single.php?p=60389.

[60] 李鹏程，孙文全，刘舒华，等. 光催化氧化技术在饮用水处理中的应用及研究进展[J]. 宁夏农林科技，2011,52（5）：63-64,72.

[61] 杜华斌. 加开发银纳米颗粒水过滤技术[N/OL]. 科技日报，（2011-2-26）[2012-04-20]. http：//www.stdaily.com/kjrb/content/2011-02/26/content_278656.htm.

[62] 张浩，朱庆明. 工业废水处理中纳米TiO_2光催化技术的应用[J]. 工业水处理，2011,31（5）：17-20.

[63] 麻省理工创新科技. 世界最薄的纳米过滤薄膜[EB/OL].（2011-7-11）[2012-04-21]. http：//www.mittrchinese.com/single.php?p=121506.

[64] 相会强，刘建勇，檀丽丽. 纳米稀土催化技术在汽车尾气净化中的应用[J]. 现代化工，2006（2）：379-381.

[65] 凤凰网. 马自达单一纳米催化技术降低贵金属用量[EB/OL].（2009-2-16）[2012-04-21].http：//auto.ifeng.com/news/cardynamic/20090216/1151.shtml.

[66] 张邦维. 纳米材料与环境保护[J]. 湖南大学学报（自然科学版），2010,28（2）：168-175.

[67] 樊春海. 纳米生物传感器[J].世界科学，2008（11）：21-22.

[68] 刘霞. 石墨烯或是防金属腐蚀的理想涂层[N/OL]. 科技日报，2012-02-24（2）. http：//www.stdaily.com/stdaily/content/2012-02/24/content_431758.htm.

[69] 倪永华. 纳米技术与人造固醇[EB/OL]. （2001-05-23）[2012-06-05]. http：//www.people.com.cn/GB/kejiao/42/154/20010523/472491.html.

[70] 新浪科技. 纳米颗粒布料衣服或可预防感冒[EB/OL]. （2007-10-13）[2012-06-26].http：//news.sina.com.cn/h/2007-10-13/090814077716.shtml.

[71] 林鸿溢. 纳米科学技术的新进展[J]. 液晶与显示，2002，（2）.

[72] 刘进军. 小个子大智慧——纳米卫星[J]. 卫星与网络，2001，7（85），62-67.

[73] 陈菲，候丹. 美国公司完成多用途纳米导弹系统火箭发动机试验[EB/OL].（2010-7-31）[2012-05-06]. http：//news.mod.gov.cn/tech/2010-07/31/content_4179595.htm.

[74] 冀中仁. 纳米技术的军事应用[EB/OL]. （2008-05-04）[2012-03-25]. http：//arm.cpst.net.cn/gfbk/2008_05/209856157.html.

[75] 林道辉，冀静，田小利，等 .纳米材料的环境行为与生物毒性[J] .科学通报，2009，54（23）：3590-3604.

[76] 吕廉捷，邱关德，于岚，等. 二氧化钛（TiO_2）对Wistar大白鼠诱癌实验病理观察[J]. 肿瘤防治，1992（2）：8-11.

[77] 王江雪，陈春英，孙瑾，等. 用SRXRF研究纳米TiO_2颗粒沿小鼠嗅觉神经系统的迁移[J]. 高能物理与核物理，2005，29（增刊）：76-79.

[78] 郭铭华. 德国纳米技术新五年计划的目标、现状与重点[J]. 全球科技经济瞭望，2011，26（6）：5-12.

[79] 冯瑞华，张军，刘清. 主要国家纳米技术战略研究计划及其进展[J] .科技进步与对策， 2007，24（9）：214-216.

[80] 白春礼. 中国纳米科技研究的现状及思考[J]. 物理，2002，31（2）：65-70.

[81] 科技部发布《国家纳米科技发展纲要》[2001-2010]. 中国基础科学[J]. 2001，10：30-34.

[82] 姜桂兴. 世界纳米科技发展态势分析[J]. 世界科技研究与发展，2008，30（2）：237-240.

[83] 张立德. 我国纳米产业面临的新转折和挑战[J]. 新材料产业，2005，10：48-51.

[84] 杨莺歌. 纳米技术助汽车产业进入“低碳时代”[EB/OL].（2010-2-4）[2012-3-20]. http：//www.istis.sh.cn/list/list.aspx?id=6470.

[85] 中国科学院武汉文献情报中心. 日本的创新集群[R]. 中国科学院武汉文献情报中心，2010.

[86] Norio T. On the Basic Concept of 'Nano-Technology.Proceedings of the International Conference on Production Engineering[C]. Tokyo：Japan Society of Precision Engineering，1974.

[87] National Nanotechnology Initiative. What is Nanotechnology[EB/OL]. [2012-05-16].http：//www.nano.gov/nanotech-101/what/definition.

[88] Zyvex. About us[EB/OL]. [2012-06-19]. http：//www.zyvex.com/.

[89] AolNews. Timeline：16 Key Moments in Nanotech's Evolution[EB/OL].

（2010-03-24）[2012-05-10].http：//www.aolnews.com/2010/03/24/timeline-16-key-moments-in-nanotechs-evolution/.

[90] Feynman R. There's Plenty of Room at the Bottom：An invitation to enter a new field of physics[R/OL]. 1959. http：//calteches.library.caltech.edu/1976/1/1960Bottom.pdf.

[91] Elsevier H. Gleiter：Editorial Board，Nano Today[EB/OL].[2012-06-28]. http：//www.journals.elsevier.com/nano-today/editorial-board/h-gleiter/.

[92] Foresight Institute. Foresight Update 1[EB/OL].（1987-06-15）[2012-06-27]. http：//www.foresight.org/Updates/Update01/Update01.1.html#ForesightLaunched.

[93] Foresight Institute. The First Foresight Conference on Nanotechnology [EB/OL]. [2012-06-27].http：//www.foresight.org/Conference/MNT01/Nano1.html.

[94] International Conference on Nanoscience and Technology. History[EB/OL]. [2012-06-27].http：//www.icnt2012.fr/.

[95] World Technology Evaluation Center.Nanotechnology Research Directions for Societal Needs in 2020 Retrospective and Outlook[R/OL]. Berlin and Boston：Springer，2010. http：//www.wtec.org/nano2/Nanotechnology_Research_Directions_to_2020/Nano_Resarch_Directions_to_2020.pdf.

[96] BCC research. The Global Market for Fullerenes[R/OL]. Wellesley：BCC research，2006[2012-03-14]. http：//www.bccresearch.com/report/NAN034A.html.

[97] Byung Hee Hong. Technology Roadmap of Graphene Industry in Korea[EB/OL].（2011-03-21）[2012-04-20]. http：//ec.europa.eu/research/industrial_technologies/pdf/graphene-presentations/3-1-hong-21032011_en.pdf.

[98] International Technology Roadmap for Semiconductors Committee. International Technology Roadmap for Semiconductors：2011 [R/OL]. 2011[2012-04-22]. http：//www.itrs.net/Links/2011ITRS/2011Chapters/2011ExecSum.pdf.

[99] Busnaina A. Nanomanufacturing Handbook[M]. Florida：CRC Press. 2007.

[100] Council on Competitiveness. High Performance Computing To Enable Next-Generation Manufacturing[EB/OL]. （2009-01-16）[2011-12-21].http：//www.compete.org/images/uploads/File/PDF%20Files/HPC%20Enables%20Next%20Gen%20Manufacturing%20030509.pdf.

[101] National Center for Manufacturing Sciences.2009 NCMS Survey of Nanotechnology in the U.S. Manufacturing Industry[R/OL]. Arlington：National Center for Manufacturing Sciences，2010[2011-12-28].http：//www.nsf.gov/crssprgm/nano/reports/2009_ncms_Nanotechnology.pdf.

[102] Şengül H，Theis T L，Ghosh S. Toward Sustainable Nanoproducts：An Overview of Nanomanufacturing[J]. Journal of Industrial Ecology，2008，12（3）：329-359.

[103] Whitesides G M，Mathias J P，Seto C T. Molecular self-assembly and nanochemistry：a chemical strategy for the synthesis of nanostructures[J]. Science，1991，254：1312-1319.

[104] Kuznetsova T G，Starodubtseva M N，Yegorenkov N I，et al. Atomic force microscopy probing of cell elasticity [J]. Micron，2007，38（8）：824-833.

[105] Nishida S，Funabashi Y，Ikai A. Combination of AFM with an objective－type total internal reflection fluorescence microscope （TIRFM） for nanomanipulation of single cells[J]. Ultrami-croscopy，2002，91（1）：269-274.

[106] Nina Y Y，Roxana E G，Jeff F，et al. Single-molecule analysis reveals that the lagging strand increases replisomeprocessivity but slows replication fork progression[J]. Proceeding of the National Academy of Sciences USA，2009，106（32）：13236-13241.

[107] Yujie S，Jennine D M，John M M，et al. Goldman. Parallax：High Accuracy Three-Dimensional Single Molecule Tracking Using Split Images[J]. Nano Letters，2009，9：2676-2682.

[108] Liu Y，Wang H. Nanotechnology tackles tumours[J]. Nature Nanotechnology，

2007，2（1）：20-21.

[109] Moroz P，Jones S K，Gray B N. Magnetically mediated hyperthermia: current status and future directions [J]. International Journal of Hyperthermia，2002，18（4）：267-284.

[110] Torchilin V P. Drug targeting [J]. European Journal of Pharmaceutical Sciences，2000，11（2）：S81-S91.

[111] Watnasirichaikul S，Rades T，Tucker I G，et al. Effects of formulation variables on characteristics of poly（ethylcyanoacrylate） nanocapsules prepared from w/o microemulsions[J]. International Journal of Pharmaceutics，2002，235：237-246.

[112] Panagi Z，Beletsi A，Gregory E，et al. Effect of dose on the biodistribution and pharmacokinetics of PLGA and PLGA–mPEG nanoparticles[J]. International Journal of Pharmaceutics，2001，221：143-152.

[113] Illum L，Jabbal-Gill I，Hinchcliffe M，et al. Chitosan as a novel nasal delivery system for vaccines[J]. Advanced Drug Delivery Reviews，2001，51：81-96.

[114] Villa C H，Mcdevitt M R，Escorcia F E，et al. Synthesis and biodistribution of oligonucleotide-functionalized，tumor-targetable carbon nanotubes[J]. Nano Letters，2008，8（12）：4221-4228.

[115] Porter C J H，Pouton C W，Cuine J F，et al. Enhancing intestinal drug solubilisation using lipid-based delivery system [J]. Advanced Drug Delivery Reviews，2008，60（6）：673-691.

[116] Torchilin V P. Multifunctional nanocarries [J]. Advanced Drug Delivery Reviews，2006，58（14）：1532-1555.

[117] Jain K K. Nanomedicine application of nanobiotechnology in medical practice [J]. Medical Principles and Practices，2008，2（17）：89-101.

[118] Alivisatos A P. Semiconductor clusters，nanocrystals，and quantum dots[J]. Science，1996，271（5251）：933-937.

[119] Alivisatos A P. Perspective on the physical chemistry of semiconductor nanocrystal[J]. Journal of Physics and Chemistry，1996，100（31）：13226-13239.

[120] Remacle F，Levine R D. Quantum dots as chemical building blocks：elementary theoretical considerations[J]. Chemphyschem，2001，2（1）：20-36.

[121] Bruchez M，Moronne M，Gin P，et al. Semiconductor nanocrystals as fluorescent biological labels[J]. Science，1998，281：2013-2016.

[122] Chan W C，Nie S. Quantum dot bio conjugates for ultrasensitive no isotopicdetection[J]. Science，1998，281：2016-2018.

[123] Akerman M E，Chan W C，Laakkonen P，et al. Nano crystal targeting in vivo[J]. Proceeding of the National Academy of Sciences USA，2002，99：12617-12621.

[124] Jaiswal J K，Mattoussi H，Mauro J M，et al. Long-term multiple color imaging of live cells using quantum dot bioconjugates[J]. Nature Biotechnology，2003，21：47-51.

[125] Alivisatos P. The use of nanocrystals in biological detection[J]. National Biotechnology，2004，22：47-52.

[126] Gao X，Cui Y，Levenson R M，et al. In vivo cancer targeting and imaging with semiconductor quantum dots[J]. Nature Biotechnology，2004，22：969-976.

[127] Chen L D，Li Y，Yuan H Y. Quantum dots and their applications in cancer research[J]. Cancer Research，2006，25：651-656.

[128] Rosenthal S J. Bar-coding biomolecules with fluorescent nanocrystals[J]. Nature Biotechnology，2001，19（7）：621-622.

[129] Gao X H，Cui Y Y，Levenson R M，et al. In vivo cancer targeting and imaging with semiconductor quantum dots[J]. Nature Biotechnology，2004，22（8）：969-976.

[130] Weissleder R，Mahmood U. Molecular imaging [J]. Radiology，2001，219（2）：316-333.

[131] Weinstein J S，Varallyay C G，Dosa E，et al. Super paramagnetic iron oxide nanoparticles：diagnostic magnetic resonance imaging and potential therapeutic applications in neurooncology and central nervous system inflammatory pathologies，a review[J]. Journal of Cerebral Blood Flow and Metabolism，2010，30（1）：15-35.

[132] Shubayev V I，Pisanic T R，Jin S，et al. Magnetic nanoparticles for theragnostics[J]. Advanced Drug Delivery Reviews，2009，61：467-477.

[133] Veiseh O，Gunn J W，Zhang M. Design and fabrication of magnetic nanoparticles for targeted drug delivery and imaging[J]. Advanced Drug Delivery Reviews，2010，62：284-304.

[134] Josephson L，Lewis J，Jacobs P，et al. The effects of iron oxides on proton relaxivity[J]. Magnetic Resonance Imaging，1988，6：647-653.

[135] Wang Y X，Hussain S M，Krestin G P.Superparamagnetic iron oxide contrast agents：Physicochemical characteristics and applications in MR imaging[J]. European Radiology，2001，11：2319-2331.

[136] Varallyay P，Nesbit G，Muldoon L L，et al. Comparison of two superparamagnetic viral-sized iron oxide particles ferumoxides and ferumoxtran-10 with a gadolinium chelate in imaging intracranial tumors[J]. American Journal of Neuroradiology，2002，23：510-519.

[137] Manninger S P，Muldoon L L，Nesbit G，et al. An exploratory study of ferumoxtran-10 nanoparticles as a blood–brain barrier imaging agent targeting phagocytic cells in CNS inflammatory lesions[J]. American Journal of Neuroradiology，2005，26：2290-2300.

[138] Kongkanand A，et al. Quantum Dot Solar Cells. Tuning Photoresponse through Size and Shape Control of CdSe-TiO_2 Architecture[J]. J Am Chem Soc，2008，130（12）：4007–4015.

[139] Physorg. New nanoparticle catalyst brings fuel-cell cars closer to showroom[EB/OL].（2008-3-19）[2012-03-27]. http：//www.physorg.com/news125156841.html.

[140] Gong K，Du F，et al. Nitrogen-Doped Carbon Nanotube Arrays with High Electrocatalytic Activity for Oxygen Reduction[J]. Science，2009，323（5915）：760-764.

[141] Mu Y Y，Liang H P，Hu J S，et al. Controllable Pt Nanoparticle Deposition on Carbon Nanotubes as an Anode Catalyst for Direct Methanol Fuel Cells[J]. J Phys Chem B，2005，109（47）：22212-22216.

[142] MIT. Enhancing the power of batteries，MIT team finds that using carbon nanotubes in a lithium battery can dramatically improve its energy capacity[EB/OL].（2010-06-18）[2012-04-03]. http：//web.mit.edu/newsoffice/2010/batteries-nanotubes-0621.html.

[143] Hu L B，et al. Thin，Flexible Secondary Li-Ion Paper Batteries[J]. ACS Nano，2010，4（10）：5843–5848.

[144] Dillon A C，et al. Storage of hydrogen in single-walled carbon nanotubes[J]. Nature，1997，386（27）：377-379.

[145] Lan J H,Cheng D J，Cao D P，et al. Li-Doped and Nondoped Covalent Organic Borosilicate Framework for Hydrogen Storage. The Journal of Physical Chemistry C，2008，112（14），5598 -5604.

[146] Zhu Y W，et al. Carbon-Based Supercapacitors Produced by Activation of Graphene[J]. Science，2011，332（6037）：1537-1541.

[147] Chouhan R，Vinayaka A，Thakur M. Aqueous synthesis of CdTe quantum dot as biological fluorescent probe for monitoring methyl parathion by fluoro-immunosensor[J/OL]. Nature Precedings，2009[2012-04-25]. http：//hdl.handle.net/10101/npre.2009.3451.1

[148] Theengineer. Chemical weapon detectors inspired by butterfly wings[EB/OL].（2010-8-19）[2012-04-26].http：//www.theengineer.co.uk/news/chemical-weapon-detectors-inspired-by-butterfly-wings/1004456.article.

[149] ScienceDaily. New Chemical-Free，Anti-Bacterial Plastic 'Skins' Inspired by Dolphin Skin[EB/OL].（2010-12-28）[2012-04-28]. http：//www.sciencedaily.

com/releases/2010/12/101228094106.htm.

[150] Brookhaven National Laboratory. Scientists Patent Corrosion-Resistant Nano-Coating for Metals[EB/OL]. （2009-3-25）[2012-04-28].http：//www.bnl.gov/bnlweb/pubaf/pr/PR_display.asp?prID=929.

[151] Karn B，Kuiken T，Otto M. Nanotechnology and in Situ Remediation：A Review of the Benefts and Potential Risks[J]. Environmental Health Perspectives，2009，117（12）：1823-1831.

[152] CNRS. Le meilleur piège à CO_2[EB/OL]. （2008-5-5）[2012-04-23].http：//www2.cnrs.fr/presse/communique/1334.htm.

[153] Semo E，Kesselman E，Danino D，et al. Casein micelle as a natural nano-cap sular vehicle for nutraceuticals[J]. Food Hydrocolloid，2007，21 （4） ：936-942.

[154] Katagi S，Kimura Y，Adachi S1 Continuous preparation of O /W nano-emulsion by the treatment of a coarse emulsion under subcritical water conditions [J] . LWT - Food Science and Technology，2007，40 （8） ：1376-1380.

[155] Salnaso S，Elvassore N，BertuccoA，et al. Nisin-loadedpolyLlacLidenanmparticles produced by CO_2 anti-solvent precipitation for sustained antimicrobial activity[J]. Int J Phaun，2004，287（1-2）：163-173.

[156] Tang H，Wang D，Ge X. Environmental Nanopollutants （ENP） and aquatic micro interfacial processes [J].Water Sci Techno，2004，50（12）：103-109.

[157] The Royal Society the Royal Academy of Engineering. Nanoscience and nanotechnologies opportunities and uncertainties.[EB/OL].[2013-07-11]. http：//www.nanotec.org.uk/finalReport.htm.

[158] Yang L，Walts D J. Particle surface characteristics may play an important role in phytoxicity of alumina nanoparticles[J]. Toxicology Letters，2005，158：122-132.

[159] Oberdörster G，Oberdörster E，Oberdörster J. Nanotoxicology：An emerging

discipline evolving from studies of ultrafine particles [J] . Environmental Health Perspective，2005，1131（7）：823-839.

[160] Renwick L C，Brown D，Clouter A，et al. Increased inflammation and altered macrophage chemotactic response caused by two ultrafine particle types[J] . Occup Environ Med，2004，61，442-447.

[161] Peters A，Dockery D W，Muller J E，et al.Increased particulate air pollution and the triggering of myocardial infarction[J] . Circ，2001，103：2810.

[162] Gold D R，Litonjua A，Schwartz J，et al. Ambient pollution and heart rate variability [J] . Circ，2000，01：1267.

[163] Nemmar A，Hoylaerts M F，Hoet P H M，et al.Possible mechanisms of the cardiovascular effects of inhaled particles：systemic translocation and prothrombotic effects [J]. ToxicolLett，2004，149：243-253.

[164] Seaton A，Donaldson K. Nanoscience，nanotoxicology，and the need to think small [J] . Lancet，2005，365（9463）：923-924.

[165] Urrusuno R F，Fattal E，Proquet D，et al.Evaluation of liver toxicological effects induced by polyalkylcyanoacrylate nanoparticles [J] . ToxicolApplPharmacol，1995，130：272-279.

[166] Muler J，Huaux F，Moreau N，et al. Respiratory toxicity of multi-wall carbon nanotubes[J]. ToxicolapplPharmacol，2005，207（3）：221-231.

[167] Warheit D B，Laurence B R，Reed K L，et al. Comparative pulmonary toxicity assessment of single wall carbon nanotube in rats[J]. ToxicoSci，2004，77（1）：117-125.

[168] Li Z，Hulderman T，Salmen R，et al. Cardiovascular effects of pulmonary exposure to single-wall carbon nanotubes[J]. Environ Health Perspect，2007，115（3）：377-382.

[169] Yang R，Yang X，Zhang Z，et al. Single-walled carbon nanotubes-mediated in vivo and in vitro delivery of siRNA into antigen-presenting cells [J]. Gene The，2006，13（24）：1714-1723.

[170] Ji Z，Zhang D，Li L，et al.The hepatotoxicity of multi-walled carbon nanotubes in mice[J]. Nanotechnology，2009，20（44）：445 101.

[171] Cherukufi P，Gannon C J，Leeuw T K，et al. Mammalian pharmacokinetics of carbon nanotubes using intrinsic near-infrared fluorescence.Proceedings of the National Academy of Sciences of the United States of America[C].2006，103（50）：18882-18886.

[172] Baan R，Straif K，Grosse Y，Seeretan B，Ghissassi F E，Cogliano V. Carcinogenicity of carbon black，titanium dioxide，and talc [J]. The Lancet Oncology，2006，7（4）：7：295-296.

[173] Bermudez E，Mangum J B，Wong B A，Asgharian B，Hext P M，Warheit D B，Everitt J I. 2004. Pulmonary responses of mice，rats，and hamsters to subchronic inhalation of ultrafine titanium dioxide particles[J]. Toxicological Sciences，2004，77（2）：347-357.

[174] Sung J H，Ji J H，Yoon J U，et al. Lung function changes in Sprague-Dawley rats after prolonged inhalation exposure to silver nanoparticles[J]. InhalToxicol，2008，20（6）：567-574.

[175] Sung J H，Ji J H，Park J D，et al. Subchronic inhalation toxicity of silver nanoparticles[J]. ToxicolSci，2009，108（2）：452-461.

[176] Bar-Ilan O，Albre Cht R M，Fako V E，et al. Toxicity assessments of multisized gold and silver nanoparticles in zebralsh embryos[J]. Small，2009，5（16）：1897-1910.

[177] National Nanotechnology Initiative. NNI Vision，Goals，and objectives[EB/OL]. [2012-3-12] http：//www.nano.gov/about-nni/what/vision-goals.

[178] National Nanotechnology Initiative. National Nanotechnology Initiative's Budget Brief for FY 2013[EB/OL]. [2012-3-12]. http：//nano.gov/node/750.

[179] NSTC Commitee on Technology，Subcommitee of Nanoscale Science，Engineering，and Technology.National Nanotechnology Initiative Signature Initiative Nanoelectronics for 2020 and Beyond[R/OL].National

Nanotechnology Initiative，2010[2012-3-15]. http：//www.nano.gov/sites/default/files/pub_resource/nni_siginit_nanoelectronics_jul_2010.pdf.

[180] Semiconductor Research Corporation. SRC and National Science Foundation Award $20 Million to Fund U.S. University Research on Nanoelectronics for 2020 and Beyond[EB/OL].（2011-09-19）[2012-3-17]. http：//www.src.org/newsroom/press-release/2011/242/#.

[181] CORDIS. Home Page[EB/OL].（2007-08-28）. [2012-3-17]. http：//cordis.europa.eu/nmp/.

[182] European Commission. Structure of FP7[EB/OL].[2012-3-17]. http：//ec.europa.eu/research/fp7/understanding/fp7inbrief/structure_en.html.

[183] John M T. New Dimensions for Manufacturing：A UK Strategy for Nanotechnology [R/OL]. London：Department of Trade and Industry，Office of Science and Technology，2002[2012-03-20]. http：//www.innovateuk.org/_assets/pdf/taylor%20report.pdf.

后 记

本书是由中国科学院科学传播研究中心组织科技人员精心编写的科学传播系列丛书的首发分册，以后将就科学技术的最新进展陆续出版其他分册。希望经过几年的努力，使本丛书能成体系，以便让公众能全面和及时了解当今科学技术的最新进展。本册的执笔人包括姜山、鞠思婷、冯瑞华、王桂芳、黄健、梁慧刚、万勇、潘懿，策划与协调人为张军、吴瑾。此外，姜山、鞠思婷、吴瑾参与全文修改。尤其需要指出的是中国科学院国家科学图书馆武汉分馆的钟永恒主任和陈丹书记对本书的撰写工作给予了大力支持，特此致以诚挚的感谢。为了读者更加形象地了解纳米科技及其进展，本书做了大量插图，其中鞠思婷、吴瑾、姜山与贺霞等人参与了部分图片的绘制。

中国科学院科学传播研究中心

2013年8月